Jörg Knoblauch (Hrsg.)

Unternehmer beraten Unternehmen

So machen die besten Companys Ihr Unternehmen fit

Prof. Dr. Jörg Knoblauch (Giengen) hat für »Spitzenleistungen im Wettbewerb« im Jahr 2002 den Ludwig-Erhard-Preis gewonnen. Er ist geschäftsführender Gesellschafter der Firmen tempus (Zeitplansysteme), persolog (DISG Persönlichkeitsprofile) und tempus-Consulting (»Unternehmer beraten Unternehmen«).

Der kreative Schwabe erprobt seit über 20 Jahren in seinen Firmen zielgerichtet neue Führungsmodelle, radikale Kundenorientierung, Mitarbeiterbindung und Prozessoptimierung. Ausgezeichnet wurde Prof. Dr. Jörg Knoblauch unter anderem mit dem »Best Factory Award« für das bestgeführte Kleinunternehmen Deutschlands. Seine Bücher haben eine Gesamtauflage von über 300 000 Exemplaren.

www.tempus-consulting.de

Jörg Knoblauch (Hrsg.)

Unternehmer beraten Unternehmen

So machen die besten Companys Ihr Unternehmen fit

Bibliografische Information der Deutschen Bibliothek

Die Deutsche Bibliothek verzeichnet diese Publikation in der
Deutschen Nationalbibliografie; detaillierte bibliografische
Informationen sind im Internet über http://dnb.ddb.de abrufbar.

ISBN 3-89749-593-7

Redaktion: Rommert Medienbüro, Gummersbach. rommert.de
Umschlaggestaltung: +Malsy Kommunikation und Gestaltung, Willich
Umschlagfoto: Corbis, Düsseldorf
Satz: Justus Kaiser/Rommert Medienbüro, Gummersbach
Druck: Aalexx Druck GmbH, Großburgwedel

© 2006 GABAL Verlag GmbH, Offenbach

www.gabal-verlag.de
www.gabal-shop.de
www.gabal-ist-ueberall.de

Inhalt

Der neue Trend:
Unternehmer beraten Unternehmen

Normalerweise sind es *Berater,* die andere Unternehmen beraten. **Unterschied zu**
Der neue Trend jedoch heißt: »*Unternehmer beraten Unternehmen*«. **klassischen Beratern**
Wo liegt der Unterschied? Viele Berater erzählen von Dingen, die sie
nie gemacht haben, malen schöne Bilder und gehen dann wieder.

Anders jedoch die »*Unternehmer-Berater*« in diesem Buch. Sie sind
nicht nur Kapitäne ihres eigenen Schiffes, sondern sind auch
bereit, Ihnen dabei zu helfen, Ihr Schiff durch gefährliche Ge-
wässer zu navigieren. Nach dem Motto »Wir teilen unser Wissen
mit Ihnen« können Sie nun vom Know-how dieser Kapitäne profitieren. Ob nun durch dieses Buch oder durch eine Einladung in
Ihre Firma.

In meinen Unternehmen haben wir immer wieder erfolgreiche **Neuer Zweig**
Konzepte entwickelt, für die wir die unterschiedlichsten Aus- **der Beratung**
zeichnungen erhielten. In der Folge kamen viele Besucher in
unsere Firmen, die sich dies einmal anschauen wollten. Daraus
hat sich, wie auch bei ähnlich gelagerten Betrieben, ein neuer und
schnell expandierender Zweig der Beratung entwickelt. Diesem
Trend ist dieses Buch gewidmet.

Ich danke Ihnen für Ihr Interesse und wünsche Ihnen viel Erfolg
auf dem Weg an die Spitze.

www.unternehmer-beraten-unternehmen.de

Giengen, im Frühjahr 2006 *Prof. Dr. Jörg Knoblauch*

Jörg Knoblauch

Prof. Dr. Jörg Knoblauch ist geschäftsführender Gesellschafter verschiedener mittelständischer Firmen (tempus, tempus-Consulting, www.ziele.de, persolog). Das Fernsehen hat immer wieder über die pragmatische und erfolgreiche Unternehmensführung berichtet. Als Referent vermittelt er komplexes Wissen einfach, praxisnah und humorvoll und versteht es, bei Vorträgen zu begeistern. Jörg Knoblauch ist Buchautor mit über 300.000 verkauften Büchern, die mittlerweile in ein Dutzend Sprachen übersetzt wurden.

Publikation

Jörg Knoblauch u. a.: Unternehmens-Fitness – Der Weg an die Spitze.
3. Aufl. Offenbach: GABAL Verlag (auch als Hörbuch erhältlich)

Auszeichnungen

- – EFQM-Auszeichnung: Recognised for Excellence in Europe 2002
- – Ludwig-Erhard-Preis Wettbewerb 2002
- – »International Best Factory Award«, 2004
- – Manufacturing Excellence Award 2005
- – Best Pers Award 2005
- – Finalist Internationaler Deutscher Trainingspreis 2006

Referenzen

- – »Inspirierend gut!« (Prof. Dr. Rolf Wunderer, Institut für Führung und Personalmanagement Universität St. Gallen)
- – OBI
- – Breuninger
- – Südwest-Presse

Beratungsschwerpunkte und Seminarthemen

- – Unternehmensentwicklung anhand der TEMP-Methode®
- – Strategieentwicklung
- – Führungskräfteentwicklung und -coaching
- – Mitarbeiter werden Mit-Unternehmer (Zielvereinbarungen)
- – Partnerschaftliche Unternehmenskultur

tempus-Consulting
Postfach 1408, 89537 Giengen
Telefon (0 73 22) 950-180
Fax (0 73 22) 950-187
www.tempus-consulting.de
info@tempus-consulting.de

Jörg Knoblauch
Die TEMP-Methode® – Landkarte für systematischen Unternehmenserfolg

Wer wünscht sich nicht, sein Unternehmen gelassener zu führen, ohne dabei Angst haben zu müssen, dass etwas aus dem Ruder läuft? Doch gerade mittelständische Unternehmer und Führungskräfte gehen häufig nicht strukturiert genug vor. Viele bleiben bei ihren Wünschen stehen, denken zu wenig konzeptionell und entscheiden zuviel aus dem Bauch heraus.

Viele bleiben bei ihren Wünschen stehen

Die Gründe dafür sind vielschichtig. Eine Ursache hebt sich jedoch nach unserer Erfahrung bei den meisten mittelständischen Unternehmen heraus: Das operative Tagesgeschäft dominiert. Dadurch haben viele keine Zeit zum Nachdenken und arbeiten im System, statt am System. Ihnen fehlt eine »Landkarte«, die ihnen hilft, sich durch den Unternehmensalltag zu navigieren.

Das Tagesgeschäft dominiert

Vieles getestet In unserer Unternehmensgruppe waren wir lange auf der Suche nach einer solchen Landkarte. Über viele Jahre wurden verschiedenste Ansätze getestet wie beispielsweise Prozessoptimierung, Zielvereinbarungsprozesse, Kundenzufriedenheitsmessungen, Konzepte zur Steigerung der Produktions- und Serviceinnovation, japanische Methoden wie Kanban, Kaizen usw.

Suche nach einer »Landkarte« So gut allerdings jedes Instrument für sich war: Die Ordnung fehlte. Es kam zwar zu punktuellen Verbesserungen – aber wir hatten keine »Landkarte«, die uns gezeigt hätte, wo wir stehen, und die uns klargemacht hätte, welche konkreten Maßnahmen das Unternehmen tatsächlich voranbringen. Das Modell, das wir suchten, musste drei wichtige Kriterien erfüllen:

1. *Einfach*
   Denn Führungskräfte haben keine Zeit für Zusammenhänge, die zu kompliziert sind.
2. *Ganzheitlich*
   Das Unternehmen ist wie ein Organismus. Nur wenn alle Organe gesund sind, ist das Ganze gesund.
3. *Praxiserprobt und konkret umsetzbar*
   Die Methode muss für kleine und mittelständische Unternehmen anwendbar sein.

Die TEMP-Methode® als Antwort Trotz eifriger Suche fanden wir keine Methode, die diesen Ansprüchen gerecht wurde. Mit den gängigen Modellen war eine neue Ebene unternehmerischer Fitness nicht zu erlangen. Daher entwickelten wir die TEMP-Methode®.

Ihre Anwendung in unserem Hause krempelte alles um. In allen wichtigen Bereichen wurden wir so gut, dass wir schließlich 1997 den »Best-Factory-Award« gewannen. 2002 folgte dann der höchste deutsche Unternehmenspreis, der Ludwig-Erhard-Preis. Inzwischen setzen wir die TEMP-Methode® ein, um auch andere Unternehmen auf dem Weg zum Erfolg zu beraten.

Die vier Erfolgsfaktoren moderner Unternehmensführung

Doppelte Leistung Die TEMP-Methode® arbeitet mit vier Erfolgsfaktoren, die für eine ganzheitliche Unternehmensentwicklung entscheidend sind. Dabei leistet die Methode zweierlei:

1. Als grundlegendes Analyseinstrument zeigt sie die Stärken und Schwächen eines Unternehmens auf.
2. Sie gibt Hinweise, wie die Schwächen überwunden werden können.

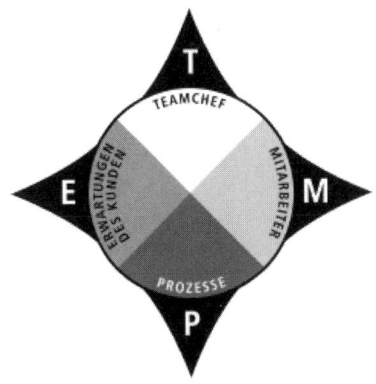

Die vier Faktoren, die für unternehmerischen Erfolg entscheidend sind

Die vier Erfolgsfaktoren »Teamchef«, »Erwartungen des Kunden«, »Mitarbeiter« und »Prozesse« umfassen alle wichtigen Punkte, die den Erfolg eines Unternehmens bestimmen.

T = Teamchef

Mittelständischen Unternehmen stehen zumeist eine oder mehrere Unternehmerpersönlichkeiten vor, die das Unternehmen gegründet oder aber entscheidend geprägt haben. Wie im Sport leitet der Unternehmer als »Chef« ein »Team«, das er personell zusammenstellen und führen muss. Gemeinsam mit diesem Team richtet er das Unternehmen auf langfristige Ziele aus.

Erfolgsfaktor I: Teamchef

E = Erwartungen des Kunden

Die Ausrichtung des Unternehmens auf den Kunden ist der zweite Erfolgsfaktor. Der Kunde – und nur der Kunde – bestimmt, ob das Unternehmen langfristig am Markt eine Daseinsberechtigung hat oder nicht. Deshalb muss alles getan werden, um den Kunden zufrieden zu stellen, oder noch besser, um ihn zu einem »Fan« des Unternehmens zu machen.

Erfolgsfaktor II: Erwartungen des Kunden

M = Mitarbeiter

Um die ständig wachsenden Wünsche der Kunden befriedigen zu können, brauchen Sie engagierte Mitarbeiter, die hoch qualifiziert

Erfolgsfaktor III: Mitarbeiter

und flexibel auf diese Wünsche eingehen können. Neben den (externen) Kunden sind die Mitarbeiter Ihre internen Kunden, die eigene Bedürfnisse haben.

P = Prozesse

Bis an den Kunden geliefert werden kann, durchläuft jedes Produkt und jede Dienstleistung bestimmte Herstellungsprozesse. Diese Prozesse müssen möglichst fehlerfrei, kostengünstig und ohne Verzögerungen ablaufen. Ob Deckungsbeiträge erwirtschaftet werden oder nicht, ist vor allem von der Qualität der Prozesse abhängig.

Die Handlungsfelder der TEMP-Methode®

Jeder der vier Erfolgsfaktoren stellt einen der zentralen Bausteine zur zielgerichteten Führung eines mittelständischen Unternehmens dar. Um Hinweise auf konkretes Handeln zu bekommen, wurden die einzelnen Erfolgsfaktoren weiter in jeweils sieben Handlungsfelder untergliedert (siehe Abbildung rechts).

Die Handlungsfelder helfen Ihnen zu entscheiden, auf welche Aspekte – beispielsweise in der Kundenorientierung – Sie sich konzentrieren müssen. Dies führt zu konzeptioneller Klarheit im Unternehmensalltag und verringert die Gefahr, wertvolle Kraft auf Nebenschauplätzen zu verlieren.

Die einzelnen Handlungsfelder zeigen notwendige Bereiche des Handelns auf, geben aber noch nicht zu erkennen, was hervorragendes, durchschnittliches oder schlechtes Agieren im jeweiligen Handlungsfeld bedeutet. Zur Bewertung der Handlungsfelder können jetzt wie beim Schulnotensystem die Noten 1 bis 6 für die Fitness eines Unternehmens vergeben werden.

Die vorangegangenen Komponenten der TEMP-Methode® werden zu einem Unternehmenstest zusammengefasst. Sie sind nun in der Lage,
- Ihr Unternehmen selbst zu bewerten (wo stehen wir?)
- und darauf aufbauend Maßnahmen zur Weiterentwicklung zu bestimmen (wohin gehen wir?).

Die je sieben
Handlungsfelder
der vier Erfolgsfaktoren

Erfolgsfaktor I	Teamchef
Handlungsfeld 1	Unternehmerpersönlichkeit entwickeln
Handlungsfeld 2	Unternehmensleitbild finden
Handlungsfeld 3	Strategisch planen
Handlungsfeld 4	Mitarbeiter auswählen
Handlungsfeld 5	Kommunikation gestalten
Handlungsfeld 6	Erfolg vereinbaren
Handlungsfeld 7	Profitabel wirtschaften

Erfolgsfaktor II	Erwartungen des Kunden
Handlungsfeld 1	Kernkompetenzen entwickeln
Handlungsfeld 2	Zielgruppe fokussieren
Handlungsfeld 3	Servicequalität schaffen
Handlungsfeld 4	Innovationen erhalten
Handlungsfeld 5	Kundenzufriedenheit ermitteln
Handlungsfeld 6	Verkauf stärken
Handlungsfeld 7	Kundenbeziehungen pflegen

Erfolgsfaktor III	Mitarbeiter
Handlungsfeld 1	Offen kommunizieren
Handlungsfeld 2	Mitdenker gewinnen
Handlungsfeld 3	Weiterbildung fördern
Handlungsfeld 4	Jobrotation entwickeln
Handlungsfeld 5	Arbeitszeiten flexibilisieren
Handlungsfeld 6	Mitgenießen und Mitbesitzen
Handlungsfeld 7	Mitarbeiter wertschätzen

Erfolgsfaktor IV	Prozesse
Handlungsfeld 1	Ordnung halten
Handlungsfeld 2	Arbeitseffizienz messen
Handlungsfeld 3	Produktqualität sichern
Handlungsfeld 4	Abläufe rationalisieren
Handlungsfeld 5	Liefertreue steigern
Handlungsfeld 6	Lieferanten entwickeln
Handlungsfeld 7	Bestände reduzieren

Bewerten Sie sich selbst in Ihrer Rolle als Führungsperson

Gratisdownload Das TEMP®-Modell bietet Ihnen vier verschiedene Tableaus, um das Unternehmen ganzheitlich zu bewerten. Ein Tableau haben

Geben Sie sich für jedes Handlungsfeld eine Note. Kreuzen Sie dazu in jeder Zeile das Kästchen an, das Ihre Situation am besten beschreibt.

Erfolgsfaktor I	Teamchef	
Datum:	Note 6	Note 5
Handlungsfeld 1 **Unternehmer-persönlichkeit entwickeln**	Gefühl der persönlichen Überforderung. Die Zuneigung von Ehepartner und Kindern ist verloren gegangen. ☐	Vieles gelingt, und trotzdem bleibt vieles unerledigt nach dem Motto »keine Zeit«. ☐
Handlungsfeld 2 **Unternehmens-leitbild finden**	Es gibt keine Zeit, um über das »Warum« nachzu-denken. Das operative Geschäft dominiert. ☐	Wichtige zukünftige Entwicklungen werden ungefiltert ins Tagesgeschäft einbezogen. ☐
Handlungsfeld 3 **Strategisch planen**	Das Tagesgeschäft dominiert. Es gibt keine Zeit, um **am** System zu arbeiten, sondern nur **im** System. ☐	Kurzfristiges Handeln überdeckt langfristige An-sätze. Dringendes domi-niert Wichtiges. Statt kon-kreter Ziele gibt es nur gut gemeinte Absichten. ☐
Handlungsfeld 4 **Mitarbeiter auswählen**	Es wird genommen, was zur Verfügung steht. Wer zuerst kommt, wird eingestellt. ☐	Bewerberauswahl nach ungeeigneten Kriterien (z. B. Gehalt). Das Anforderungsprofil ist ungeklärt. ☐
Handlungsfeld 5 **Kommunikation gestalten**	Weder Öffentlichkeits-arbeit noch ein einheit-liches Erscheinungsbild nach außen sind vorhanden. ☐	Zu besonderen Anlässen wird versucht, die Presse anzusprechen. Ein Firmenlogo existiert, wird aber immer wieder verändert. ☐
Handlungsfeld 6 **Erfolg vereinbaren**	Das Unternehmen funktioniert mit Befehl und Gehorsam. ☐	Die Kräfte werden durch ein Jahresmotto gebündelt. ☐
Handlungsfeld 7 **Profitabel wirtschaften**	Kontostände und jähr-liche Bilanzen stellen die Grundlage für anstehende Entscheidungen dar. ☐	Es wird erkannt, dass außer dem Umsatz noch andere wichtige Kenngrößen existieren. ☐
© tempus	Zone I	

wir Ihnen hier abgedruckt. Sie erhalten alle vier Tableaus gratis
unter www.unternehmensfitness.de/Beratung

Note 4	Note 3	Note 2	Note 1
Die Rolle im Unternehmen und Privatleben ist geklärt. Sie können Fragen beantworten wie: »Wer bin ich heute?«, »Was kann ich?«, »Wohin will ich?«. ☐	Die meisten Lebensbereiche sind in guter Balance. Zur Berufung als Führungskraft haben Sie ein klares »Ja!«. ☐	Ihre persönlichen Lebensziele und das Lebensmotto sind geklärt und existieren schriftlich. ☐	Für jeden Bereich existieren Planungen, die aktiv umgesetzt werden. ☐
Es existiert ein vages Bild für eine wünschenswerte Zukunft des Unternehmens. ☐	Eine schriftliche Fixierung des Unternehmensleitbildes liegt vor. ☐	Das Unternehmensleitbild wird in der Praxis durchgehend gelebt. ☐	Eine dynamische, wertorientierte Organisation entsteht. ☐
Zielauswahl führt zu Prioritäten und damit zu strategischem Denken. ☐	Eine mittelfristige Unternehmensplanung (zwei bis drei Jahre) existiert. ☐	Eine langfristige Unternehmensplanung (über fünf Jahre hinaus) existiert. ☐	Die Unternehmensstrategie wird den laufenden Änderungen angepasst: Repositionierung des Unternehmens. ☐
Die Bewerberauswahl erfolgt nach Aufgabenbeschreibung und Anforderungsprofil. ☐	Sowohl Bewerberauswahl als auch der Einsatz von Instrumenten (wie Assessmentcenter) und Beratern erfolgen sorgfältig. ☐	Nicht die besten Bewerber werden genommen, sondern die Besten der Branche aktiv gesucht. ☐	Nicht der Beste, sondern der Richtige wird eingestellt. Person und Aufgabe werden sorgfältig zusammengefügt. ☐
Zur sporadischen Pressearbeit werden externe Profis hinzugezogen. Die Notwendigkeit eines Corporate Design ist klar geworden. ☐	Ein Jahresthemenplan für die Öffentlichkeitsarbeit liegt vor. Ein Corporate Design existiert. ☐	Es werden gezielt Anlässe geschaffen, über die die Medien berichten. Das Corporate Design ist ausdifferenziert bis hin zu Feinheiten wie Corporate Wording. ☐	Die Medienkontakte sind so entwickelt, dass die Presse auch von sich aus berichtet. Das Corporate Design-Konzept wird in allen Feinheiten gelebt. ☐
Es gibt regelmäßige Treffen im Führungskreis. ☐	Es gibt individuelle Zielvereinbarungen mit den Führungskräften durch Quartalsgespräche. ☐	Alle Mitarbeiter sind in den Prozess der Zielfindung und -realisierung eingebunden. ☐	Das Gehalt ist an das Erreichen der Ziele gekoppelt. Die Mitarbeiter tragen auf diese Weise das Unternehmensrisiko mit. ☐
Monats- und Quartalsbilanzen werden erstellt. ☐	Es gibt regelmäßige Plan-Ist-Vergleiche (monatlich und quartalsweise). Die vom Controlling gelieferten Zahlen werden aber nur vereinzelt genutzt. ☐	Maßnahmen aus dem Plan-Ist-Vergleich werden umgesetzt. Die Wirksamkeit der Maßnahmen liegt bei 75 Prozent. ☐	Der Plan-Ist-Vergleich ergibt eine Übereinstimmung von mehr als 95 Prozent. ☐
Zone II		Zone III	

Die Rolle als Chef neu bestimmen

Mit dem Chef beginnt es

Dass die TEMP-Methode® mit dem Bereich Teamchef (Führung) beginnt, ist kein Zufall. Der Unternehmer ist die prägende Persönlichkeit im Unternehmen. Seine Handschrift ist deutlich erkennbar. Was ihm wichtig ist, passiert.

In der Bewertung werden Sie erkennen, dass die Note 6 sehr viel mit dem Unternehmer als Zugpferd und Kontrolleur zu tun hat. Firmen mit hierarchischen Strukturen erhalten heutzutage schlechte Noten. Hierarchie bedeutet: Der Chef steht an der Spitze. Er schießt die Tore, er trifft die Entscheidungen, alle Mitarbeiter arbeiten ihm zu.

Kampf um die besten Mitarbeiter

Wer in eine neue Fitnesszone vorstoßen möchte, muss seine Rolle als Chef neu bestimmen. Der Chef, der Erfolg haben will, darf sich selbst nicht mehr als Mittelpunkt begreifen. Zu seinen Aufgaben gehört es nun, den Mitarbeitern dabei zu helfen, eine optimale Arbeit zu machen. Deshalb ist auch ein regelrechter Kampf auf dem Arbeitsmarkt nach den besten Mitarbeitern entbrannt. Eine Hauptaufgabe der neuen Chefrolle ist es, diese Mitarbeiter zu finden und für sie ein attraktives Umfeld zu schaffen, um sie zu halten.

Ziel ist es, die Mitarbeiter zu befähigen, selbst Tore zu schießen. Der Chef ist jetzt nicht mehr bester Spieler, sondern Trainer einer Mannschaft. Aus Mitarbeitern sind *Mitunternehmer* geworden.

Der Unternehmer muss bereit sein, Verantwortung abzugeben und seine Mitarbeiter mit allen wichtigen Informationen zu versorgen. Die alte Bossmentalität kriegt das nicht hin.

Vom Alleinherrscher zum Teamchef

Wenn der Chef nicht zu diesem Wandel bereit ist, sind auch die Mitarbeiter nicht bereit, die nötigen Veränderungen in anderen Bereichen mitzutragen. Insofern hat sich die Rolle vom allein herrschenden Boss hin zum Teamchef verändert.

Von der Bewertung zur Umsetzung

Hier einige Anmerkungen, die Ihnen helfen sollen, von der Selbstbewertung zur Umsetzung zu kommen.

Unternehmerpersönlichkeit entwickeln (T1)

Der Unternehmer muss Bestleistungen bringen in zwei Welten, die nicht verschiedener sein könnten: im Beruf und in der Familie. Stets wird Überdurchschnittliches von ihm erwartet. Am Anfang steht daher die Entwicklung einer integren Unternehmerpersönlichkeit, die in der Balance zwischen Beruf und Familie lebt. Wer kein Ja zu einer Berufung als Unternehmer hat, wer seine persönlichen Lebensziele nicht geklärt hat, wird kaum die Rolle des Teamchefs leben können.

Integre Persönlichkeit

Unternehmensleitbild finden (T2)

Wenn von der Wichtigkeit eines Unternehmensleitbildes gesprochen wird, nicken alle beifällig. Im Stillen jedoch stellt sich so mancher Unternehmer die Frage:»Was ist das eigentlich?« Ein Unternehmensleitbild ist eine klare Vorstellung davon, warum es Ihr Unternehmen gibt, wohin Sie mit Ihrem Unternehmen langfristig wollen und auf welche Art und Weise Sie dieses Ziel erreichen möchten. Studien sagen glasklar: Die meisten Unternehmen, die nur Gewinnmaximierung anstreben, sterben durchschnittlich innerhalb von 15 bis 18 Jahren.

Warum gibt es Ihr Unternehmen?

Ein Unternehmensleitbild enthält folgende Elemente:
1. Motto/Slogan: Wofür steht Ihr Unternehmen? In einem Satz (Beispiele: BMW »Freude am Fahren«; tempus »Aufbruch zur Gelassenheit«)
2. Mission: Daseinsberechtigung des Unternehmens – Warum gibt es uns?
3. Werte: Spielregeln im Umgang mit Mitarbeitern, Kunden und Partnern

Strategisch planen (T3)

Ziele sind nur erreichbar durch sorgfältige Planung. Grundsätzlich gilt der Satz:»Planungszeit verlängern heißt Ausführungszeit verkürzen.« Wenn wir von »strategisch planen« reden, meinen wir konkrete Ziele, die mittelfristig und langfristig erreicht werden sollen. Aktionen wie Mailings oder Investitionsentscheidungen werden diesem Plan strikt unterworfen: Sie werden nur dann durchgeführt, wenn sie dazu dienen, dem Ziel näher zu kommen. Strategische Planung wird Ihnen helfen, Entscheidungen leichter zu treffen und eine klare Linie in die Entscheidungen zu bringen.

Eine klare Linie in die Entscheidungen bringen

Mitarbeiter auswählen (T4)

Kampf um die besten Mitarbeiter

Der Erfolg eines Unternehmens ist die Summe der Erfolge seiner Mitarbeiter. Daraus ergibt sich, dass die stetige Betreuung der Mitarbeiter zur obersten Führungsaufgabe wird. Personal darf auf keinen Fall als Kostenfaktor gesehen werden, das möglichst günstig beschafft werden soll. Weil dies immer mehr Unternehmer erkennen, ist der Kampf um die besten Mitarbeiter voll entbrannt (»The War for Talents«).

Kommunikation gestalten (T5)

Großartige Produkte reichen nicht aus

Um am Markt wahrgenommen zu werden, reichen qualitativ großartige Produkte nicht mehr aus. Sie müssen aktiv kommunizieren. Es gilt, die Medien für sich zu nutzen. Eine gute Presse ist Ihnen dabei in zweierlei Hinsicht nützlich:

1. Ihre Produkte und Dienstleistungen werden ins rechte Licht gerückt.
2. Sie sind attraktiver für potenzielle Mitarbeiter.

Um die Wiedererkennbarkeit Ihres Unternehmens zu stärken, benötigen Sie zudem einen einheitlichen und unverwechselbaren Auftritt nach außen (Corporate Design).

Erfolg vereinbaren (T6)

Ziele nicht vorgeben, sondern vereinbaren

Erfolg im Unternehmen ist nur denkbar, wenn alle Mitarbeiter an einem Strang ziehen. Damit der Mitarbeiter weiß, was exakt von ihm erwartet wird, sind individuelle Zielvereinbarungen nötig. Solche »Ein-Mann-Unternehmer« verleihen dem Unternehmen Flügel. Es geht also nicht um Ziel*vorgabe*, sondern um Ziel*vereinbarung*. So entsteht ein Netzwerk von Unternehmern, das alle Ebenen überspannt und im Alltag gelebt wird.

Profitabel wirtschaften (T7)

Täglich den Überblick behalten

Profitabel wirtschaften möchte wohl jeder Unternehmer. In einer Zeit des rasanten Wandels stellen viele fest, dass es nicht mehr ausreicht, einmal jährlich eine Bilanz zu erstellen, um den »Gesundheitszustand« des Unternehmens zu bestimmen. Verlassen Sie sich nicht mehr monatelang auf ein unruhiges Gefühl in Ihrer Magengegend beim Nachdenken darüber, wie gut oder schlecht Ihr Unternehmen dasteht. Starten Sie einen Prozess, der Ihnen täglich Fakten und gegebenenfalls Warnsignale liefert.

Tipps zur erfolgreichen Umsetzung

Sie haben den Erfolgsfaktor »Teamchef« durchgearbeitet und alle Handlungsfelder mit einer Note versehen. Der erste Schritt in Richtung Erfolg ist damit getan: Herzlichen Glückwunsch!

Möglicherweise sind Sie von Ihrer Note überrascht. Da wir viele Firmen begleiten, wissen wir, dass kleine und mittelständische Unternehmen im Durchschnitt etwa die Note 4,5 haben.

Der Durchschnitt liegt bei 4,5

Nachdem Sie gesehen haben, wo Ihre Schwachstellen sind, gilt es nun, gezielt an Ihren Problembereichen zu arbeiten. Damit Sie dabei besser vorankommen, sollten Sie konkrete Aktionspläne ausarbeiten. Unsere Erfahrung: Wer im Durchschnitt eine halbe Note besser werden will, muss dafür ein Jahr einsetzen. Das aber heißt, alle Mitarbeiter müssen mit anpacken.

Noch ein Hinweis: Arbeiten Sie nicht nur an Ihrer schwächsten Stelle. Möglicherweise müssen Sie gerade Ihre Stärken stärken, bevor Sie überhaupt Zeit haben, sich um Ihre Schwächen zu kümmern. Und denken Sie immer daran: Veränderungsprozesse brauchen Zeit. Im Rahmen dieser Methode können Sie lernen, den Verbesserungskreislauf in Gang zu halten und langfristige Erfolge zu erzielen. Indem Sie jetzt mit dem T-Tableau gearbeitet haben, haben Sie einen von vier Bereichen bearbeitet. Wenn Sie die anderen drei Tabellen benötigen, schicken Sie uns bitte eine E-Mail an info@tempus-consulting.de

Erst Stärken stärken

Wenn Sie nicht nur die Bewertungstableaus wünschen, sondern auch eine Anleitung, wie Sie sich in jedem Bereich Schritt für Schritt verbessern können, dann empfehlen wir das Buch »Unternehmens-Fitness – Der Weg an die Spitze« von Jörg Knoblauch u. a., GABAL Verlag, 3. Auflage 2003. Bestellung im Buchhandel oder direkt bei www.tempus-consulting.de

Schritt-für-Schritt-Anleitung

Das »Methodenhandbuch Unternehmens-Fitness« liefert Ihnen die notwendigen Arbeitsvorlagen für die praktische Umsetzung. (55 der erfolgreichsten Methoden und Instrumente für mittelständische Unternehmen, z. B. Zielvereinbarungsprozess, Mitarbeiterauswahl, Kundenzufriedenheitsmessung usw.; Ordner DIN A4, 342 Seiten. Bestellbar bei www.tempus-consulting.de)

Arbeitsvorlagen für die Praxis

Sascha Kugler

Sascha Kugler studierte an der Universität Erlangen-Nürnberg Betriebswirtschaftslehre. Anschließend begann er als Vertriebsleiter bei einem international renommierten Unternehmen der Möbel- und Automobilzuliefererbranche. Es folgten Jahre in der Geschäftsleitung in einem Familienunternehmen der Elektronikindustrie und der Aufbau eines eigenen Unternehmens im Bereich der Energiespartechnik. Nach dem Verkauf arbeitete er als Business Unit Leiter eines börsennotierten belgischen Elektronikkonzerns. Im Jahre 2002 entwickelte Sascha Kugler den Alchimedus® Managementansatz. Er gründete die Alchimedus® Management Gesellschaft, die sich mit der erfolgreichen Umsetzung von Projekten auf Basis des Alchimedus®-Prinzips beschäftigt. Heute ist Sascha Kugler Vice President von Lemtronics Malaysia.

Publikation

Sascha Kugler: Das Alchimedus-Prinzip. Zürich: Orell Füssli 2005

Beratungsschwerpunkte

Mit dem Alchimedus®-Prinzip erkennen und nutzen Sie Ihre Potenziale für ein wirtschaftlich erfolgreiches, innovatives und zukunftsfähiges Unternehmen.

Alchimedus

– erweitert bestehendes Management Consulting zu Leadership Guidance, indem es das Management und das Team in den Prozess einbezieht.
– vereint humanistische Ziele und ethische Grundwerte mit den Methoden der Betriebswirtschaftslehre und des Innovationsmanagement zu einem pragmatischen Zukunftsmodell.
– ist zuverlässig und schnell.

Alchimedus Management
Rudolphstraße 16 RG
90489 Nürnberg
Telefon (09 11) 95 66 63-66
Fax (09 11) 95 66 63-69
www.alchimedus.com
sekretariat@alchimedus.com

Sascha Kugler
Der Alchimedus-Weg –
Wie Sie Ihr Unternehmen revitalisieren

Was wollen Sie als Unternehmer? Wenn Sie mich fragen: Ich will ein starkes, gesundes und wachsendes Unternehmen, klar! Ich will auch, dass sich Menschen in meinem Unternehmen wohl und sicher fühlen. Dass sie bereit sind, sich mit allen Fähigkeiten und vollem Einsatz einzubringen. Ich will, dass mein Unternehmen in der Gesellschaft wegen seines Tuns anerkannt und geschätzt ist.

Wünsche als Unternehmer

Können sich Unternehmer so ein Unternehmensbild heutzutage leisten? Ist es überhaupt noch zeitgemäß und durchsetzbar? Oder ist es eher eine versponnene Utopie?

Nein, solch ein Bild ist ganz sicher keine Utopie! Denn viele erfolgreiche Unternehmen zeigen selbst in Zeiten kurzfristigen Erfolgsdenkens, dass wirtschaftliches Gelingen und Menschlichkeit, Leistung und ethische Werte keine Gegensätze sein müssen. Zu diesen Unternehmen gehören beispielsweise Porsche, Hipp, der Schindlerhof, SAS und Trigema. Scheinbar widersprüchliche Aspekte können – auch zum Wohle des Unternehmens – eine Einheit ergeben!

Gegensätze vereinen

Wir können inspirierende und innovative Unternehmen schaffen, die den Menschen in den Mittelpunkt stellen, Lebensqualität und Wohlstand geben und gleichzeitig erfolgreich sind!

Ich bezeichne den Zustand eines Unternehmens, dem diese Gleichzeitigkeit gelingt, als den »dynamischen Vitalzustand«.

Das 3-Kräfte-Modell des Alchimedus-Weges

Der Weg zu aktiver Verantwortung

Die Frage stellt sich nun, wie Sie den Schalter umlegen und sich auf den Zukunftsweg, hin zu aktiver Verantwortung, hin zu echtem Commitment begeben können. Bei Lemtronics, einem malaysischen Elektronikunternehmen, haben wir uns diese Frage auch gestellt. Wir haben schließlich einen systemischen, ganzheitlichen Ansatz entwickelt: das Alchimedus-Prinzip.

Drei Kräfte

Das Alchimedus-Prinzip verbindet und nutzt alle Potenziale für die künftige Unternehmensentwicklung. Es geht davon aus, dass für die Zukunft eines Unternehmens drei fundamentale Kräfte von Bedeutung sind:
1. Werkzeug
2. Inspiration
3. Mensch

Die Kraft »Werkzeug«

Zu den Kräften gehört natürlich die Betriebswirtschaftslehre und das Fachwissen, also alles, was mit methodischem, analytischem, »beweisbarem« Denken und Vorgehen zu tun hat. Wir definieren dafür die Kraft »*Werkzeug*«. Sie beinhaltet Themen wie:
– Prozesse
– Controlling
– Produktion
– Kapitalisierung
– Lagerbestände
– Operations

Die Kraft »Inspiration«

Unter dem Eindruck verstärkten Wettbewerbsdrucks gewinnt die Entwicklung neuer Dienstleistungen und Produkte an Bedeutung. Wir nennen diesen Bereich »*Inspiration*«. Diese Kraft beinhaltet Themen wie:
– Innovationen
– Geschäftsfelder von morgen
– Investitionen
– Raum für Wachstum
– Kreativität

Die beiden Kräfte *Werkzeug* und *Inspiration* beeinflussen den Unternehmenserfolg außerordentlich stark: Ohne Methoden und Fachkenntnis *(Werkzeug)* fehlt die Bodenhaftung. Ideen und Pläne heben einfach ab und verglühen. Doch eröffnet erst die Kraft *Inspiration* Zukunftsperspektiven, Ziele und Visionen. Sie ermöglicht neue Ideen und Produkte, neue Geschäftsfelder, Wettbewerbsvorsprung und zusätzliche Rendite.

Gerade in der deutschen Ausbildung und Fachliteratur werden die methodischen Komponenten, die wissenschaftlichen Vorgehensweisen, die Beweisbarkeit und Planbarkeit durch systematische Herangehensweisen stark betont. Unternehmen wurden dadurch immer rationalisierter und effizienter. Allerdings hat sich durch die weltweite Verstärkung des Wettbewerbs im Rahmen der Globalisierung der Zwang zur Dynamisierung von Unternehmen gerade in den letzten Jahren verstärkt. Sie müssen immer schneller auf neue Trends und unvorhersehbare Veränderungen reagieren. Dazu sind sie darauf angewiesen, ganz neue, bisher unbekannte und undenkbare Wege zu beschreiten, um zu überleben.

Starke Betonung der Werkzeuge

Unternehmen müssen ständig Innovationen hervorbringen und sich ihren Wettbewerbsvorteil erkämpfen.

Um innovativ zu sein, benötigen Sie die Erfahrung, das Wissen, die Kreativität und die Inspiration der Menschen in Ihrem Unternehmen. Mobilisiert aber die heutige methodenorientierte Herangehensweise alle Menschen im Unternehmen? Meine Erfahrung sagt: Nein! Viele Menschen wollen mehr als eine wissenschaftliche Herangehensweise. Sie brauchen Zwischenmenschlichkeit, Zugehörigkeit, Spiritualität, Neugierde, Vertrauen und Abenteuer. Betriebswirtschaftslehre und Innovationsmanagement allein können dies nicht erreichen.

Methoden mobilisieren nicht

Deshalb gilt auch heute noch der Satz des Topmanagers Hans Christoph von Rohr: »Fabriken kann man bauen, Kapital kann man mieten, Menschen muss man gewinnen.«

Der Alchimedus-Weg berücksichtigt diese Zusammenhänge. Die Kraft »*Mensch*« beinhaltet Themen wie:
- Werte
- Beweggründe
- Engagement
- Sinngehalt
- emotionale Bindung

Die Kraft »Mensch«

Der Kreis als Leitbild Zusammen ergeben diese drei Kräfte – Mensch, Werkzeug, Inspiration – einen Kreis. Der Kreis stellt das alchimedische Leitbild dar.

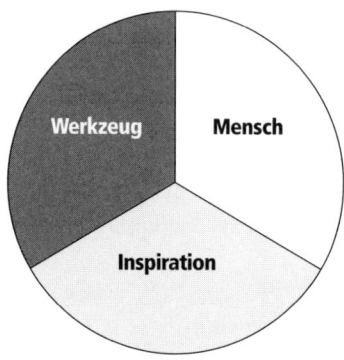

Die Ursache von Ertrag und Wachstum Unser Ziel ist der inspirierende Unternehmer. Seine Steuerungsmittel sind Vertrauen und das Interesse an der Entwicklung anderer. Indem er alle drei Kräfte – Mensch, Werkzeug, Inspiration – miteinander verbindet, schafft er Unternehmenserfolg in Form von Umsatz und Rendite. Denn das ausgewogene Zusammenspiel der drei Kräfte ist die wahre Ursache von Ertrag und Wachstum.

Sie als Unternehmer und Ihr Umgang mit den Menschen in Ihrem Unternehmen bestimmen über den Unternehmenserfolg in der Zukunft. Sie benötigen die Erfahrung, das Wissen und Vertrauen, die Netzwerke und die Kundenbeziehungen der Menschen in Ihrem Unternehmen!

Wie sieht die Wirklichkeit in den Unternehmen aus? Nach einer Gallup-Studie engagieren sich in Deutschland nur 15 Prozent der Mitarbeiter für ihr Unternehmen, Tendenz fallend. In den USA sind es immerhin 26 Prozent. Das heißt also: Viele Mitarbeiter bringen sich nicht in ihr Unternehmen ein. Als Grund dafür benennen die meisten Befragten die Führungskräfte und deren Führungsstil.

Die traurige Wirklichkeit Weiterhin scheitern laut »Wirtschaftswoche« 82 Prozent der Innovationspläne an »Verharrungsmentalität« und über 50 Prozent an internen Widerständen. Führungsverantwortung tragen oft die besten Fachleute, unabhängig von ihrer Führungskompetenz. Die Folge sind stockende Reformen, zu wenig Flexibilität, Widerstand gegen Veränderungen, Verweigerung, stagnierende oder sogar schrumpfende Unternehmen. Welch eine Wachstumschance geht hier verloren!

Menschen leisten mehr, wenn sie im Unternehmen Sicherheit und Vertrauen empfinden und wenn sie für neue Ideen belohnt werden. Sie werden sich deutlich stärker einbringen als Kollegen, die Angst vor dem Vorgesetzten und vor der Kündigung haben.

Wie können Sie die 85 Prozent nicht engagierter Mitarbeiter vitalisieren und aktivieren? Etwa durch Zielvorgaben und Kontrolle? Durch Angst und Druck? Durch Drohungen und Kürzungen? – Nein, diese Methoden gehören der Vergangenheit an!

Abschied von Angst und Druck

»Führung durch Sinn und Inspiration« lautet die Devise der Zukunft. Sie verlangt einschneidende Veränderungen in unserem Selbstverständnis als Führungskräfte. War der Chef früher der Stratege, Befehlshaber und Herrscher, der alles überblickte, so wird er in Zukunft zum Förderer von Menschen, zum Mediator, Vorbereiter und Rahmengeber, der dafür sorgt, dass sich die Menschen im Unternehmen entwickeln können.

Hauptaufgaben alchimedischer Führungskräfte sind daher:
- Aufgaben als gemeinsame Chancen darstellen
- im Team Strategien entwickeln und anschließend weiter vermitteln
- »hirnen«, also denken, alleine und mit anderen
- mit Mitarbeitern sprechen, um optimale Entwicklungsmöglichkeiten und Rahmenbedingungen zu schaffen

Hauptaufgaben von Führungskräften

Die Praxis orientiert sich dagegen oft am umgekehrten Weg: Die Mitarbeiter bekommen ihre Bedeutungslosigkeit und Ersetzbarkeit vor Augen geführt. Das wirkt sich verheerend auf Inspiration, Loyalität und Motivation der Menschen aus! Oft liegt das Heilmittel nicht in langwierigen und teuren Maßnahmen, sondern in der Bekämpfung der wahren Ursachen. Je weiter Sie auf der Symptomebene nach außen gehen, desto langwieriger, schwieriger und teurer wird die Behandlung. Wenn Sie dagegen den

Die wahren Ursachen angehen

Kern neu ausrichten, folgt vieles ganz von alleine. Den Kern des Unternehmens aber bilden der Umgang mit seinen Menschen, die Unternehmenskultur, die Vision.

Alchimedische Grundsätze Sie können die Vitalkraft Ihres Unternehmens stärken, indem Sie die folgenden alchimedischen Grundsätze in den Mittelpunkt Ihres unternehmerischen Denkens und Handelns stellen:
- Der Mensch steht im Mittelpunkt. Jeder Mensch ist einzigartig.
- Talente und Wissen liegen im Unternehmen.
- Eine Führungskraft ist erfolgreich, wenn sie fähig ist, andere Menschen zu entwickeln.

Grundlage ist das Vertrauen des Unternehmens in die Menschen und der Menschen in das Unternehmen.

Doch wie kann es gelingen, den Menschen in den Mittelpunkt zu stellen und das Team bzw. die einzelnen Mitarbeiter an der zukünftigen Unternehmensentwicklung zu beteiligen? Wie können Sie das Vertrauen der Menschen im Unternehmen gewinnen, Widerstände überwinden und Brücken bauen? Wie können Sie neue Wege gehen, Ideen und Kreativität schöpfen?

Ziele von Potenzialanalyse und Potenzierungsprozess Damit die ganzheitliche Herangehensweise schnell und einfach im Unternehmen wirksam werden kann, habe ich die Potenzialanalyse und den Potenzierungsprozess entwickelt. Ziele sind:
- Stärkung der Eigenkraft
- Ausschöpfen aller Potenziale des Unternehmens
- Strategiefindung für die Zukunft
- Heben des Kreativpotenzials

In einem zweistufigen Prozess von üblicherweise drei bis fünf Stunden Länge werden zunächst auf Basis des 3-Kräfte-Modells die Ist-Situation des Unternehmens ermittelt und anschließend im Potenzierungsprozess konkrete Zukunftsprojekte entwickelt.

Die Potenzialanalyse

Mit einem softwaregestützten Befragungstool wird zunächst das Unternehmen aus ganzheitlicher Sicht befragt. Je 20 Fragen zu den drei Kräften Mensch, Werkzeug und Inspiration werden beantwortet. Die Fragen sind so gestellt, dass sie alle Potenziale heranziehen. Die Fragen basieren einerseits auf den Hirnforschungsergebnissen von Professor Paul MacLean aus den USA und andererseits auf den Erfahrungen in vielen Unternehmen.

Je 20 Fragen

Um die Potenzialanalyse durchführen zu können, benötigen Sie außerdem folgende Arbeitsmittel:
- 4 Flipchart-Blätter
- je einen roten, blauen und grünen Faserstift
- einen gelben Marker

Zunächst geht es darum, die internen Potenziale, die unternehmenseigenen Chancen zu finden. Diese nennen wir *Einblicke*. Dieses Wort schreiben Sie oben auf das erste Flipchart-Blatt.

Einblicke gewinnen

Um die Einblicke zu gewinnen, erfragen wir in drei Stufen den aktuellen Stand der drei Kräfte Werkzeug, Inspiration und Mensch. Die 20 Fragen pro Kraft können alle Mitarbeiter vom Chef bis in die unteren Ebenen ohne Zahlenkenntnis sofort schlüssig beantworten. Mit der Analyse können Sie den Kern und die Ausrichtung Ihres Unternehmens überprüfen, bevor Sie langfristige Entscheidungen treffen, die Sie sonst womöglich später als Fehlinvestitionen abschreiben müssten.

Ablauf
Die Potenzialanalyse vollzieht sich in drei Schritten:

Drei Schritte

1. Zunächst bewertet der Chef die Fragen für sein Unternehmen selbst. Er bestimmt dabei den aus seiner Sicht heute erreichten Ist-Zustand des Unternehmens. Danach bestimmt der Chef die Bedeutung der einzelnen Fragen: Er wählt die Fragen aus, die er strategisch für besonders wichtig für die Zukunft des Unternehmens hält, und gewichtet sie anhand einer Skala von 1 (unwichtig) bis 10 (sehr wichtig).
2. Im zweiten Schritt beantwortet und bewertet ein so genanntes Vitalteam – bestehend aus Mitarbeitern, Senior

Management-Team sowie beispielsweise Aufsichtsrat, Kunden, Lieferanten, Gewerkschaften oder Freunden – dieselben Fragen, wobei sie die Gewichtung des Chefs nicht kennen. Das Vitalteam wird am Anfang des Prozesses zusammengestellt und hat meist eine Größe von vier bis acht Mitgliedern.

Der Initiator des Vitalisierungsprozesses – meist ist dies der Unternehmer selbst – stellt das Vitalteam zusammen. Wichtig ist dabei, auch unabhängige Stimmen (Markt/Lieferant/freie Marktkenner) für die Mitarbeit zu gewinnen und auf eine hohe Heterogenität der Teilnehmer zu achten. Nicht alle sollten aus derselben Denkschule kommen!

Gap-Analyse
3. Im dritten Schritt vergleichen Sie beide Ergebnisse (Chef und Vitalteam) im Rahmen einer Gap-Analyse.

Lassen Sie uns den Prozess mit verkürzter und vereinfachter Fragestellung (nur fünf Fragen je Kraft) nachvollziehen. Kopieren Sie diese Doppelseite, bevor Sie sie ausfüllen. Bewerten Sie als Unternehmer zunächst den Ist-Zustand des Unternehmens. Entscheiden Sie dabei auf einer Skala von 1 bis 10, wie Sie den gegenwärtigen Zustand einschätzen (10 stellt die höchste Ausprägung dar).

Erster Fragenkomplex *Fragen »Werkzeug«*
1. Die Qualität unserer Produkte, Aussagen und Dienstleistungen ist wesentliche Grundvoraussetzung für unseren Erfolg. (Bewertung: …)
2. Klare, definierte und eingespielte Prozesse sind für uns wichtig. (Bewertung: …)
3. Struktur und Organisation sind das A und O. (Bewertung: …)
4. Analyse und Planung sind Voraussetzung für den Erfolg. (Bewertung: …)
5. Kontrolle, Normung und Standardisierung sind wichtig. (Bewertung: …)

Zweiter Fragenkomplex *Fragen »Inspiration«*
1. Wir gehen gerne neue Projekte/Dinge an. (Bewertung: …)
2. Unsere Produkte/Firma/Service sollen Menschen intern und extern mitreißen. (Bewertung: …)

3. Wir brauchen die emotionale Nähe zu unseren Produkten und Dienstleistungen. (Bewertung: …)
4. Innovationen, neue Ideen, Wege und Ansätze sind der künftige Erfolg unserer Firma. (Bewertung: …)
5. Kreativität und Phantasie sind Schlüsselfaktoren für den unternehmerischen Erfolg. (Bewertung: …)

Fragen »Mensch« **Dritter Fragenkomplex**

1. Gemeinsame und gelebte Werte sind uns wichtig. (Bewertung: …)
2. Wir berücksichtigen die Ideen und Wünsche unserer Mitarbeiter, Kunden, Lieferanten und Partner. (Bewertung: …)
3. Das private Umfeld der Mitarbeiter ist ein wichtiger Teil der Unternehmenskultur. (Bewertung: …)
4. Wir führen durch, was wir sagen, wir stehen zu unserem Wort. (Bewertung: …)
5. Unternehmen haben eine gesellschaftliche Verantwortung (Umwelt, Schöpfung, Sozial, Humanität u. a.). (Bewertung: …)

Haben Sie Ihre Einschätzung vorgenommen, gewichten Sie den Stellenwert der Fragen. Sie messen den Fragen damit die strategische Bedeutung für die Zukunft bei. Schreiben Sie die Bewertung jeweils rechts an die Seite der Frage und die Gewichtung auf die linke Seite. **Stellenwert gewichten**

Im nächsten Schritt lassen Sie nun die Fragen durch Mitarbeiter unabhängig voneinander bewerten, ohne dass diese die Gewichtung und Ihre Bewertung kennen. Teilen Sie dazu die Kopien dieser Doppelseite aus.

Vergleichen Sie anschließend die Ergebnisse. Markieren Sie, wo Ihre Gewichtung – also die strategische Bedeutsamkeit der Frage – und die Bewertung stark auseinander fallen. Bitte markieren Sie diejenigen Einblicke, die als sehr wichtig eingeschätzt wurden (7 oder größer), aber gegenwärtig als eher mittelmäßig oder gar gering ausgeprägt bewertet wurden (6 oder kleiner). **Einblicke markieren**

Wenn das Ergebnis vorliegt, haben Sie damit einen Blick über die *Einblicke* (interne Chancen, aktuelle Begrenzungen) gewonnen.

Nur die Fragen mit hoher Bedeutung für die Zukunft und geringer aktueller Ausprägung werden weiter bearbeitet und auf das vorbereitete Flipchart-Blatt geschrieben. Das Ergebnis lässt sich mit der eingesetzten Software auch als Flächengrafik darstellen.

Beispiel Lemtronics: Ergebnis der Flächendarstellung aus dem Jahre 2003

Bei Lemtronics haben wir die Fragen erstmals im Jahre 2003 durchgearbeitet. Sie sehen deutlich, wie die Fragen in den Kräften Werkzeug und Mensch sehr positiv bewertet wurden, während der Bereich Inspiration sehr schwach ausgeprägt war. Die Gewichtung des Chefs lag bei 8, die Bewertung durch das Team und den Chef lag im Durchschnitt bei 4, war also sehr niedrig.

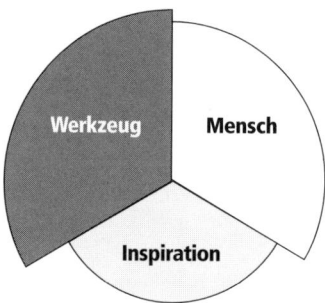

Die geringe Ausprägung der dritten Kraft war ein entscheidender Wettbewerbsnachteil; es bestand hoher Handlungsbedarf. Das Ergebnis der Potenzialanalyse wurde zum Ausgangspunkt für die künftige Strategie des Elektronikunternehmens.

Der Potenzierungsprozess

Das Vorgehen im Überblick Der Potenzierungsprozess berücksichtigt einerseits mit Blick auf den Markt die kritischen Erfolgsfaktoren und andererseits die persönlichen Wünsche der Menschen im Unternehmen. Sind diese Komponenten identifiziert, werden schließlich Zukunftsprojekte abgeleitet.

Kritische Erfolgsfaktoren (Markt)
Das Unternehmen verfügt nicht nur über interne Potenziale. Seine Entwicklung ist auch von kritischen Erfolgsfaktoren abhängig. Diese gilt es nun zu finden. Sie wenden sich daher dem Markt zu.

Sie befragen dazu Ihr Vitalteam nach den bestimmenden Erfolgsfaktoren in Ihrer Branche. Wenn auch Externe im Vitalteam sitzen und der Kreis aus unterschiedlich geprägten Menschen gebildet wurde, werden Sie überrascht sein, welche Erfolgsfaktoren genannt werden. Danach bewertet das Vitalteam wieder die Ist-Situation in Bezug auf diese Erfolgsfaktoren auf einer Skala von 1 bis 10. Schließlich gewichtet das Team die Bedeutung der Erfolgsfaktoren.

Das Vitalteam befragen

Wenn die Ergebnisse vorliegen, markieren Sie diejenigen Erfolgsfaktoren, die als sehr bedeutend für den Markt gewichtet wurden (7 oder größer), die aber heute als mittelmäßig oder gar gering ausgeprägt eingeschätzt wurden (6 oder kleiner).

Erfolgsfaktoren markieren

Übertragen Sie diese Erfolgsfaktoren auf das zweite Flipchart-Blatt. Jetzt haben Sie einen Überblick über die Erfolgsfaktoren aus Marktsicht.

Beispiel Lemtronics 2003: Flipchart »Kritische Erfolgsfaktoren«

Beispiel

Gewichtung	Erfolgsfaktor	Bewertung
9	Qualität	8
10	Preis	10
8	Service	10
7	**Entwicklungskapazität**	**2**
8	**Nähe zum Kunden**	**1**
6	Kommunikation	10
8	Referenzen	10
9	QS Standard	7
…	…	…

Bei Lemtronics war klar ersichtlich, dass neben vielen gut ausgebildeten Erfolgsfaktoren speziell für zwei Aspekte unzureichende Antworten seitens Lemtronics gegeben wurden: »Nähe zum Kunden« und »Entwicklungskapazität« drängten sich aus Marktsicht als Verbesserungspotenzial für die Zukunft auf.

Persönliche Wünsche (Mensch)
Ein weiterer wichtiger Suchbereich für Potenziale sind die Ansichten, Erfahrungen, Wünsche und Fähigkeiten der Mitarbeiter. Deshalb fragen Sie die Mitarbeiter jetzt nach ihren persönlichen Wünschen und Wunschprojekten. Hier können eigene Tätigkeitsänderungen genannt werden – zum Beispiel »mehr aktive Ver-

Wunschprojekte erfragen

kaufsarbeit«, »weniger Verwaltung« – oder aber auch Wunschprojekte, die der Betreffende als äußerst wichtig für das Fortkommen des Unternehmens ansieht. Notieren Sie die Antworten auf dem dritten Flipchart-Blatt.

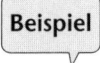

Beispiel Lemtronics 2003: Flipchart »Persönliche Wünsche (Mensch)«

General Manager
– Will mehr verkaufen, weniger die Produktion leiten
– Möchte gerne eine langfristige Innovationsstrategie formulieren und umsetzen

Verkaufsleiter
– Will mehr in den Bereich Automobil
– Möchte raus aus dem reinen Kostenwettbewerb hin zu komplexerer Dienstleistung

Drei Ebenen in Zukunftsprojekte führen

Wurden die Fragen vom Anfang beantwortet und die Erfolgsfaktoren sowie die Wünsche der Mitarbeiter identifziert, folgt nun der entscheidende Schritt: Sie überführen die drei Ebenen (Flipchart-Blätter)
1. *Einblicke* (die jetzigen Begrenzungen der Firma)
2. *Markt* (kritische Erfolgsfaktoren) und
3. *Mensch* (die Wunschprojekte der Mitarbeiter)
gemeinsam in Zukunftsprojekte.

Zukunftsprojekte
Ausgehend vom Flipchart *Markt* fragen Sie die Mitarbeiter nach möglichen Projektansätzen, die das Unternehmen in Bezug auf den kritischen Erfolgsfaktor nach vorne bringen. Haben Sie Projekte gefunden, notieren Sie diese auf dem vierten Flipchart-Blatt.

Fragen Sie, wer bis wann das Projekt bearbeitet und führt. Sie werden sehen: Einzelne Mitarbeiter übernehmen bei klarem Plan und eindeutiger Zielvorgabe die Verantwortung für das jeweilige Projekt.

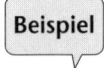

Beispiel Lemtronics 2003: Flipchart Zukunftsprojekte

1. Aufbau einer Entwicklungseinheit in Deutschland (Dies führt zu mehr Innovationskraft und zu mehr Kundennähe.)

2. Zertifizierung nach TS16949 (Dies ist die Eintrittskarte zur Zusammenarbeit mit der Automobilindustrie.)

3. ...

Wurden alle Projekte benannt, prüfen Sie, ob sich darin alle internen Chancen (Flipchart-Blatt 1: *Einblicke*), Erfolgsfaktoren (Flipchart-Blatt 2: *Markt*) und persönlichen Wünsche (Flipchart-Blatt 3: *Mensch*) wiederfinden und ob die gefundenen Projekte dazu beitragen, die Chancen zu nutzen und die Wettbewerbssituation zu verbessern.

Projektvorschläge überprüfen

Im Falle Lemtronics führte der Aufbau einer Entwicklungseinheit in Deutschland zur Verbesserung in den Bereichen interne Chancen (*Einblicke* und *Markt*). Die Entscheidung verband gleichzeitig die Wünsche des Geschäftsführers sowie des Verkaufsleiters nach neuen Produkten und Verkaufsansätzen sowie nach einer langfristigen Strategie.

Vitalisierung und Nachhaltigkeit

Mit der Alchimedus-Potenzialanalyse haben Sie den Wesenskern und die Potenziale des Unternehmens bestimmt. Nach der authentischen Ausrichtung durch den Potenzierungsprozess wurden nun stimmige, zum Unternehmen und den Mitarbeitern passende Maßnahmen entwickelt. Im Verlauf der Zukunftsprojekte lernen die Mitarbeiter während der nächsten Wochen und Monate, dass sie durch ihre eigenen Ideen und Tätigkeiten tatsächlich das Unternehmen positiv beeinflussen können.

Auswirkung auf die Mitarbeiter

Die Vitalisierung des Unternehmens erstreckt sich über Zeiträume von 2 bis 16 Monaten mit nachfolgenden Schritten:

Zeiträume

1. Schritt: Potenzialanalyse: Tag 1
2. Schritt: Potenzierung: Tag 1
3. Schritt: Umsetzung: 2 bis 16 Monate
4. Schritt: Kontrolle und Nachhaltigkeit

Vorausblickend können Sie Ihr Unternehmen zielgerichtet anhand der *Zukunftsprojekte* steuern. Das Management bekommt klare Impulse und Maßnahmen, um effektiver und profitabler zu wirtschaften.

Externe Moderatoren einsetzen

Sind die Zukunftsprojekte angelaufen, müssen Sie darauf achten, dass der Prozess nicht einschläft. Externe Moderatoren sind oft gut geeignet, die nötige Nachhaltigkeit zu gewährleisten. Versuchen Sie, alles ohne Unterstützung von außen zu bewältigen, besteht die Gefahr, dass der Vitalisierungsprozess wegen des Tagesdrucks nicht die nötige Wichtigkeit erhält.

Energien nicht verpuffen lassen

Ihnen muss außerdem klar sein: Mit der Potenzialanalyse und dem Potenzierungsprozess wecken Sie Energien bei den Mitarbeitern. Diese empfinden dies als Weckruf. Sie merken: Hier kann ich etwas bewegen, hier haben wir Chancen. Als Unternehmer dürfen Sie diese geweckten Energien nicht enttäuschen oder verpuffen lassen, sonst wirkt der Prozess kontraproduktiv.

Wichtig ist zu akzeptieren, dass die einzelnen Menschen im Unternehmen Talente und Potenziale besitzen, die genutzt werden können und nur dann volle Energie entwickeln, wenn die Unternehmensentwicklungslinien und Ziele mit den persönlichen Wünschen und Zielen verbunden werden. Wo dies der Fall ist, entstehen gemeinsame Energie, Lebens- und Schaffenskraft, später folgen neue Produkte und am Ende mehr Umsatz und Ertrag.

Eine neue Unternehmerkultur wird geboren

Gehen Sie den Alchimedus-Weg, erhalten Sie nicht nur bessere Prozesse. Resultat sind auch ein motivierteres Team und neue Produktideen, die erhebliche Umsatzsteigerungen mit sich bringen. Eine neue Unternehmerkultur wird gemeinsam geboren und erlebt.

Beispiel: Das Ergebnis der Flächendarstellung Lemtronics im Jahr 2005

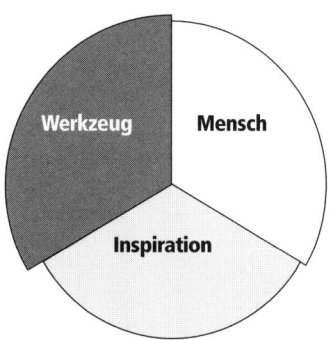

Sie sehen deutlich, wie jetzt auch der Bereich Inspiration sehr gut ausgeprägt ist. Lemtronics hat mittlerweile eine Reihe von hoch innovativen Produkten entwickelt und stellt diese in hoher Qualtität zu marktgerechten Preisen her. Trotz Börsennotierung unserer Konzernmutter in Australien und daraus abgeleitetem Quartalsdruck führen wir das Unternehmen anhand der Zukunftsprojekte der Mitarbeiter.

Was ist das Verblüffende an diesem Vorgehen? Dazu sind gleich drei Aspekte zu benennen:

1. Vorformulierte Lösungsangebote berücksichtigen die Gegebenheiten eines Unternehmens häufig nicht individuell genug, sondern nützen eher dem Berater, der sie anbietet, weil er seine Produkte absetzen möchte und muss. Außerdem wollen Unternehmer jederzeit Herr des Verfahrens bleiben und sich nicht in Folgeabhängigkeiten begeben. Der Alchimedus-Weg vermeidet diese Probleme.

   Individualität wird berücksichtigt

2. Obwohl das Vorgehen einfach und kurz ist – einschließlich der Einführung sind bei einem Mittelständler bis 200 Mitarbeitern nur drei bis fünf Stunden nötig –, liefert Ihnen der Alchimedus-Weg schon auf den ersten Schritten ein umfassendes Bild des Unternehmens mit zahlreichen Perspektiven.

   Schnelle Resultate

3. Die Mitarbeiter selbst prüfen die Perspektiven ab, übernehmen die Verantwortung und leben später ihre Projekte. Dabei erarbeiten sie sich gemeinsam ihre Freiheit sowie das Vertrauen in ihren Chef. So erschaffen alle zusammen eine neue Unternehmerkultur.

   Mitarbeiter bringen sich stärker ein

Das Unternehmen erhält seine Vitalkraft zurück, indem sich die Potenziale der Menschen, des Marktes und des Unternehmens miteinander verbinden. Nur verbundene Potenziale schaffen ein dynamisches Unternehmen.

Wünschen Sie sich Mitarbeiter, die mit leuchtenden Augen bei der Sache sind, die sich voll einbringen und von Tatkraft nur so sprühen? Dann beginnen Sie, Menschen zu inspirieren und zuerst an andere zu denken. Sie selbst können die Veränderung sein, die Sie in der Welt sehen wollen!

Reiner Kreutzmann

Reiner Kreutzmann, geschäftsführender Gesellschafter der Bindesysteme Schönherr GmbH in Seevetal, ist Unternehmer aus Leidenschaft. Bereits mit 19 Jahren machte er sich selbstständig und baute systematisch sein Versand-Unternehmen für professionelles Präsentieren und effizientes Organisieren auf. Reiner Kreutzmann ist ein Marketing- und Strategie-Experte der Praxis. Seit über 30 Jahren gilt sein besonderes Interesse den Prinzipien und Strategien erfolgreicher Unternehmen, die er systematisch in seinem Unternehmen umsetzt.

Referenzen

- »Wie kaum ein anderer deckt Reiner Kreutzmann die Schwachstellen in der Strategie und in der Organisation auf.«
  (Martin Liebmann, geschäftsführender Gesellschafter der LOGOS GmbH, Reinbek)
- »Reiner Kreutzmann stellt die richtigen Fragen, die zum Schärfen der eigenen Gedanken und zur Umsetzung der eigenen Konzepte führen.«
  (Doris Dreyer, geschäftsführende Gesellschafterin der FibuNet GmbH, Quickborn)
- »Ein Blumenstrauß an Methoden und Ideen aus erfahrener Praxis.«
  (Dirk Laudan, rechtlicher Berater der AWEK NORD Verwaltung GmbH, Barsbüttel)

Beratungsschwerpunkte

- Durch Strategie zu mehr Umsatz und Erfolg
- Effektive und effiziente Werkzeuge des strategischen Handelns
- Denken in Engpässen – der Weg zu einer positiven Kettenreaktion
- Strategie-Check für Unternehmen
- Wettbewerbsvorteile durch Differenzierung
- Wettbewerbsvorteile einzigartig sichtbar und erlebbar machen
- Kundenbindungsstrategien und Spezialisierung auf Zielgruppen ausrichten

Bindesysteme Schönherr GmbH
Rübenkamp 17
21220 Seevetal
Telefon (0 41 05) 8 61-2 00
Fax (0 41 05) 8 61-2 77
www.schoenherr.de

Reiner Kreutzmann
Zwölf Prinzipien für mehr Erfolg – Chancen und Ideen konsequent nutzen

Jeder Unternehmer und jeder Manager muss sich heute in einem globalen und somit sehr komplexen Mix aus wirtschaftlichen, strategischen, finanziellen, gesetzlichen, technischen, kulturellen und politischen Rahmenbedingungen zurechtfinden. Als jemand, der sich bereits im Alter von 19 Jahren selbstständig gemacht hat, war und bin ich stets auf der Suche nach zeitlosen Erfolgsprinzipien und frage mich immer wieder: Wie machen es die Besten?

Stetige Suche nach Erfolgsprinzipien

Was ist also das Geheimnis erfolgreicher Unternehmer? Der amerikanische Unternehmensberater und Management-Papst Professor Peter F. Drucker (der leider im November 2005 verstarb) hat es einmal sehr treffend beschrieben: Wann immer man ein erfolgreiches Unternehmen sieht, dann hat irgendeiner eine mutige Entscheidung getroffen. Drucker bringt es auf den Punkt:

Grundlage sind mutige Entscheidungen

> **Erfolgreiche Unternehmer brauchen Zuversicht, Hoffnung und eine klare Strategie, Mut zu Entscheidungen und konsequentes Verhalten.**

Denn der Unternehmer ist der Motor des Unternehmens. Erfolgreiche Unternehmer sind immer Unternehmer aus Leidenschaft! Sie sind frei, sie sind unabhängig und sie wollen eine Idee verwirklichen. Dafür leben sie, dafür arbeiten sie und dafür kämpfen sie. Viele probieren es, viele scheitern und einige schaffen es. So funktioniert die Marktwirtschaft, und das ist das Unternehmertum.

Viele scheitern, einige schaffen es

Wer als Unternehmer dauerhaft Erfolg haben will, der muss sich deshalb die Frage stellen: Welches Image soll mein Unternehmen haben und wo will ich mich positionieren? Wer will ich für wen sein? Wenn diese Fragen beantwortet sind, dann muss der Unternehmer die Erfolgsprinzipien und -regeln aufstellen und dafür sorgen, dass seine Prinzipien als Unternehmenswerte Orientierung geben und täglich mit Leben gefüllt werden.

Jeder Unternehmer hat seine eigene Geschichte, seine eigenen Werte, seine Ziele und seine eigene Philosophie. Betrachten Sie meinen Beitrag deshalb bitte wie ein Buffet – und nehmen Sie sich von diesem Buffet einfach nur, was zu Ihnen passt.

Erfolgsprinzip Nr. 1: Erfinde nichts, was es bereits gibt

**Nichts doppelt
entwickeln**

Jedes Jahr werden in Deutschland einige Milliarden Euro in Forschung und Entwicklung für Dinge gesteckt, die bereits von anderen Unternehmen patentiert sind. Das muss nicht sein. Nach dem Motto von Professor Wolfgang Mewes: »Erfinde nichts, was es bereits gibt«, haben wir das für uns relevante Wissen einfach zusammengetragen.

Unser Motto war: Wir müssen wissen, was wir wissen, wir müssen Wissen bewahren und wir müssen neues Wissen hinzufügen. Dafür muss man das Rad nicht immer neu erfinden. Es gibt unzählige Unternehmen, große Vordenker und Wissenschaftler, die bereits erfolgreiche Wege beschritten haben.

**»Abgucken«
ist erlaubt**

Die Kunst besteht also darin, die wichtigsten Erkenntnisse für das eigene Unternehmen zu finden und in die Praxis umzusetzen. Amundsen zum Beispiel hat damals den Wettlauf zum Südpol gewonnen, weil er sich nicht nur jahrelang darauf vorbereitet hat, sondern auch das berücksichtigte, was andere Forscher bereits herausgefunden hatten. Es wäre falsche Eitelkeit gewesen, die Erkenntnisse und Analysen anderer Wissenschaftler zu ignorieren. Es gibt viele Ideen, Impulse, Fakten und Prinzipien, die sich erfolgreich von anderen Unternehmen übertragen lassen. Im Gegensatz zu dem, was wir in der Schule gelernt haben, ist »Abgucken« ausdrücklich erlaubt. Schließlich hat man nicht so viel Zeit, alle Fehler selber zu machen.

Bei Schönherr zum Beispiel besuchen wir regelmäßig andere Unternehmen und bekommen im Gegenzug Besuch von anderen Firmen. Meine Erfahrung lautet: Entscheidend ist oftmals, dass man etwas schon vor Ort gesehen hat, bevor man sich dafür oder dagegen entscheidet. Wir versuchen daher immer zu ergründen, wie die besten Unternehmen ein bestimmtes Problem bereits gelöst haben. Benchmarking ist eine unserer Lebensphilosophien.

Benchmarking als Lebensphilosophie

Erfolgsprinzip Nr. 2: Lebe deine Grundsätze

Der Graben zwischen Wissen und Tun ist immer tief und breit. Es ist oftmals schwierig, Wissen auch eins zu eins umzusetzen. Bei uns erfolgt die Umsetzung über Prinzipien und Grundsätze. Die Falle vieler Unternehmer besteht darin, dass sie denken: »Ich habe die Grundsätze im Kopf – also müssen es meine Mitarbeiter auch wissen!« Das ist ein fataler Trugschluss. Von »Ich habe es im Kopf« über »Ich habe es aufgeschrieben« zu »Ich habe es kommuniziert« und »Wir leben die Grundsätze« ist es oft ein weiter Weg. Wichtig dabei ist, anzufangen und die Dinge konsequent umzusetzen.

Die Dinge konsequent umsetzen

Wo stehen Sie? Eines ist gewiss: Egal, an welchem Punkt Sie stehen, es handelt sich um eine unendliche Reise, die Sie jeden Tag aufs Neue antreten müssen. Wenn Sie optimale Ergebnisse erzielen wollen, dann brauchen Sie im Unternehmen die gleiche Wissens- und Bewusstseinsbasis. Es geht darum, Ihre Werte und Prinzipien zu kommunizieren und konsequent zu leben. Welche Erwartungen haben Sie an Ihre Mitarbeiter, welche Leistung und welche Ergebnisse verlangen Sie, wie ist Verantwortung definiert, und welche Standards sollen eingehalten werden? Meine Erfahrung: Sie müssen wie ein Prediger jeden Tag aufs Neue dafür sorgen, dass Ihre Werte in Fleisch und Blut übergehen.

Werte und Prinzipien kommunizieren und leben

Und: Über Basics darf es keine grundlegenden Diskussionen geben. Wer Ihre Werte nicht akzeptiert, hat in Ihrem Unternehmen nichts zu suchen! Sie selbst entscheiden, in welcher Liga Sie spielen wollen und welche Spieler Sie dafür verpflichten möchten.

Keine Diskussionen über Basics

Es kommt nicht nur darauf an, was Sie wissen und tun, sondern wie Sie Ihr Know-how multiplizieren können!

Erfolgsprinzip Nr. 3: Denke in Engpässen und Chancen

Eine der genialsten Unternehmensstrategien, die ich kennen gelernt habe, ist die von Professor Wolfgang Mewes entwickelte EKS (Engpasskonzentrierte Strategie). Seit 30 Jahren ist sie die Grundlage unserer Unternehmensstrategie, unserer Denkweise und unseres Erfolgs. Professor Mewes analysierte Tausende Unternehmen und kam dabei zu Ergebnissen, die er in der EKS zusammentrug.

Denken in Engpässen führt zu neuen Chancen

Der Erfolg der Strategie basiert auf einer anderen Denkweise. Zum strategischen Denken gehört ein Denken in *Engpässen*. Denn Denken in Engpässen aus der Sicht der Zielgruppe führt zu immer neuen Chancen und oft auch zu völlig anderen Lösungen.

Gibt es ein Vorbild für diese Strategie? Ja, und zwar mit etwa vier Milliarden Jahren Erfahrung: in der Natur! Denken Sie an die Pflanzen. Diese können nur dann wachsen, wenn die Grundfaktoren Licht, Temperatur, Boden und Nährstoffe sowie Wasser in ausreichendem Maße vorhanden sind. Der Faktor, der in der geringsten Menge vorhanden ist, bestimmt stets die Entwicklung.

Den Engpass finden und ausschalten

Genauso ist es in den Unternehmen und Organisationen. Jedes System hat seinen Engpass. Es gilt, diesen Engpass zu finden und das Problem zu lösen, damit das System weiter wachsen kann. Merke: Alles, was nicht wächst – stirbt!

Erfolgsprinzip Nr. 4: Denke in Zielgruppen

Kein Erfolg ohne Spezialisierung

Jeder Mensch und jedes Unternehmen ist erfolgreicher, wenn es sich spezialisiert. Das wissen wir spätestens seit Charles Darwin oder Adam Smith. Wer heute als Unternehmen dauerhaft erfolgreich sein will, der muss sich konsequent auf seine Zielgruppe und deren Grundbedürfnisse einstellen.

Absolute Kundenorientierung

Nur wer keine leicht kopierbaren Wettbewerbsvorteile aufweist, kann heute im Kampf um die Treue seiner Kunden bestehen. Dabei ist es entscheidend, die richtigen Kunden zu finden und zu binden. *Entscheidend*, weil es über den Profit des Unternehmens entscheidet! Erfolgreiche Unternehmer verfolgen deshalb konsequent eine Strategie und die heißt: Absolute Kundenorientierung.

Als Unternehmen erfolgreich zu sein bedeutet, die Wünsche von Kunden zu erkennen und dafür zu sorgen, dass das Versprechen, das Ihr Unternehmen macht, auch stets erfüllt wird. Jeder Unternehmer und auch jede Führungskraft mit Umsatzverantwortung sollte sich deshalb jeden Tag die Frage stellen: »Wie erreichen wir mehr Umsatz bei entsprechendem Deckungsbeitrag?«

Dieses gilt es zu organisieren. Bei Schönherr setzen wir deshalb konsequent auf professionelles Database-Management, gezielte Marketingaktionen nach dem Förderband-Prinzip, das in Neukunden, Stammkunden und »runtergefallene« Kunden differenziert. Das ist heute obligatorisch. Wir haben alles auf den Kunden ausgerichtet, denn ohne Kunden gibt es kein Unternehmen!

Ohne Kunden gibt es kein Unternehmen

Erfolgsprinzip Nr. 5: Formuliere klare Ziele

Nur wer klare und herausfordernde Ziele formuliert, kann Ergebnisse erzielen. Es gibt zahlreiche Untersuchungen, in denen nach dem gemeinsamen Geheimnis erfolgreicher Unternehmen geforscht wurde. Allen gemeinsam war ein klar formuliertes Zielsystem. Denn bereits mit der Zielsetzung setzen Sie Prioritäten, beginnen sich zu konzentrieren, um Ihre Mittel richtig einzuteilen. Sie sind motivierter und entschlossener und setzen Energien frei, die Sie zum Erreichen Ihrer Ziele benötigen.

Klare Ziele bringen viele Vorteile

Es gibt keine Projekte ohne Krise, ohne Widerstand und ohne Rückschritte. Je klarer Sie deshalb in der Zielsetzung sind, desto leichter überstehen Sie solche kurzfristigen Tiefs. Meine Empfehlung: Jeder Unternehmer sollte sich regelmäßig zusammen mit seinem Managementteam zurückziehen, um kraftvolle Ziele zu formulieren und jährlich zu überarbeiten sowie die entsprechenden Maßnahmen daraus abzuleiten und diese konsequent umzusetzen.

Klare Ziele helfen in Krisen

Erfolgsprinzip Nr. 6: Betreibe Management by number

Ich orientiere mich hier an dem Grundsatz: Nur was man misst, kann man auch managen. Ein Beispiel: Wenn ich auf meinen Vorträgen und bei meinen Seminaren frage: »Wer von Ihnen

Nur was man misst, kann man auch managen

weiß, was Sie ein Neukunde kostet?«, sehe ich leider nur sehr wenig Hände, die hochgehen. Aber: Wenn ich als Unternehmer nicht weiß, was ein Neukunde kostet und wenn ich keine systematische Werbeerfolgskontrolle habe, woher weiß ich dann, was gut und was schlecht gelaufen ist? Auch wenn es vielleicht banal ist: Erfolgreicher ist, wer eine Werbeerfolgskontrolle hat. Unternehmen ohne Werbeerfolgskontrolle wünsche ich ... viel Glück!

Ohne Controlling kein dauerhafter Erfolg
Ein funktionierendes und transparentes Controlling ist eine Voraussetzung für dauerhaften Erfolg. Wie wollen Sie heute Kredite bekommen, wenn Sie nicht vorweisen können, wie Sie Ihre Zahlen erreichen wollen? Controlling ist außerdem notwendig, um die Feinjustierung Ihrer Zielgrößen vornehmen zu können.

Sie müssen in jeder Situation wissen, ob Sie auf Kurs sind.

Controlling heißt für mich auch: Sie müssen die Risiken und Chancen überblicken. Nur wer auch die Fakten kennt, kann verantwortungsvoll denken und handeln.

Erfolgsprinzip Nr. 7: Finde die besten Mitarbeiter

Die Mitarbeiter müssen passen
Früher hieß es: Die Mitarbeiter sind das Kapital des Unternehmens. Das stimmt nicht mehr. Es muss heute heißen: Die *richtigen* Mitarbeiter sind das Kapital des Unternehmens. Mitarbeiter müssen zur Unternehmenskultur passen und den Stil des Hauses repräsentieren. Was Sie Ihren Kunden versprechen, müssen die Mitarbeiter auch halten. Deshalb sind Sie verpflichtet, dafür zu sorgen, dass Ihre Mitarbeiter diesen Anspruch erfüllen und das Motto »Wir halten, was wir versprechen« tagtäglich leben.

Bedenken Sie, dass bei jedem Kundenkontakt das Image und das ganze Unternehmen auf dem Prüfstand steht. Denn die Qualität des Kundenkontaktes bestimmt über Umsatz, Ertrag und die Zukunft des ganzen Unternehmens. Achten Sie deshalb ganz genau darauf, wer in Ihrem Unternehmen arbeitet, und wer besser nicht (mehr).

Bei Schönherr investieren wir einen nicht unerheblichen Teil in das Mitarbeitermarketing und in die Pflege unserer Unternehmenskultur. Dazu gehört insbesondere eine transparente Informations-politik – die Mitarbeiter sollen wissen, wo das Unternehmen steht und wo es wie hin will. Unsere Strategie heißt: Wir wollen gut ausgebildete Mitarbeiter haben, die in einem optimalen Umfeld beste Ergebnisse produzieren.

Auch hier haben wir die Erkenntnisse der EKS auf unser Unter-nehmen übertragen. Denn ebenso wie die Pflanze nur bei optima-len Bedingungen wachsen kann, so können auch Mitarbeiter nur dann mehr leisten, wenn die Bedingungen des Umfeldes stimmen. Dazu muss der Unternehmer auch loslassen können. Langfristig muss Verantwortung für das Tagesgeschäft an kompetente Füh-rungskräfte abgegeben werden.

Das Umfeld muss stimmen

Erfolgsprinzip Nr. 8: Investiere in Weiterbildung

Eine weitere Falle: Viele Menschen geben mehr Geld für ihr Auto aus als für ihre Weiterbildung. Doch die entscheidende Frage ist für mich nie: Was kostet es? Sondern: Was bringt es ein? So habe ich in den vergangenen Jahren große Summen in meine eigene Weiterbildung, aber auch in die Weiterbildung meiner Mitarbeiter investiert. Beispielsweise habe ich frühzeitig ein Zeitmanagement-seminar besucht und damit für mich die Grundlage für systema-tisches Selbstmanagement geschaffen. Auf diesem Fundament ge-lingt es mir viel besser, meine Ziele, Ideen und Projekte zu orga-nisieren – die Investition hat sich vielfach bezahlt gemacht.

Fragen: Was bringt es ein?

Weil gute Weiterbildung viel bringt, bauen wir bei Schönherr auf systematische Weiterbildung von Anfang an. Neue Mitarbeiter durchlaufen bei uns ein systematisch aufgebautes 100-Tage-Training. Unser Motto lautet: Lernen von den Besten!

Erfolgsprinzip Nr. 9: Führe mit klaren Regeln

Drei Erkenntnisse haben mein Denken und Handeln stark geprägt:
1. Über Henry Ford wird erzählt, dass er bei einem Rundgang durch sein Unternehmen einen Manager trifft und ihn fragt: »Was machen Sie gerade?« Der Manager antwortet »Ich arbeite gerade an …!« Henry Ford soll daraufhin

Arbeiten oder managen?

gesagt haben: »Ich habe Sie als *Manager* eingestellt. Wenn ich Sie noch einmal bei der *Arbeit* erwische, dann schmeiße ich Sie raus!« Diese Geschichte macht bewusst, dass sich viele Manager und auch Unternehmer nicht um ihre *eigentlichen* Aufgaben kümmern, sondern sich im Tagesgeschäft aufhalten und Arbeiten erledigen, die auch andere Mitarbeiter erledigen könnten.

Sind sich die Mitarbeiter ihrer Verantwortung bewusst?

2. Als ich vor einigen Jahren mit einem sehr erfolgreichen Unternehmensberater sprach, bat ich ihn, mir zu verraten, was er denn als erstes machen würde, wenn er einen Beratungsauftrag in einem Unternehmen angenommen hat. Er sagte mir, als erstes stellt er den Managern folgende Frage: »Wofür tragen Sie in diesem Unternehmen die Verantwortung?« Häufig antworten die Führungskräfte mit dem Satz: »Ich mache folgendes ...« Das ist keine zufriedenstellende Antwort für den Troubleshooter. Es ist ein gravierender Unterschied, ob jemand arbeitet oder ob er die Verantwortung (oder sogar die Haftung) für etwas trägt. Lenken Sie Ihr Bewusstsein mit dieser Frage einmal auf Ihr *eigenes* Management. Denn entscheidend ist auch hier nicht, was Sie glauben, sondern ob der Mitarbeiter sich bewusst ist, welche *Verantwortung* er hat. Mit der Beantwortung einer einfachen Frage können Sie manchmal ziemlich gut einschätzen, wie es um das Management des Unternehmens steht. Dass Sie mit den Antworten immer zufrieden sein werden, wage ich zu bezweifeln. Doch wie heißt es so schön: Nettigkeiten sind selten wahr – und Wahrheiten sind selten nett.

AM System arbeiten, nicht IM System

3. Die Forderung des amerikanischen Unternehmensberaters Michael Gerber an den Unternehmer lautet: Arbeiten Sie als Unternehmer nicht *im* System, sondern *am* System! Als Unternehmer müssen Sie Kraft und Mut haben, die Dinge anzupacken und durchzusetzen. Denn der Unternehmer trägt Sorge dafür, dass der Graben zwischen Wissen und Tun überwunden wird. Er muss sich bewusst sein, dass er einen großen Teil seiner Zeit, Kraft und Energie für die Arbeit an seinem Unternehmen aufwenden muss. Er muss *am* System (Strategie und Prozesse) arbeiten und dafür sorgen, dass Aufträge reinkommen. Er muss nicht die Aufträge selbst bearbeiten oder das Paket zur Post bringen.

Erfolgsprinzip Nr. 10: Unterscheide Meinungen und Fakten

Professor Fredmund Malik ist nach meiner Ansicht einer der klügsten Köpfe auf dem Gebiet der Managementlehre. Eine seiner wichtigsten Erkenntnisse ist die strikte Trennung von Meinungen und Fakten. Denn zwischen einer Meinung und einem Fakt besteht oft ein himmelweiter Unterschied.

Meinungen und Fakten strikt trennen

Leider lassen wir uns allzu oft bei unseren Entscheidungen von Meinungen verführen. Hüten Sie sich davor, Entscheidungen aufgrund von Meinungen zu treffen. Fordern Sie stattdessen Fakten ein und lassen Sie sich Zahlen liefern. Denn eine Meinung ist vielfach nur eine Annahme von der Wirklichkeit. Sie kann Ihnen eine Tendenz aufzeigen und die Richtung weisen. Aber eine Meinung bleibt eine Meinung – nicht mehr und nicht weniger. Auch wenn Sie noch so sehr daran glauben wollen: Erst Fakten schaffen die Voraussetzung für erfolgreiche Entscheidungen. Mein Tipp: Fragen Sie immer nach, ob es sich um eine Meinung oder um (gesicherte) Fakten handelt!

Fakten einfordern

Erfolgsprinzip Nr. 11: Knüpfe Verbindungen

Bauen Sie sich ein Netzwerk und schaffen Sie Verbindungen. Pflegen Sie den Kontakt zu anderen Unternehmen, zu Kunden, Banken und zu Lieferanten. Sie erhalten im Gegenzug wertvolle Informationen und Ideen, die Sie in Ihrem Unternehmen einbringen und umsetzen können. Denn Wissen ist der einzige Rohstoff, der sich vermehrt, wenn man ihn teilt.

Durch Netzwerke Ideen gewinnen

Auf welche Weise kann man Kontakte knüpfen? In erster Linie muss man sich selbst um sie bemühen. Es gibt viele Wege und Möglichkeiten:

Zahlreiche Möglichkeiten

- Prüfen Sie, welche Organisationen, Verbände und Vereine es an Ihrem Firmensitz gibt.
- Laden Sie Unternehmer Ihrer näheren Umgebung regelmäßig zu Veranstaltungen ein.
- Nehmen Sie selbst an Veranstaltungen wie »Tag der offenen Tür« Ihrer Nachbarfirmen teil.
- Engagieren Sie sich in Ausschüssen oder bei Ihrer zuständigen Industrie- und Handelskammer.

Erfolgsprinzip Nr. 12: Denke in Verbesserung und Innovationen

Zur Strategie des Erfolgs gehört das unermüdliche Denken in Verbesserungen und fortwährenden Innovationen in die Zukunft. Jeder Arbeitsschritt, jeder Prozess und jeder Ablauf kann verbessert werden.

Dilemma der Komplexität Es gilt, die Prozesse ständig zu optimieren und zu vereinfachen. Denn das Dilemma steckt in der Komplexität. Komplexität erzeugt hohe Kosten und mindert die Produktivität.

Was wie eine Banalität klingt, wird jedoch in vielen Unternehmen vernachlässigt. Immer wieder erlebe ich es in der Praxis, dass das Denken in Verbesserungen in vielen Unternehmen auf der Strecke bleibt. Oft wird erst dann verbessert, wenn der Kostendruck zu hoch oder die Konkurrenz zu billig geworden ist und man das Ruder herumreißen will. Doch dann ist es oft zu spät. Stillstand ist tödlich für ein Unternehmen.

Zu Veränderungen bereit sein Erfolgreiche Unternehmer müssen deshalb permanent nach Verbesserungen suchen, neue Methoden und Strategien ausprobieren. Wir probieren Neues einfach einmal aus, auch wenn zunächst vieles dagegen spricht. Unternehmer müssen zu Veränderungen bereit sein und neue Ideen mit Tatkraft und Leidenschaft voranbringen.

Chancen und Trends früh aufspüren Ideen sind die Grundlage jeden Erfolgs! Denn schließlich ist der erfolgreiche Unternehmer ein Forscher und Entdecker, der Chancen aufspürt und Werte schafft, die dauerhaft Bestand haben sollen. Wir hatten beispielsweise bereits ein Faxgerät, als es in Deutschland weniger als 10.000 Teilnehmer gab. Unsere Internetadresse www.schoenherr.de war bereits unter den ersten 1.000 Eintragungen in Deutschland.

Fazit

Erfolgsprinzipien in die Tat umsetzen Bei Schönherr versuchen wir, die Gesetze und Erfolgsprinzipien von großen Vordenkern und Experten in die Tat umzusetzen. Das ist unser Weg! Doch jedes Unternehmen muss seinen eigenen Weg finden. Jedes Unternehmen muss sich positionieren und differenzieren. Schaffen Sie sich deshalb ein unverwechselbares Profil, das Ihre Stärken zur Geltung bringt. Nutzen Sie geschickt Ihre Wettbewerbsvorteile und setzen Sie sich von Ihrer Konkurrenz ab. Denn Fakt ist: Wenn zwei das Gleiche machen, wird es einen der beiden irgendwann nicht mehr geben!

Jemand hat ein Unternehmen einmal mit einem Kunstwerk verglichen. Ich finde diesen Vergleich sehr passend. Denn wie bei einem Kunstwerk gibt es auch bei einem Unternehmen kein Kennzeichen, das *allein* den Erfolg bestimmt. Es sind die vielen kleinen Mosaiksteine, die die Bedeutung ausmachen. Kleinigkeiten zählen und formen die einzelnen Bestandteile zu einem Ganzen, das wiederum nur in dieser Gesamtheit auch seinen Glanz ausmacht.

Kein Kennzeichen entscheidet allein über den Erfolg

Übrigens: Weitere Tipps und hochkarätiges Management-Knowhow (einige Hundert Seiten) finden Sie kostenlos und ohne Anmeldung unter www.schoenherr.de (oben rechts »Downloads« anklicken).

Mein Extratipp

Stefan Culjak

Stefan Culjak ist gelernter Einzelhandelskaufmann Fachrichtung Feinkost – Wein. Er hat eine zwölfjährige Vertriebserfahrung und ist seit vier Jahren einer der erfolgreichsten Unternehmer im Weindirektvertrieb – Bereich Telemarketing. Stefan Culjak ist geschäftsführender Gesellschafter der CM Exclusive Weine Firmengruppe, Master of NLP (DVNLP) und Mitglied der TOASTMASTERS Rhetorikvereinigung. In seinen Vorträgen und Seminaren referiert er praxisbezogen und schnell umsetzbar seinen erfolgreichen Weg der Unternehmensführung im Weindirektvertrieb. Sein Unternehmen wuchs allein im letzten Jahr, entgegen aller Branchentrends, um 55 Prozent.

Auszeichnungen

– Unternehmer des Jahres 2003, ausgezeichnet durch die Akademie der Führungskräfte in Leonberg

Referenzen

– Marketingclub Frankfurt
– BS Academy
– Wirtschaftsjunioren
– Pellegrini/Grundmann
– Profundo GmbH

Beratungsschwerpunkte

– Strategien zum Spitzenerfolg im Vertrieb
– Mit einer kraftvollen Vision und Mission zu mehr Unternehmenserfolg
– Expansion in schwachen Zeiten
– Neueste Erkenntnisse der Gehirnforschung in Unternehmen umsetzen
– Premium-Marketing: Differenzieren oder verlieren

CM Exclusive Weine GmbH
Pasinger Str. 2
82152 Planegg
Telefon (0 89) 5 43 28-0
Fax (0 89) 5 43 28-215
www.cmweine.de
info@cmweine.de

Stefan Culjak
Optimal beraten –
Zehn Schritte zum Coachingerfolg

Auch wenn die Situation eines jeden Unternehmens einzigartig ist, gibt es beim Beratungsprozess typische Abfolgen. In diesem Beitrag möchte ich aufzeigen, wie eine gute Beratung abläuft.

Der Ablauf einer optimalen Beratung sieht meiner Ansicht nach so aus:

Ablauf einer optimalen Beratung

1. Vorgespräch
2. Beratungs-Commitment einholen
3. Interview mit dem Unternehmer
4. Weitere Interviews mit Mitarbeitern und Partnern
5. Verbesserungsmöglichkeiten erkennen
6. Möglichkeiten besprechen und abklopfen
7. Strategie entwerfen und Ziele definieren
8. Strategie prüfen
9. Aktivitäts-Commitment unterschreiben
10. Nachbetreuung / Kontrollieren

Schritt 1: Vorgespräch

Ziel des Vorgesprächs ist es, so viele Informationen wie möglich zu sammeln. Sie sollen helfen, ein realitätsnahes Bild zu erhalten. Offenheit und Kritikfähigkeit sind im Zusammenhang mit der Flexibilität und Veränderungsbereitschaft des Unternehmens

Ein realitätsnahes Bild erhalten

Grundvoraussetzungen für das Gelingen des Auftrages. Einen Überblick erhalte ich einerseits durch Fragen in Richtung Persönlichkeit des Unternehmers (Persönlichkeitsstruktur, Motive, Ziele, Stärken, Schwächen etc.) und andererseits durch Fragen, die das Unternehmen in allen Bereichen betreffen.

Mindestens drei Stunden Das Vorgespräch sollte nach meiner Erfahrung mindestens drei Stunden dauern, in denen es ausschließlich um die vorher genannten Themen geht.

Mögliche Fragen Hier ein kleiner Auszug der Fragen, die ich stelle, um mehr über die Unternehmerpersönlichkeit zu erfahren:
- Was wollen Sie mit dem Unternehmen in fünf Jahren erreicht haben?
- Welches Fahrzeug fahren Sie?
- Haben Sie Familie?
- Wie kommen Sie zum Unternehmertum?
- Wie sieht Ihre Umgebung Ihren Beruf, Ihre Berufung?
- Wie ist Ihr Tagesablauf?
- Wie oft gehen Sie in Urlaub? Wohin? Was tun Sie dort?
- Haben Sie Hobbys? Lesen Sie? Was lesen Sie?
- Was spornt Sie an?
- Was gibt Ihnen Energie? Was nimmt Ihnen Energie?
- Was ist Ihnen wichtig? (politische Fragen, familiäre Aspekte)

WIIIFM Die meisten Fragen ergeben sich während des Gespräches. Bevor ich mit den weiteren Befragungen des Unternehmers und vor allem der Führungskräfte beginne, stelle ich mich und meine Aufgabe vor, wobei ich explizit darauf achte, den Nutzen für jeden Einzelnen in den Vordergrund zu stellen. Wie schon ein bekannter Managementautor richtig schrieb, ist der stärkste Radiosender der Welt WIIIFM (*What Is In It For Me*). Letztlich fragt jeder Mensch in erster Linie nach seinem Nutzen.

Dreischritt für starke Bindungen Um starke Bindungen zu schaffen (und die braucht man, um Veränderungen zu bewältigen), empfehle ich folgende Strategie:
- Zuhören (Informationen sammeln)
- Bedürfnisse erkennen (Wachstumsknoten herausfinden)
- Bedürfnisse befriedigen (Wachstumsknoten lösen)

Diesen Dreischritt wende ich bei allen Geschäftspartnern an.

Ein Manager verbringt etwa 90 Prozent seines Arbeitstages mit Kommunikation – leider wiederum zu 90 Prozent mit externen Partnern und nicht mit den eigenen Mitarbeitern. Dadurch verpassen die meisten Führungskräfte die Chance für Bindung, Information und der Erkennung der »Motivationsknöpfe« und Wachstumspotenziale in der eigenen Belegschaft.

Um Transparenz zu schaffen, erkläre ich deshalb jede meiner Entscheidungen. Transparenz schafft Vertrauen. Ich stelle bei jeder Zusammenarbeit mit Menschen anderer Unternehmen sicher, verstanden zu werden. Nur dann bekomme ich die Offenheit und dadurch die Informationen, um eine geeignete Strategie auszuarbeiten.

Transparenz schafft Vertrauen

Kurz: Wenn ich einen Beratungsauftrag bekomme, treffen wir uns an einem neutralen Ort. Durch Fragen und echtes Interesse erfahre ich Teile der Lebensgeschichte des Unternehmers. Hieraus kann ich wichtige Werte, Zielsetzungen, Stärken und sogar eventuell seine Visionen erfahren. Ich höre zu, erkenne die individuellen Bedürfnisse und gehe dann dem Ziel der Erfüllung und Klärung der Bedürfnisse entgegen.

Schritt 2: Beratungs-Commitment einholen

Um für beide Parteien – Unternehmer-Berater und Unternehmer – den reibungslosen Ablauf zu sichern, fixieren wir unsere Spielregeln für eine faire und zielführende Zusammenarbeit bei der Erstellung einer Strategie. Dabei ist es wichtig, dass die Leitlinien der gemeinsamen Aktivitäten schriftlich festgelegt und durch zwei Unterschriften der Commitmentpartner besiegelt werden.

Spielregeln festlegen

Beispiel eines schriftlichen Commitments
Bei einem erfolgreichen Coaching geht es um Aufbau von Visionen und klar formulierte Ziele. Weiterhin wird durch die Entwicklung geeigneter Problemlösungs- und Umsetzungsstrategien das eigene Verhalten weiterentwickelt. Das bedarf einer vertrauensvollen Kommunikation zwischen Unternehmer-Berater und Unternehmer. Deshalb vereinbaren wir, dass wir uns verantwortungsvoll und diskret verhalten und sämtliche Themen offen und ehrlich besprechen und dabei synergische Lösungen erzielen. Auf gute Zusammenarbeit!

Beispiel

gez. (Unternehmer)   gez. (Unternehmer-Berater)

Die psychologische Wirkung für beide Seiten ist immens. Man definiert gemeinsam einen kurzen Text, der eine klare Basis schafft. Durch die Unterschrift verstärkt man den positiven Drang offen gemeinsam den Weg der Veränderung mutig zu meistern.

Schritt 3: Interview mit dem Unternehmer

Der dritte Schritt dient dazu, Informationen zu sammeln und Erkenntnisse zu gewinnen.

Ich stelle Fragen

Unternehmen
– zum Unternehmen
  - Wie lange besteht es?
  - Gründungsdaten und -bedingungen
  - Umsatzentwicklung
  - Gewinnentwicklung
  - Personalentwicklung
  - Produktentwicklung
  - Wissensentwicklung (Maßnahmen)
– zu den Werten und der Unternehmenskultur
  - Ziele der Führungskräfte
  - Verhalten der Mitarbeiter bei Krisen

Markt
– zum Markt
  - Welche Produkte verkaufen sich?
  - Welche Alleinstellungsmerkmale?
  - Wie sieht es mit der Marge aus?
– zu Finanzen/Controlling
  - Wie sieht es mit der Liquidität aus?
  - Budgets für Veränderungen
  - Steuerliche Situation
– zu Geschäftsprozessen/Struktur
  - Wie sehen die Abläufe aus?

Führung
– zur Führung
  - Wer sitzt in welcher Position?
  - Wie steht es mit den Ergebnissen?
  - Wo hakt es?
  - Welche Persönlichkeitstypen sind in welcher Position?
– zum Arbeitsklima
  - Gibt es Mobbing?
  - Spannungen zwischen Vertrieb und Innendienst?

Schritt 4: Weitere Interviews mit Mitarbeitern und Partnern

Keine wirkliche Veränderung ist ohne Konsequenz möglich. Konsequentes Planen, konsequente Aktivität, konsequentes Durchhaltevermögen und konsequente Weiterentwicklung bringen auch Konsequenzen, die auch Partner und Mitarbeiter betreffen können. Deshalb ist es wichtig, auch mit den relevanten Menschen in der Umgebung des Unternehmens zu sprechen. Durch intensive Gespräche mit den Führungskräften hole ich mir einen Gesamtüberblick über das Unternehmen.

Ohne Konsequenz geht es nicht

Wichtig ist es dabei, auch ein gewisses Vertrauensverhältnis aufzubauen. Es ist weiterhin notwendig, den Ablauf und die Gründe einsichtig zu erklären, bevor man Informationen fordert. Dabei gilt: Information ist Hol- und Bringschuld, und wir stellen sicher, dass wir verstanden werden. Die durch die Fragen neugewonnenen Informationen bringen wieder neue Erkenntnisse für den Beratungsansatz.

Schritt 5: Verbesserungsmöglichkeiten erkennen

Bevor ich Möglichkeiten und Strategien ausarbeite und bespreche, ist es wichtig, die wichtigsten Punkte der Vorgespräche und die daraus resultierenden Informationen zu analysieren. Durch die Erkenntnisse hat der Berater die Möglichkeit, Problem- und Lösungsansätze zu finden. Hierbei ist große Beachtung darauf zu legen, seine Erfahrungen nur in den Unternehmensbereich einzubringen, in dem er Kompetenz und Referenz genießt. Bei den anderen Punkten können Netzwerkkompetenzen des Beraters empfohlen werden.

Informationen analysieren und Lösungen finden

Die Verbesserungsmöglichkeiten sind aufzulisten. Dabei sollten die Ideen zunächst einfach aufgeschrieben werden, ohne zu sehr ins Detail zu gehen.

Schritt 6: Möglichkeiten besprechen und abklopfen

Die gemeinsam zusammengetragenen Möglichkeiten und Strategiepunkte werden nun einzeln abgeklopft und geprüft. Die Kon-

Möglichkeiten einzeln untersuchen

zentration auf die einzelnen Ideen bringt dem Unternehmer und dem Coach durch folgende Fragestellungen eine realistische Einschätzung der Machbarkeit und der Sinnhaftigkeit.

Ressourcen

1. Haben wir genügend Ressourcen in Bezug auf
   - Finanzen
   - Zeitraum
   - Personal
   - Kompetenz?

Prioritäten

2. Durch unsere Erkenntnisse angeregt fragen wir uns: Welche Priorität würde dieses Projekt oder der neue Plan bei uns erhalten: A-, B- oder C-Priorität?

Realitäten

3. Mit welchen Ergebnissen können wir realistisch zu welchem Zeitpunkt rechnen?

Nach dem Motto »Wer fünf Hasen jagt, fängt keinen« gehe ich nun konzentriert auf den Wachstumsknoten Nr. 1 des Unternehmens zu, um die Strategie festzulegen.

Schritt 7: Strategie entwerfen und Ziele definieren

Strategien erarbeiten

Durch das Abklopfen der Veränderungschancen entstehen beispielsweise zwei angestrebte Unternehmungen, die eine Verbesserung der Geschäftsabläufe und Projekte herbeiführen sollen. Nun stellen wir uns folgende Fragen, um die Strategien auszuarbeiten:

- Welche Ressourcen (die wir ja laut Punkt 6 haben) benötigen wir und wann können wir sie einsetzen?
- Welche Schritte gehen wir an, um das Projekt zum Erfolg zu bringen?

To-do-Liste erstellen

Beim Beantworten der beiden Fragen sind alle Erfahrungen und das ganze Wissen einzubringen. Ergebnis ist eine Übersicht mit To-do-Punkten.

Weitere Aufgaben, die innerhalb des Schritts 7 zur Erledigung anstehen, sind:

- Entwurf eines Konzeptes für die Realisierung
- TIK (= Transparenz, Information, Kommunikation) zu den involvierten Mitarbeitern und Partnern schaffen

- Nochmalige Prüfung des Konzeptes durch eine dritte Person mit Kompetenz
- Formulierung konkreter Ziele (nach Teammitglied messbar und erreichbar)
- Erstellung des Aktivitätenplanes
- Erstellung des Budgetplans, des Zeitplans und der Etappenziele mit den Kontrollabschnitten

Sind diese Punkte durchgearbeitet worden, ergibt sich eine erfolgsversprechende Strategie, die durch den visionären Charakter und die zugleich realistische Prüfung der Gesamtökologie die Wahrscheinlichkeit und Sicherheit erhöht, gewinnbringend und produktiv zu sein.

Visionär und zugleich realistisch

Schritt 8: Strategie prüfen

Wegen der Erkenntnis »Alles was schief gehen kann, geht auch schief« ist es nun notwendig, die Strategie zu prüfen. In den meisten Fällen kann man durch die Kontrolle wieder Verbesserungen und Änderungen vornehmen, die einem vorher nicht bewusst waren.

Verbesserungen durch Kontrolle

Ich prüfe die Strategie auf

Fünf Prüfpunkte

1. *Zeit:* Ist es möglich, das Projekt im vorgegebenen Zeitrahmen zu realisieren?
2. *Umgebung:* Ist unser Umfeld involviert in unsere Projekte? Kann es zu Störungen kommen? Müssen wir noch Familie, Teilhaber etc. informieren oder befragen?
3. *Ressourcen:* Haben wir alle Hilfsmittel und Werkzeuge, die wir in Bezug auf unser Ziel benötigen? (PC-Programme, Technik etc.)
4. *Sinnhaftigkeit:* Machen die Aktivitäten Sinn für alle Beteiligten? Was ist sinnvoll an diesem Projekt?
5. *Realitätsbezug:* Ist es aufgrund unserer Erfahrung und Kompetenz realistisch, mit der neuen Strategie erfolgreich zu sein?

Das erneute Hinterfragen und Prüfen erhöht die Sicherheit des Erfolges der gemeinsam entworfenen Arbeitsschritte.

Schritt 9: Aktivitäts-Commitment unterschreiben

Verpflichtungserklärung unterschreiben Durch das verantwortungsvolle Umgehen mit Rollen und Aufträgen und vor allem mit dem Unternehmer und seinen Mitarbeitern sowie durch die enge gemeinsame Entwicklung einer Strategie ist es zu einem Vertrauensverhältnis gekommen, das man in Form eines Commitments zusätzlich stärkt. Bei einer Verpflichtungserklärung ist die Unterschrift das Versprechen. So kann ein Commitment aussehen:

Beispiel

COMMITMENT

Hiermit verpflichten sich Berater und Unternehmer, die in der Zeit vom ...... bis ...... gemeinsam erarbeiteten Verbesserungsideen mit dem versprochenen Einsatz in die Tat umzusetzen. Es ist wichtig, dass sich beide Partner über Veränderungen und Neuigkeiten gegenseitig informieren. Die ersten Ergebnisse werden in den geplanten Sitzungen am ...... und am ...... gemeinsam besprochen.

gez. (Unternehmer)   gez. (Unternehmer-Berater)

Schritt 10: Nachbetreuung/kontrollieren

Weiteres Coaching Nach der psychologisch wichtigen Festigung über das Commitment macht man feste Termine für die Überprüfung der Zusammenarbeit aus. Regelmäßig Bilanz zu ziehen, bringt Ideen und Entwicklung. Das weitere Coaching sollte auf einen kurzen bis mittleren Zeitrahmen befristet sein. Nachdem man sämtliche relevanten Adressdaten und Kontaktdaten vernetzt hat, trifft man sich in geregelten Abständen (je nach Projekt wöchentlich oder monatlich), wobei der regelmäßige Kontakt anfangs zeitnah gestaltet werden sollte.

Wichtige Punkte Beim Nachfassen sollten folgende Punkte beachtet werden:
- Aktivitäten und Ergebnisse prüfen
- Finanzen: Sind wir im Plan?
- Was würden wir anders machen, wenn wir nochmals bei null anfangen würden?
- Welche neuen Ressourcen brauchen wir?
- Was kann oder muss verbessert werden?
- Entwicklung der Folgekonzepte und Pläne

Wichtige Punkte zum Schluss

Ich will nochmals festhalten, wie wichtig es bei diesem Konzept ist, sich professionell und ethisch korrekt an die Arbeit zu machen. Diskretion ist dabei die Grundvoraussetzung.

Diskretion

Als Berater kann man nur geben, wenn man was hat. Deshalb lehne ich es beispielsweise ab, Unternehmen in den Bereichen Controlling und Technologie zu beraten. Werde ich zu diesen Themen angefragt, gebe ich Empfehlungen von Kompetenzträgern, die ich aus positiven Erfahrungen kenne, um mich dann auf meine Stärken zu konzentrieren und Mehrwert zu bringen.

Nur geben, was man hat

Nach meiner Erfahrung gibt es keine »eierlegende Wollmilchsau«, weil es keine tragfähigen Kurzfrist-Lösungen für langfristige Herausforderungen gibt. Geht man an die Sache mit der notwendigen Flexibilität und Veränderungsbereitschaft heran, gewürzt mit Vertrauen und Ausdauer, erhält man Ergebnisse, die einen faszinierenden Nutzen für das Unternehmen und durch den Erfolg ebenfalls für den beratenden Unternehmer bringen.

Rolf Steffen

Rolf Steffen ist 45 Jahre alt, verheiratet und Vater dreier Kinder. Der Handwerksmeister ist Unternehmer mit Leib und Seele, Gleitschirmflieger und versteht sich als Partner für Mitarbeiter und Kollegen. Seit 1983 ist er als geschäftsführender Gesellschafter eines Handwerksunternehmens tätig. Seit 1995 kommt die Aufgabe als Referent und Coach in allen Bereichen ganzheitlicher Unternehmensführung im Handwerk hinzu.

Publikationen

– Geschäftsprozesse organisieren – Wirtschaftlichen Erfolg steigern. Stuttgart: Gentner Verlag (ISBN 3-87247-604-1)
– Spitzenleistungen im Handwerk – der direkte Weg zum Erfolg. Die UPTODATE-Offensive. Stuttgart: Gentner Verlag (ISBN 3-87247-620-3)

Auszeichnungen

1994: Mittelstandsauszeichnung der »Initiative Markenhersteller und Mittelstand«
1996: Zertifiziertes QM-System nach DIN ISO EN 90001 durch ZDHZert
1999: Marketingpreis des deutschen SHK-Handwerks
2000: 1. SHK-Internet-Osc@r
2001: Marketingpreis des Deutschen Handwerks
2001: Internetpreis des Deutschen Handwerks
2002: ÖKOPROFIT®-Betrieb
2002: Qualitätspreis NRW
2003: Ausbildungspreis-Oskar
2004: Hermann-Schmidt-Preis für innovative Berufsausbildung gemeinsam mit der Projektgruppe für praxisnahe Berufsausübung an der Universität Bremen.

Gebr. Steffen GmbH
Innovation und Service
für Wärme und Bad
Schaufenberger Str. 61
52477 Alsdorf
Telefon (0 24 04) 55 15-0
Fax (0 24 04) 55 15-11
www.steffen.de
www.modernes-management.de
info@steffen.de

Rolf Steffen
Charakter und Persönlichkeit –
Erfolgsfaktoren ohne Verfallsdatum

Zu jeder Zeit und auf allen Märkten dieser Welt waren und sind Unternehmer auf der Suche nach der erfolgreichen Geschäftsstrategie. Diese Suche vollzieht sich umso mehr in einer Zeit, in der sich die Rahmenbedingungen in immer kürzer werdenden Zeitabschnitten ändern und sich Vorhersagen für die Zukunft immer öfter widersprechen.

Suche nach der erfolgreichen Geschäftsstrategie

Produkte und Ideen, mit denen heute noch neue Märkte zu erschließen sind, werden schon morgen von Wettbewerbern in Nachbarländern kopiert und zu Preisen angeboten, die eine gewinnbringende Herstellung unter hiesigen Bedingungen unmöglich macht. Dies gilt auch für Marketingmaßnahmen: Solche, die heute noch Kunden erreichen, können schon morgen völlig wirkungslos verpuffen.

Was ist zu tun? Die fast täglich neu erscheinenden Erfolgsrezepte in der Managementliteratur können nicht für sich beanspruchen, »*die*« Erfolgsrezeptur schlechthin zu sein. Zumindest keine, die bei wortgenauer Anwendung den Erfolg garantiert.

Keine Rezepte

Dabei sind die Fragen – wie mein Bruder Udo und ich es in unserer über zehnjährigen Tätigkeit als Managementtrainer feststellen konnten –, die Unternehmerinnen und Unternehmer im täglichen Wettkampf um Marktanteile und Kunden zu beantworten suchen, häufig die gleichen:

– Welche Strategie ist für mein Unternehmen, meine Kunden, meine Betriebsgröße oder meine Branche gerade heute die richtige?
– Mit welcher Idee, mit welchen Unique Selling Propositions (USP), mit welcher Summe der großen und kleinen Vorteile komme ich dem Erfolg näher?
– Was ist, wenn es mir an der revolutionären Geschäftsidee mangelt?
– Lassen sich die Strategien erfolgreicher Unternehmen analysieren, und sind diese auf andere Unternehmen übertragbar?

Zusammengefasst lautet die Frage, die sich Unternehmer beantworten müssen: Wie können wir als Unternehmer im 21. Jahrhundert Erfolg initiieren, steigern und langfristig sichern?

Dieser Beitrag versucht, darauf eine Antwort zu geben. Damit ist er »nur« ein weiterer in der langen Reihe der »Erfolgsstrategien«. Allerdings ist auch dieser Text kein Kochrezept, welches mit den festgelegten Zutaten in der richtigen Dosierung und der wortgetreuen Zubereitung zu einem vorher bekannten Ergebnis führt. Denn nach unserem Verständnis wird es »*das*« (alleinige) Erfolgsrezept nie geben. Ständig wechselnde Bedingungen und unvorsehbare äußere und innere Einflüsse machen es sehr unwahrscheinlich, dass es jemals eine allgemeingültige Rezeptur geben wird. Und doch gibt es Faktoren, die einen Erfolg erst möglich machen, ihn wahrscheinlich machen, ihn fördern bzw. letztlich festigen.

Woran ist die Zukunft eines Unternehmens von außen erkennbar?

Der Auftrag eines global tätigen, großen Industrieunternehmens führte uns dazu, der folgenden Frage nachzugehen: *Woran lässt sich mit hoher Wahrscheinlichkeit (von außen) erkennen, wie sich ein Unternehmen in der Zukunft entwickeln wird?*

Hintergrund war die Aufgabe, alle Außendienstmitarbeiter (ADM) eines umsatzträchtigen Unternehmensbereichs auf eine neue Herausforderung vorzubereiten. Die ADM, welche bisher ausschließlich Fachplaner und Ingenieurbüros kontaktierten, sollten künftig das verarbeitende Handwerk besuchen, um dieses dafür zu gewinnen, die Produkte des Industrieunternehmens einzusetzen bzw. sich in den Verarbeitungstechniken schulen zu lassen. Das Unternehmen wollte in das verarbeitende Handwerk investieren.

Die besondere Herausforderung bestand nun darin, dass der nur sehr kleinen Zahl von ADM der gesamte deutsche Markt von mehreren zehntausend Handwerksunternehmen dieser Branche gegenüber stand. Für die Effizienz und damit die Amortisation dieser Investition, die schon mit dem ersten Besuch bei einem Handwerksunternehmen beginnt und sich mit dem Überlassen von Produktkatalogen und Verkaufsmustern stetig vergrößert, war entscheidend, diejenigen Unternehmen zu finden, mit denen sich Umsatz über einen möglichst langen Zeitraum realisieren lässt. Es galt, die Unternehmen zu finden, die eine Zukunft haben. Denn jedes Jahr verschwinden tausende Handwerksunternehmen vom Markt. Auch für ein großes Industrieunternehmen sind die Ressourcen für Produkt- und Verkaufsschulungen in einer Zeit mit rückläufigen Deckungsbeiträgen begrenzt. Andererseits ist eine Endkundenzufriedenheit nur dann zu erwarten, wenn *alle* Mitarbeiter des verarbeitenden Handwerks in Verkauf und Verarbeitung, soweit sie in ihrer Tätigkeit Berührung mit Kunden haben, geschult sind und aufgrund guter Produktkenntnisse überzeugend wirken können.

Die Unternehmen mit Zukunft finden

Soweit auszugsweise der Hintergrund der Fragestellung.

Außendienstmitarbeiter, die das Handwerk kennen, haben bereits ein sehr gutes Gespür dafür entwickelt, ob es sich lohnt, in dieses oder jenes Unternehmen zu investieren. Aber wie lässt sich dieses Gespür den Kundenberatern vermitteln, die mit dieser neuen (Handwerker-)Kundschaft noch nicht vertraut sind? Wie lässt sich auch für erfahrene ADM eine Übersicht der grundlegenden Erfolgsfaktoren erstellen?

Wie lässt sich Gespür vermitteln?

Auch wir starteten zunächst mit dem Versuch, eine Checkliste von positiven Erfolgsmerkmalen zu erstellen. Hierzu zählten
 – die Betriebsgröße und der damit zu erwartende Umsatz,
 – die bisherige Marktausrichtung und Zielgruppendefinition,
 – bestehende Verbindungen zu Wettbewerbern,

Erste Idee: Eine Liste wichtiger Äußerlichkeiten

- ganz offensichtliche Merkmale wie Kundenorientierung
- aber auch die Ortslage, Verkehrsanbindung, Parkplätze,
- das äußere Erscheinungsbild des Unternehmens und vieles mehr.

Zu viel Aufwand, zu wenig Nutzen Schnell wurde ein Umfang erreicht, der es dem ADM unmöglich machte, ohne umfassende tagelange Recherchen eine treffende Einschätzung abzugeben. Und selbst mit diesem Aufwand kann er nicht vermeiden, dass sich wichtige Fakten wie die Tragfähigkeit der Finanzausstattung für Außenstehende ungenau darstellen oder falsch interpretiert werden.

An die Wurzeln gehen Angesichts dieser Problematik haben wir versucht, die *Wurzeln* der verschiedenen Erfolgsmerkmale zu finden und eine schlüssige Erfolgskette zu entwickeln.

These I: Die Persönlichkeit wirkt stärker als der IQ.

Merkmale für Erfolg im Leben Der Erfolg eines Menschen im Leben hängt meist nur von wenigen Merkmalen entscheidend ab. Dazu zählen die intellektuelle Ausstattung, seine Bildung, sein Wissen und seine Erfahrung. Noch entscheidender ist jedoch die Persönlichkeit eines Menschen – und damit sein Charakter. Viele Chefs können bestätigen, dass Mitarbeiter oft wegen ihrer fachlichen Fähigkeiten eingestellt wurden, aber leider wegen ihrer charakterlichen Schwächen wieder entlassen werden mussten.

Der Charakter verändert sich kaum Eine einmal installierte Persönlichkeit, ein Charakter, folgt immer seinem Programm, dessen sind sich Psychologen sicher. Das »Täterprofil« ist immer gleich, nur deshalb ist die Aufklärung von Straftaten so hoch, weiß Prof. Dr. Burckhard Busch aus der wissenschaftlichen Arbeit zu berichten. Inwieweit eine bewusste Änderung von Verhaltensweisen möglich ist, hängt entscheidend von der Selbstbeherrschung, der Disziplin und dem Respekt vor Rechten anderer ab. Dies soll an dieser Stelle nicht vertieft werden.

These II: Auch Unternehmen haben eine Persönlichkeit.

Zustimmung finden wir unter erfahrenen Außendienstberatern für unsere These, dass auch (Handwerks-)Unternehmen einen Charakter besitzen – ähnlich wie ihn eine natürliche Person besitzt. Denn letztlich sind es die Menschen, die in einem Unternehmen arbeiten und das Unternehmen verkörpern. Die bedeutungsvolle Aussage »Geschäfte werden nicht zwischen Firmen gemacht, sondern zwischen Menschen«, untermauert diese These treffend. Der Charakter des Unternehmens ist zu verstehen als die innere Haltung, die sittliche Grundeinstellung und die moralische Integrität, die von den einzelnen Mitarbeitern (aus-)gelebt wird.

Auch Unternehmen haben Charakter

Es geht hier um Aspekte wie Pünktlichkeit, Ordnung, Sauberkeit, auch Freundlichkeit, Ehrlichkeit, Fleiß und Fantasie – oder die jeweiligen Gegenteile. Selbstverständlich spielt auch das äußere Erscheinungsbild eine Rolle, ebenso das Umfeld, in dem ein Mensch lebt, die Freundschaften, die er pflegt, und sein Sprachgebrauch. Nochmal: Alle Kundenkontakte werden ausschließlich von den Menschen eines Unternehmens wahrgenommen. Jeder Eindruck des Kunden, jede Erfahrung, die Kunden machen, sind von Mitarbeitern »verursacht«. Demnach gibt es keine Erfahrungen mit Firmen, sondern nur Erfahrungen mit Menschen der Firmen. Die Mitarbeiter sind es, die durch ihr Verhalten die Persönlichkeit des Unternehmens prägen. Die Persönlichkeit des Unternehmens umfasst damit die Gesamtheit der Eigenschaften und Wesenszüge, die sich in den Denk- und Verhaltensweisen aller Mitarbeiter zeigen.

Alles zählt

Es kann also behauptet werden, dass die Persönlichkeit des Unternehmens und der Charakter, der die Persönlichkeit des Unternehmens prägt, einer der bedeutendsten Erfolgsfaktoren ist. Wir wagen sogar zu behaupten, dass der Charakter eines Unternehmens für den nachhaltigen Erfolg *am bedeutendsten* ist.

Der Charakter ist der wichtigste Erfolgsfaktor

These III: Der Charakter der Unternehmer prägt die Persönlichkeit des Unternehmens.

Es drängt sich nun die Frage auf: Wer oder was beeinflusst die »Persönlichkeitsentwicklung« des Unternehmens? Die Antwort liegt fast auf der Hand: In inhabergeführten (Handwerks-)

Unternehmen ist es der Chef bzw. die Chefin. Mit seiner Persönlichkeit, mit seinem Charakter prägt er im Wesentlichen die Persönlichkeit des Unternehmens. Wenn auch der Charakter der Mitarbeiter vom Chef nicht geprägt oder verändert werden kann, so beeinflusst er diesen indirekt dennoch. Denn es ist der Chef, der seine Mitarbeiter auswählt. Somit beeinflusst er den Charakter der Mitarbeiterschaft als Ganzes in ganz besonderer Weise. Denn: Gleich und Gleich gesellt sich gern!

Chefs können und wollen auf Dauer nur mit den Menschen erfolgreich und reibungsfrei zusammenarbeiten, mit denen sie ein gemeinsames Werteverständnis verbindet.

Das Werteverständnis entscheidet Eine entsprechende Parallelität kennen wir alle aus unserem privaten Umfeld. Freundschaften werden vornehmlich von einem gemeinsamen Werteverständnis getragen. Wir suchen unsere Freunde so aus, dass diese zu uns passen.

Die Erfolgskette Zusammenfassend lässt sich die Erfolgskette wie folgt skizzieren:
1. Die Persönlichkeit des Unternehmens – dessen Eigenschaften, Wesenzüge und Verhaltensweisen – ist erfolgsentscheidend.
2. Die Persönlichkeit des Unternehmens wird wiederum vom Charakter und der Persönlichkeit der Unternehmer entscheidend geprägt und ständig beeinflusst.
3. Das gemeinsame, übereinstimmende Werteverständnis ist das (langfristige) Resultat einer konsequenten Mitarbeiterentwicklung durch den Unternehmer, geprägt durch dessen Werteverständnis.

Auch den Ehepartner berücksichtigen Im Fokus aller Bewertungen stehen somit die Persönlichkeit und der Charakter der Unternehmer bzw. der Unternehmerehepaare, denn gerade im Handwerk haben die mitarbeitenden Ehepartner einen häufig unterschätzten Einfluss. Dies umso mehr, wenn eine mitarbeitende Ehefrau immer im Spagat zwischen zwei oder drei Fulltime-Jobs – Kinder, Haushaltsorganisation und Betrieb – auch als moralische Instanz für Mitarbeiter fungiert und die gute Seele des Unternehmens ist.

Gelingt es einem ADM bei der Akquisition, den Charakter des Unternehmers und der Unternehmerin treffend und schnell zu analysieren, so ist mit hoher Wahrscheinlichkeit eine passende Einschätzung der künftigen Erfolgsaussichten möglich.

These IV: Am Verhalten der Unternehmer und des Unternehmens wird der Charakter sichtbar.

Wer in einer Partnerschaft lebt, hat sicher auch schon erlebt, dass der eine Partner zum anderen sagt:»Schatz, worüber denkst du gerade nach?« Menschen wünschen sich häufig zu wissen, wie ihr Gegenüber denkt. Dieses Wissen würde uns zum Beispiel in die Lage versetzen, dem Partner Wünsche zu erfüllen, bevor dieser sie ausspricht – aber auch vieles mehr. Unter Verkäufern würde eine solche Fähigkeit eine absolute Abschlussgarantie bedeuten.

Wissen, woran der andere denkt

Für unsere Aufgabenstellung heißt das, dass es darauf ankommt, sehr schnell treffend den Charakter des Gegenübers zu bewerten. Das Gedankenlesen ist jedoch nicht möglich. *Erkennen* hingegen kann man die Gedanken schon. Denn jedes Tun eines Menschen – abgesehen das von Reflexen ausgelöste – muss zuerst gedacht sein. So wie jeder Diebstahl erdacht werden muss, ehe er ausgeführt werden kann, so ist auch jede Liebestat das Ergebnis einer mehr oder weniger intensiven Denkleistung, ehe diese in eine entsprechende Handlung mündet.

Die Gedanken erkennen

Inwieweit unser Handeln durch bewusstes Denken oder doch mehr durch unser Unterbewusstsein gesteuert wird, bleibt bis heute selbst den Experten noch im Detail verborgen. Es gilt aber: Unser Handeln ist Ausdruck unseres Denkens und damit unserer Zielsetzung, unseres Werteverständnisses, unserer moralischen Integrität, kurz: unserer Geisteshaltung.

Das Handeln offenbart die Geisteshaltung

Weil wir jedes menschliche Handeln als ein Ergebnis der Mentalität verstehen dürfen, trifft die bemerkenswerte Aussage von Josef Schmidt immer wieder den Kern der Sache:»Die Mentalität eines Unternehmens bestimmt den Erfolg und nicht die allgemeine Lage.« Denn wäre es die allgemeine Lage, dann ginge es allen Unternehmen gleich gut oder auch in Zeiten einer Rezession gleich schlecht. Dies ist aber definitiv nicht so! Gerade in schwierigen Zeiten zeigt sich, welche Unternehmen die Gunst der Kunden verdient haben. Dabei liegt die Betonung auf »verdient«.

Nicht die Lage bestimmt den Erfolg

So wie sich jeder Mensch Ansehen und Wertschätzung nur verdienen kann, kann sich ein Unternehmen Ansehen, Wertschätzung und Marktanteile in einer freien und sozialen Marktwirtschaft nur selbst verdienen.

Verhalten gegenüber den Kunden

An welchem Verhalten der Unternehmer und des Unternehmens wird der Charakter sichtbar? Es ist nahe liegend zu behaupten: Am Verhalten gegenüber den Kunden. Das stimmt. Allerdings weiß jeder, dass erst die Nagelprobe beweisen kann, ob die vor Vertragsabschluss gegebenen Versprechen und zahlreichen Zusagen im Ernstfall tatsächlich eingehalten werden. Das große Defizit zwischen Theorie und Praxis beweist Michael Opoczynski in der Fernsehsendung WISO immer aufs Neue, wenn er Servicequalität bzw. Korrektheit der Rechnungslegung untersucht. Viele Versprechen sind das Papier nicht wert, auf dem sie geschrieben sind.

Erfolg ist kein Zufall

Unsere Situation ist – soweit es in unserem Einflussbereich liegt – ein Ergebnis unseres Tuns bzw. unseres Lassens. »Der Erfolg ist kein Zufall – sondern das Ergebnis«, sage ich gern in meinen Seminaren. Diese Aussage hat schon manchen unserer Seminarteilnehmer ins Grübeln gebracht. Denn damit ist auch der Misserfolg ein Ergebnis des eigenen Denkens und Handelns.

Es kommt also darauf an, statt der Versprechen die »wahre« Seite der Unternehmer und des Unternehmens kennen zu lernen. Es geht beispielsweise darum, zu erfahren, wie sich Unternehmer tatsächlich gegenüber den eigenen Mitarbeitern verhalten und nicht, wie es in von Experten gut durchdachten Firmenbroschüren gegenüber Kunden und Presse proklamiert wird.

Beobachten Sie das Verhalten in schwieriger Zeit

Sind die Grundsätze ernst gemeint?

Besonders aufschlussreich ist das Verhalten der Inhaber, wenn das Unternehmen am Markt hart kämpfen muss. In guten Zeiten ist es nicht besonders schwer, sich an gut gemeinte Grundsätze zu halten. Am Verhalten in schwierigen Zeiten wird der wirkliche Charakter sichtbar. Erst im Ernstfall – oder wie es zu meiner Wehrpflichtzeit hieß: im V-Fall (Verteidigungsfall) – zeigt sich, ob die Grundsätze nur *gut*, oder wirklich *ernst* gemeint sind und auch in der Krise Bestand haben. Ob versucht wird, die Krise gemeinsam mit den Mitarbeitern zu bewältigen, oder ob jetzt alle bis dahin geltenden Prinzipien bisheriger Zusammenarbeit über Bord geworfen werden.

Beobachten Sie das Verhalten gegenüber den Mitarbeitern

Auch am Verhalten gegenüber den Mitarbeitern wird der Charakter sichtbar. Wie wird beispielsweise mit so sozial klingenden Aussagen umgegangen wie »Unsere Mitarbeiter sind unser wertvollstes Gut« oder »Alle Mitarbeiter sollen am Erfolg des Unternehmens teilhaben«? Wie verhalten sich Unternehmen, wenn weniger Aufträge eingehen und die Deckungsbeiträge rückläufig sind?

Sozial – auch in schweren Zeiten?

Auch wir haben solche Zeiten erlebt und werden vermutlich auch künftig damit umgehen müssen. Ein Beispiel: Wir hatten unsere Mannschaftsstärke infolge einer sehr positiven Auftragsentwicklung im Herbst um zwei neue Mitarbeiter ausgebaut. Noch im Dezember waren die Aussichten gut. Doch Anfang Februar stellten wir plötzlich fest, dass unsere Kunden sich in einer Kaufzurückhaltung übten, wie wir sie zuvor noch nicht erlebt hatten. Dank eines gut funktionierenden Controllings erkannten wir im Januar den sich halbierenden Auftragseingang. Diese Trendmeldung erwies sich mit der ebenfalls deutlich rückläufigen Marktnachfrage (Angebotszahl und -werte) als sehr ernst zu nehmen. Beide Meldungen zusammen machten eine Führungskräftebesprechung nötig. Wir mussten handeln und zwar schnell.

Beispiel: Einbrechende Nachfrage

Nachdem die Situation eingehend mit allen Führungskräften besprochen war, wurden verschiedene Maßnahmen diskutiert. Hierzu zählte auch die vorsorgliche Kündigung von zwei Mitarbeitern. Vorsorglich deshalb, weil wir diese sofort zurückziehen könnten, wenn sich die Situation bessert.

Zwei Mitarbeitern kündigen?

Genau an dieser Stelle der Diskussion unterbrach eine unserer Mitarbeiterinnen die Diskussion. Nachdenklich und mit etwas bedrückter Stimme sagte sie: »Wir sitzen hier und entscheiden jetzt über die Zukunft von zwei Mitarbeitern und deren Familien. Wir alle schätzen diese Kollegen, die sich sehr gut in unserer Team eingebracht haben. Ich habe das Gefühl, dass wir – die wir hier

Alles ausschöpfen, um Kündigung zu vermeiden

sitzen – noch nicht alles getan haben, um eine Kündigung zu verhindern.« Dieser Beitrag hat uns alle tief betroffen gemacht.

Eine andere Lösung gefunden

Wir beschlossen einige Maßnahmen, mit denen jeder unserer Mitarbeiter zur Auftragsgenerierung beitragen konnte und haben – so wurde es beschlossen – für den gesamten Betrieb vorsorglich Kurzarbeit angemeldet. Denn es war die einstimmige Meinung, wenn wir Einschnitte hinnehmen müssen, dann müssen wir uns alle daran beteiligen. Die Alternative, dass wir eine Entscheidung treffen, bei der wir als Entscheidungsträger ungeschoren davon kommen, entsprach nicht unserem Verständnis von einem fairen Miteinander. Die betroffenen Mitarbeiter haben erst später von dieser bemerkenswerten Arbeitsbesprechung erfahren. Welche positive Auswirkung die spätere Diskussion über die getroffene Entscheidung für unsere Unternehmen hatte, ist kaum zu beschreiben. Jetzt hatten alle Mitarbeiter erfahren, wie ernsthaft wir bestrebt waren, auch in schwierigen Zeiten an unseren Grundsätzen festzuhalten. Wir haben übrigens nicht einen einzigen Tag kurzarbeiten müssen. Diese für uns sehr positive Erfahrung schließt natürlich nicht aus, dass in einer anderen Situation auch eine andere Entscheidung die richtige und sozialere sein kann.

Die richtigen Fragen stellen

Solche Konfliktentscheidungen eröffnen sich einem ADM beim ersten Besuch wohl kaum, aber er kann als aufmerksamer Zuhörer, wenn er die richtigen Fragen stellt, hören, wie der Chef über seine Mitarbeiter spricht. Zwei oder drei passende Fragen reichen meistens, und Chefs erzählen genau, wie sie in der einen oder anderen Situation vorgegangen sind.

Nochmals: Entscheidend ist, wie sich Chefs in der Vergangenheit verhalten haben, denn mit sehr hoher Wahrscheinlichkeit werden sie sich in Zukunft genauso verhalten wie in der Vergangenheit. Es läuft wieder das gleiche Programm ab.

Erfolgskritische Situationen

Ausschlaggebend für die Fragestellung ist zu wissen, welches die erfolgskritischen Situationen sind. Sind diese bekannt, kann sehr gezielt das Verhalten in einer solchen Situation herausgearbeitet werden.

Welches sind nun erfolgskritische Situationen? Und welches Verhalten lässt welche Rückschlüsse zu?

Um diese erfolgskritischen bzw. erfolgsentscheidenden Situationen beschreiben zu können, wollen wir uns nochmals die Zielsetzung vor unser geistiges Auge führen: Der ADM ist auf der Suche nach *den* Unternehmen, mit denen eine gute und langfristige Zusammenarbeit wahrscheinlich ist. Er will diejenigen Unternehmen aufspüren, von denen er mit hoher Wahrscheinlichkeit annehmen kann, dass getroffene Vereinbarungen gegenüber Kunden und Lieferanten eingehalten werden – und zwar auch in schwierigen Situationen (im V-Fall). Gesucht sind die Unternehmen, die auch in Zukunft Kunden finden und begeistern können, weil sie glaubwürdig sind!

Glaubwürdige Unternehmen finden

Beobachten Sie das Verhalten mit Blick auf Steuern

Der Charakter wird auch sichtbar am Verhalten gegenüber der Verpflichtung, Gewinne ordnungsgemäß zu versteuern. Ehrlichkeit spielt bei allen Geschäftbeziehungen eine entscheidende Rolle. Wo diese nicht unterstellt werden kann, ist das Wachsen einer Vertrauensbasis unmöglich. Und ohne eine ausreichende Vertrauensbasis kann eine Geschäftsbeziehung nicht gedeihen. Deshalb glauben wir, muss als erfolgskritische Situation auch bewertet werden, wie die gesetzlich verankerte Verpflichtung, Steuern ordnungsgemäß zu zahlen, in der Praxis gelebt wird. Denn warum sollte sich jemand, der die Gesellschaft systematisch betrügt und sich unrechtmäßige Vorteile verschafft, gegenüber Kunden oder Mitarbeitern anders verhalten?

Kein Vertrauen ohne Ehrlichkeit

Eine zielführende Formulierung könnte lauten: »Wie stellen Sie sicher, dass im Zeitalter der EDV ein Prüfer bei einer Betriebsprüfung nicht das eine oder andere ›Karibik-Geschäft‹ (unter Insidern ein Geschäft ohne Rechnung) entdeckt?« Diese Suggestivfrage unterstellt bereits, dass solche Geschäfte zur Geschäftspraktik gehören. Manch einer erzählt dann sogar mit stolz geschwellter Brust, welche Tricks er drauf hat. Mit Empörung hingegen reagieren Unternehmen, die ihrer Pflicht gegenüber der Gesellschaft nachkommen.

Umgang mit »Karibik-Geschäften«

Aber auch mit der Frage: »Warum bilden Sie noch Lehrlinge aus, obwohl Ihnen das von der Regierung nicht gelohnt wird?«, spricht der ADM eine erfolgskritische Situation an. Denn die oft reklamierte Verantwortung für unsere Gesellschaft wird doch auch

Frage nach Ausbildung von Lehrlingen

daran deutlich, wie engagiert wir die gesellschaftliche Verpflichtung zur Ausbildung von jungen Menschen mittragen.

Ohne die Liste der erfolgskritischen Situationen abschließen zu wollen, sei noch ein letztes Beispiel angesprochen. Für viele Mitbürger ist es bereits Dummheit, wenn sich jemand die gezahlten Beiträge an Versicherungen nicht von Zeit zu Zeit »erstatten« lässt. Fingierte Schadensfälle werden dazu genutzt, sich unrechtmäßige Vorteile zu verschaffen nach dem Motto: »Die haben es ja.« Auch hier gilt: Unternehmer, die solche Praktiken gut heißen, nähren den Verdacht, sich selbst ähnlich zu verhalten.

Mit diesen wenigen Fragen wird die wahre Absicht sichtbar, denn auch Endverbraucher wissen genau: Kreidefresser werden über kurz oder lang als solche erkannt! Wer glaubt, dass er sich gegenüber Kunden verstellen kann und mit aufgesetzter Freundlichkeit oder vorgetäuschter Ehrlichkeit punktet, ist im Irrtum.

Kunden wie Mitarbeiter suchen in erster Linie Glaubwürdigkeit und Vertrauenswürdigkeit. Der Wortteil »-würdig-« drückt in diesem Zusammenhang aus, dass die betroffene Person berechtigterweise entsprechend bezeichnet wird. Dies setzt wiederum voraus, dass es sich die betroffene Person zuvor verdient hat, mit diesem Attribut gekennzeichnet zu werden.

Lassen Sie es mich noch deutlicher sagen: Unternehmer, die systematisch Steuern hinterziehen, gezielt Versicherungen betrügen und absichtlich Lieferanten übervorteilen, werden – wenn es profitabel erscheint – auch Kunden über den Tisch ziehen und Mitarbeiter über die Klinge springen lassen.

Fazit

Wir erinnern uns: Ausgangspunkt der Überlegungen war die Frage »Woran lässt sich mit hoher Wahrscheinlichkeit erkennen, wie sich ein (Handwerks-)Unternehmen in der Zukunft entwickeln wird?« Dies ist eine erfolgsentscheidende Fragestellung – nicht nur für Außendienstmitarbeiter.

Nach wie vor ist die Betrachtung der betriebswirtschaftlichen Rahmenbedingungen interessant, denn diese tragen zu Erfolg oder Misserfolg bei. Es handelt sich aber bei diesen Faktoren um veränderliche Größen, die in hohem Maße von den unterschiedlichsten und teilweise fremdbestimmten Einflüssen abhängig sind.

Betriebswirtschaftliche Fakten verändern sich

Die Persönlichkeit und der Charakter des Unternehmens jedoch, das Wertefundament, auf dem der Alltag gelebt wird, und der Geist, in dem das ganze Team arbeitet, sind geprägt durch die Persönlichkeit und den Charakter der Unternehmer – und damit weniger stark Veränderungen unterworfen.

Der Charakter bleibt gleich

Wer nach Erfolgsstrategien sucht, um sein Unternehmen sicher in die Zukunft zu führen, muss daher zunächst auf sich selbst sehen und sein persönliches Verhalten kritisch unter die Lupe nehmen: Hilft der eigene Charakter, schwierige Zeiten zu durchstehen? Kommen im Verhalten gegenüber den Mitarbeitern Werte wie Fairness zum Ausdruck? Wie sieht es bei Entscheidungen aus, die im stillen Kämmerlein getroffen werden, dann, wenn keiner zuschaut? Sind diese Entscheidungen von Ehrlichkeit geprägt?

Wer nachhaltigen Erfolg erzielen möchte, kommt um diese Fragen nicht herum, da sie die Quelle betreffen, aus denen sich jene Erfolge speisen, die tragfähig sind. Genau hier liegen – anders als in betriebswirtschaftlichen Größen – die unveränderlichen Erfolgsfaktoren, eben die Erfolgsfaktoren ohne Verfallsdatum.

Erfolgsfaktoren ohne Verfallsdatum

Ingeborg Freudenthaler

Ingeborg Freudenthaler ist Unternehmerin und Unternehmensberaterin. 18 Jahre lang arbeitete sie in der Industrie (Controlling, Personal, Einkauf, Marketing). Seit 1991 ist sie Geschäftsführerin der Freudenthaler Entsorgung und Recycling GmbH & Co KG. 1996 gründete sie das Freudenthaler Institut für Managementberatung. Frau Freudenthaler ist Total Quality Management Coach sowie Sachverständige im Akkreditierungswesen und Auditorin für Qualitäts- und Umweltmanagementsysteme. Eine Vorreiterrolle übernimmt sie österreichweit bei der Einführung von integrierten Managementsystemen (Qualität, Umwelt, Sicherheit) und europaweit bei der Einführung von Umweltmanagementsystemen. Seit neun Jahren ist sie verstärkt in der Beratung im Gesundheitswesen tätig und implementiert Qualitätsmanagementsysteme.

Publikation

Der zufriedene Patient. Springer Verlag 2002

Auszeichnungen

- Nominierung zum Austrian Quality Award (AQA) als bestes KMU 2000
- Gewinn des AQA als bestes KMU Österreichs in den Jahren 2001 und 2005
- Gewinner beim Trio des Jahres der Wirtschaftskammer
- Gewinn des Markenpreises Tirol 2003 als erstes Entsorgungsunternehmen
- Recognised for Excellence in Europe von der European Foundation for Quality Management (EFQM)

Referenzen

Unter anderem wurden Projekte im Landeskrankenhaus Innsbruck verwirklicht (Anstaltsapotheke, verschiedene Labors, Verwaltungsdirektion, Zentrallager, Einkauf, Ambulanzen, Pflegestationen, Pflegedirektion usw.). Das Landeskrankenhaus nimmt mit diesen Zertifizierungen eine österreichweite Vorreiterrolle ein. Daneben realisierte sie die Einführung von Qualitätsmanagementsystemen im niedergelassenen Bereich.

Freudenthaler Institut für
Managementberatung
Freudenthaler Entsorgung und
Recycling GmbH & Co KG
Schießstand 8, 6401 Inzing
Österreich
Telefon (00 43) 5238 53 934
Fax (00 43) 5238 53 046-4
www.freudenthaler.at
institut@freudenthaler.at

Ingeborg Freudenthaler
Wie Sie Leitbilder und Ziele entwickeln – Qualitätsziele am Beispiel einer Arztpraxis

» Wenn du ein Schiff bauen willst, so trommle nicht die Männer zusammen, um Holz zu beschaffen, Werkzeuge vorzubereiten und Aufgaben zu vergeben, sondern lehre die Männer die Sehnsucht nach dem endlosen Meer.«   Antoine de Saint-Exupéry

Eine klare Vision, ein schriftliches Leitbild und daraus abgeleitete Qualitätsziele – diese Instrumente sind für einen Mittelständler heute eher noch die Ausnahme. Deshalb möchte ich in diesem Beitrag am Beispiel einer Arztpraxis aufzeigen, wie solche nützlichen Orientierungshilfen entwickelt werden können.

Nützliche Orientierungshilfen

Die Vision

Haben Sie eine Vision? Wissen Sie, wohin Sie wollen? Eine Vision ist die Sinngebung Ihrer Organisation. Sie klärt das »Warum« und »Wozu«. Die Vision soll das Bild einer wünschenswerten und richtungweisenden Zukunft sein. Wissen Sie, wo Sie in fünf Jahren mit Ihrem Unternehmen stehen wollen? Was möchten Sie erreicht haben?

Das »Warum« und »Wozu«

Ein Laborchef hat zum Beispiel die Vision, die Prostatasterblichkeitsrate in Tirol innerhalb von fünf Jahren um 30 Prozent zu senken. Alle seine Mitarbeiter wissen das, und alle Mitarbeiter engagieren sich, in Richtung dieser Vision zu denken und zu handeln.

Beispiel: Laborchef

Eine klare Vision macht vieles einfacher

Wenn die Frage nach der Vision geklärt ist, wenn man genau weiß, wohin man will, wird im Alltag schon vieles einfacher. Je klarer die Vision die Richtung angibt, in die sich die Organisation bewegen soll, desto transparenter und nachvollziehbarer werden für Mitarbeiter die Entscheidungen.

Die nächste Frage, die es zu beantworten gilt: Wer sind die Interessenpartner der Praxis, wer ist wichtig für Ihre Organisation? An der Spitze wird der Patient stehen, gemeinsam mit den Mitarbeitern, vielleicht den Sozialversicherungen – aber auch der Praxisinhaber selbst. Zu jedem der Interessenpartner wird eine Aussage gemacht.

Mögliche Interessenpartner

Mögliche Interessenpartner einer Organisation
- Kunde
- Mitarbeiter
- Eigentümer
- Versicherungen
- Öffentlichkeit
- Gesellschaft
- Lieferanten
- Behörden

Das Leitbild

Verbindliche Grundsätze

Mit dem Wissen um das Ziel der Organisation und die Interessenpartner kann jetzt ein Leitbild erstellt werden. Damit versucht der Praxisinhaber, die Organisation als Ganzes ordnend zu gestalten und verbindliche Verhaltensregeln und -grundsätze festzulegen.

Sinn und Ziel

Sinn und Ziel eines Leitbildes ist es,
- dass alle Mitarbeiter an einem Strick ziehen,
- die Gesamtheit von Organisationsgrundsätzen zu klären,
- das Verhalten innerhalb der Organisation zu regeln,
- Werte, Normen und Ideale für die Organisation zu bestimmen.

Leitbilder werden am besten im Team erstellt. Jeder bringt dabei seine Ideen ein. Meistens hat man nach einem Nachmittag einen ersten Entwurf. Es ist ganz legitim, dass beim Erstentwurf ein paar »geklaute« Ideen von anderen Leitbildern dabei sind. So hat jeder angefangen.

Der Entwurf des Leitbildes sollte mehrmals durchdacht werden. Die Mitarbeiter sollten die Möglichkeit haben, nochmals Stellung zu nehmen. Nach einer gewissen Zeit (nicht länger als ein Monat) sollte das Leitbild dann aber verabschiedet werden. Auf einem ansprechenden Papier ausgedruckt, vom Leiter der Praxis unterschrieben und mit einem Rahmen versehen, sollte es in der Organisation aufgehängt werden. Dies ist das erste sichtbare Zeichen, dass in dieser Organisation Veränderungen stattfinden.

Sichtbares Zeichen der Veränderung

Jedes Jahr sollte das Leitbild auf seine Aktualität überprüft werden: Passt noch alles? Sind Anpassungen nötig? Das Leitbild ist nicht statisch, sondern muss sich der Organisation anpassen.

Aktualität prüfen

Nachstehend sehen Sie zwei Leitbilder, eins von einer Arztpraxis und eins von einem Labor. Sie können am Anfang als Ideengeber fungieren.

Leitbild der Praxis eines niedergelassenen Arztes

Patient

Wir streben ein hohes Maß an Patientenzufriedenheit an. Dieses Ziel erreichen wir durch ausführliche Information, richtige und vollständige Dokumentation, transparente Behandlungswege, gute Beratung, geringe Wartezeiten sowie schnelle Hilfe bei Notfällen.

Mitarbeiter

Unsere qualifizierten Mitarbeiter sind unser wichtigster Erfolgsfaktor. Sie prägen unsere Qualitätspolitik wesentlich. Damit Mitarbeiter in ihrer Position Erfolg haben können, weist ihnen die Praxisleitung klare Verantwortungen und Aufgaben zu. Diese Aufgaben werden von den Mitarbeitern selbstständig, eigenverantwortlich und umweltbewusst erledigt.

Praxisinhaber

Wir sind bestrebt, den wirtschaftlichen Erfolg der Praxis langfristig zu sichern.

Krankenkassen

Die Zusammenarbeit mit den Sozialversicherungen setzt gegenseitige Information und Transparenz voraus. Unsere Praxis versteht sich als Partner der Sozialversicherungen.

Innovation

Unsere Praxis ist bestrebt, ständig nach Verbesserungen und Neuem zu streben und damit eine führende Rolle unter den Tiroler Arztpraxen zu übernehmen.

Lieferanten

Unsere Praxis nimmt Lieferanten in Anspruch, deren Leistungen dem geforderten Stand der Medizin entsprechen.

Leitbild eines Routine-Labors

Das Labor bemüht sich, die von den Interessenpartnern gestellten Aufgaben optimal zu erfüllen. Es setzt dabei, soweit wirtschaftlich vertretbar, die neuesten Erkenntnisse auf technologischer, organisatorischer und personeller Ebene um. Diese Dienstleistungen werden kontinuierlich verbessert.

Das Labor strebt eine hohe Zufriedenheit der **Zuweiser** an und erreicht diese durch analytisch optimale, zeitgerechte und wirtschaftliche Bearbeitung der Anforderungen. Eine maximale Berücksichtigung der **Patienteninteressen** ist dabei ein wesentliches Kriterium.

Die Annahme und Durchführung von Laboraufträgen, abgewickelt unter Einbeziehung einer umfangreichen, hochspezialisierten Labor-EDV, ist in Notfällen täglich rund um die Uhr möglich.

Das Labor ist dazu mit den modernsten technischen Einrichtungen für ein sehr breites Spektrum an Analyseverfahren ausgestattet. Neben Substraten, Elektrolyten, Enzymen und anderen Proteinen werden auch Medikamente und Drogen, Tumormarker usw. bestimmt. Diagnose und Verlauf der Erkrankungen werden dadurch direkt oder indirekt stark beeinflusst.

Die Motivation und die Zufriedenheit des erfahrenen und engagierten **Teams** ist vorrangiges Ziel. Die Voraussetzungen dafür schafft das Labor durch flexible Diensteinteilung, ein großes Untersuchungsspektrum, die Arbeit im Team, durch laborinterne und laborexterne Fortbildung sowie moderne Kommunikationsmittel.

Für sehr viele Forschungsvorhaben führt das Labor analytische Tests durch und berät die **Projektleiter.**

Das Labor leistet durch Mitarbeit bei Veranstaltungen (z. B. Gesundheitstage) auch einen wichtigen Beitrag für das öffentliche Gesundheitsbewusstsein.

Das Labor strebt partnerschaftliche Beziehungen zu seinen **Lieferanten** an. Verlässliche und kompetente Partner tragen zum Erfolg bei. Bei der Beschaffung von Geräten legen wir neben sorgfältiger und fachkundiger Betreuung größten Wert auf lokalen Service, bestmögliche Dokumentation und gute Kooperation mit unseren Mitarbeitern.

Das Labor erbringt seine Leistungen mit der erforderlichen analytischen Kompetenz unter dem Gesichtspunkt der wirtschaftlichen Vertretbarkeit. Damit gewährleistet es dem **Eigentümer** den bestmöglichen Einsatz seiner Mittel.

Die Qualitätsziele und die Qualitätsplanung

Jede Praxis, die auf einem – wenn auch hohen – Standard stehen bleibt, fällt automatisch zurück. Der Erfolg liegt heute in einer ständigen Verbesserung begründet. Es muss der Praxisleitung daher gelingen, das Team von den Vorteilen einer ständigen Verbesserung zu überzeugen.

Das Team überzeugen

Qualitätsziele müssen konkret und umsetzbar definiert werden. Wenn der Inhaber mit Blick auf seine Vision weiß, wo er in fünf Jahren mit seiner Praxis stehen will, kennt er bereits die grundsätzliche Ausrichtung. Diese kann beispielsweise so aussehen, dass er in fünf Jahren nur noch Privatpatienten behandeln will.

Weiß man, wohin man will, lassen sich relativ einfach Qualitätsziele ableiten. Die Qualitätsziele sollten schriftlich formuliert werden. Es ist auch wichtig, dass sowohl die grundsätzliche Ausrichtung als auch die Qualitätsziele den Mitarbeitern kommuniziert werden. Bei größeren Praxen sollten die Mitarbeiter beim Erarbeiten der Qualitätsziele eingebunden werden.

Ziele aus der Vision ableiten

Je mehr es der Leiter der Praxis schafft, dass sich seine Mitarbeiter mit der Ausrichtung und den Zielen der Praxis identifizieren, desto größer wird die Produktivität seiner Mitarbeiter sein.

Konkrete Ziele …
… führen zur Veränderung.
… erlauben eine konkrete Planung.
… geben den Mitarbeitern Sicherheit.

Der Nutzen konkreter Ziele

... fordern den Mitarbeiter heraus, konkrete Mittel und Wege zu suchen.

... sind die Basis der Motivation.

... lassen unnötige Diskussionen nicht zu.

... führen und animieren zur Kreativität.

... erlauben eine wirkungsvolle Kontrolle.

Beispiel: Zufriedenheit der Mitarbeiter

Es ist wichtig, dass die Qualitätsziele im Einklang mit dem Leitbild stehen. Sie haben beispielsweise in Ihrem Leitbild definiert, dass Sie eine hohe Mitarbeiterzufriedenheit anstreben. Das Qualitätsziel könnte in dem Fall eine Mitarbeiterzufriedenheit von 1,5 auf einer Skala von 1 bis 4 sein. Der nächste Schritt wäre nun, dass Sie eine Mitarbeiterumfrage starten, auf der die Mitarbeiter auf einer Skala von 1 bis 4 ihre Zufriedenheit zum Ausdruck bringen. Wenn dann etwa ein Durchschnittsergebnis von 1,8 herauskommt, planen Sie konkrete Schritte, mit denen Sie die Mitarbeiterzufriedenheit erhöhen wollen, um ihr Qualitätsziel von 1,5 zu erreichen. Dabei werden Ihnen Kommentare der Mitarbeiter, die in den Mitarbeiterumfragen stehen, helfen. Außerdem sollten die Ergebnisse der Mitarbeiterumfragen gemeinsam mit dem Team diskutiert werden. Gemeinsam ist nach Verbesserungen zu suchen. Ich erlebe immer wieder, dass durch solche gemeinsamen Besprechungen die Motivation und Begeisterung der Mitarbeiter wächst. Sie haben dabei das Gefühl, mitgestalten zu dürfen.

Ist-Zustand ermitteln

Ganz wichtig ist, dass die Ziele messbar sind. Am Anfang steht in den meisten Fällen zunächst das Erfassen von bestimmten Aspekten. Soll zum Beispiel in einer Praxis die Wartezeit der Patienten als Qualitätsziel verkürzt werden, muss die aktuelle Wartezeit ermittelt werden, damit dann – von dem Ist-Zustand ausgehend – ein Ziel zur Verbesserung gesetzt werden kann.

Vom Ziel zur Planung

So wichtig wie die schriftlich definierten Qualitätsziele ist die dazugehörige Qualitätsplanung. Bleiben wir bei dem vorherigen Beispiel. Wenn das Qualitätsziel eine Verkürzung der Wartezeit für den Patienten ist, muss natürlich geplant werden, wie diese Verkürzung erreicht werden kann. Auch diese Planung sollte wieder schriftlich erfolgen. Das kann formlos auf einem DIN-A4-Blatt geschehen – der Aufwand dafür hält sich also in Grenzen. Trotzdem ist die schriftliche Dokumentation ein Teil des Erfolges. Alles, was niedergeschrieben ist, kann kontrolliert und nachvollzogen werden. Mit schriftlichen Qualitätszielen und der dazugehörigen Qualitätsplanung kann dann beispielsweise halbjährlich eine Kontrolle erfolgen, was erreicht und was nicht erreicht wurde. Bei dem nicht Erreichten kann analysiert werden, warum das Ziel nicht erreicht wurde. Anschließend können entsprechende Maßnahmen ergriffen werden. Auf diese Weise kann eine kontinuierliche Verbesserung zum Wohl der Praxis erreicht werden.

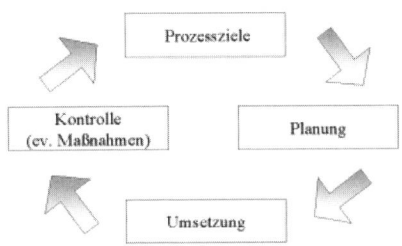

Der Qualitätsregelkreis

Interne Kommunikation

Eine funktionierende interne Kommunikation ist für den Erfolg der Praxis sehr wichtig. Teams, in denen Probleme besprochen werden und in denen gemeinsam nach Lösungen gesucht wird, haben einen ganz anderen Zusammenhalt als Organisationen, in denen der Chef in eine andere Richtung zieht als die Mitarbeiter. Regelmäßige Besprechungen sind daher wichtig. Die Betonung liegt dabei auf regelmäßig. Der Zeitabstand – ob wöchentlich, monatlich oder vierteljährlich – ist zweitrangig. Sollten Sie bislang keine regelmäßigen Besprechungen durchführen, beginnen Sie spätestens im Zuge der Einführung Ihres Leitbildes und Ihrer Qualitätsziele.

Regelmäßige Besprechungen

Viele Menschen sind der Auffassung, dass Besprechungen nicht protokolliert werden müssen. Ich bin hier anderer Meinung. Ein Besprechungsprotokoll – sehr kurz abgefasst – mit dem stichwortartig skizzierten Thema und einer Antwort auf die Frage »Wer macht was bis wann?« stellt sich immer wieder als wertvolle Unterlage heraus – für Chef und Mitarbeiter.

Ergebnisse protokollieren

Freilich, es kostet Zeit und Mühe, von der Vision über das Leitbild zu Qualitätszielen zu gelangen. Wer sich nicht in der Lage sieht, es selbst zu tun, kann dabei professionelle Hilfe in Anspruch nehmen. Der Aufwand wird sich auszahlen.

Andreas R. Braun

Andreas R. Braun ist Geschäftsführer der VAICON Vaillant Consulting GmbH in Remscheid – einer Tochtergesellschaft der Vaillant GmbH – und seit 2002 Corporate IT Director der Vaillant Group. Zuvor war er bei der Heidelberger Zement AG als Projektleiter für die Konzeption und Durchführung internationaler Organisationsprojekte zuständig. Unterstützt wurden diese Aktivitäten durch umfassende Beratungs- und Trainingskompetenz sowie die erfolgreiche Durchführung von Forschungsprojekten. Als Leiter der Organisations- und Personalentwicklung war er verantwortlich für die strategische Konzeption und unternehmensweite Implementierung der prozessorientierten Organisation bei Vaillant. Im Rahmen der Personalentwicklung wurden unter seiner Leitung unter anderem neue Systeme zur Weiterbildungsbedarfsanalyse, Nachfolgeplanung und des Bildungscontrollings entwickelt.

Auszeichnungen (Vaillant/VAICON)

- 1998: MUWIT Personalentwicklungspreis
- 1998: Service Management (Zweiter Preis)
- 1999: Qualitätspreis NRW
- 1999: Fabrik des Jahres
- 1999: Ludwig Erhard Preis
- 2000: Deutscher Projektmanagement Award
- 2001: TPM Award
- 2001: TOP Ehrenpreis (Bundesministerium für Wirtschaft und Technologie)
- 2002: Call Center Management Award
- 2004: Ausbildungs-Award
- 2005: Controlling World Award
- Diverse Produkt- und Designpreise

Beratungsschwerpunkte

- Strategy Development
- Informationstechnologie
- e-business
- Process Management
- Human Resources
- Business Excellence

VAICON Vaillant Consulting GmbH
Berghauser Str. 63, 42859 Remscheid
Telefon (0 21 91) 18-48 02
Fax (0 21 91) 18-7 48 02
www.vaicon.de

Andreas R. Braun
Rundum erfolgreich –
Bausteine eines schlüssigen Gesamtkonzepts

Für viele deutsche Unternehmen ist die Situation gegenwärtig von folgenden Entwicklungen geprägt: Der Wettbewerb ist intensiver, es gibt mehr Anbieter auf dem Markt, ständig kommen neue hinzu, andere scheiden aus. Daneben ist ein starker Trend zur Wettbewerbskonsolidierung durch Unternehmensakquisition/ -merger zu erkennen. Dies wird zur Konzentration und Marktbeherrschung durch wenige Große führen. Die Unternehmen sind heute dadurch härterem Konkurrenzkampf und damit verbundenem Kostendruck ausgesetzt.

Konkurrenzkampf und Kostendruck

Durch die neuen technologischen Möglichkeiten sowie weltweite Kommunikationsnetzwerke ist das Tempo insgesamt schneller geworden. Im Zuge der fortschreitenden Globalisierung und Internationalisierung ist eine regionale Begrenzung des Marktes nicht mehr möglich. Produkte und Geschäftsprozesse werden komplexer. Der Wertewandel in der Gesellschaft und die erforderliche Differenzierung in den internationalen Märkten bedingt eine forcierte Serviceorientierung.

Mehr Geschwindigkeit und Komplexität

Um diesen permanent wachsenden Herausforderungen erfolgreich zu begegnen, ist eine konsequente Weiterentwicklung der Organisation notwendig. Die gelebte Unternehmensphilosophie sollte deshalb die hundertprozentige Ausrichtung auf Wertschöp-

Konsequente Ausrichtung auf Wertschöpfung

fung im Sinne der internen und externen Kunden sowie die daraus abgeleiteten Ziele, Prozesse und Potenziale beinhalten.

Die Konzentration auf »Wert-Schöpfung« ist jedoch (leider) nicht per Mausklick möglich. Eine sorgfältige Untersuchung der Unternehmensorganisation, der Prozesse und der bestehenden Managementsysteme ist erforderlich.

Unternehmensentwicklung und -steuerung

Business-Modell ist die Grundlage Der Weg zur gelebten Vision und Mission führt über ein Business-Modell, welches durch ein Kennzahlensystem charakterisiert und über die Geschäftsprozesse operationalisiert wird. Das zugrunde liegende Business-Modell bildet dabei auf eine einfache und stringente Art das ganze Unternehmen ab.

Die Kernbausteine Ein durchgängiges System zur Unternehmensentwicklung und -steuerung sollte mit folgenden Kernbausteinen arbeiten:
- Vision/Mission
- Business-Modell
- Geschäftsprozesse
- Strategientwicklung – Business-Plan
- Riskmanagement
- Management-Informations-System (MIS)

Schlüssiges Gesamtkonzept Die Beherrschung der einzelnen Methoden und Tools ist wichtig. Aber noch wichtiger ist es, sie innerhalb eines schlüssigen Gesamtkonzeptes einzusetzen. Genau daran mangelt es in der Praxis oft. Häufig sind selbst große Unternehmen anzutreffen, denen eine einzelne Person vorsteht, die den Überblick hat und die Fäden zusammenhält. Sie ist über die entscheidenden Punkte informiert, kennt die Chancen des Unternehmens und die Risiken des Marktes am besten. Das ist riskant. Denn was passiert, wenn dieser Unternehmer nicht mehr zur Verfügung steht?

Weil damit im schlimmsten Fall die Existenz des Unternehmens gefährdet ist, möchte ich mich in diesem Text damit befassen, was ein solch schlüssiges Gesamtkonzept ausmacht und worauf im Einzelnen zu achten ist. Dabei werde ich aufzeigen, welche Lösungen wir bei Vaillant/VAICON gefunden haben.

Visions-/Missionsentwicklung

Die *Vision* gibt dem Unternehmen die langfristige Ausrichtung und Zielsetzung vor. Sie ist ein Ausblick in die Zukunft gepaart mit einer Wunschvorstellung. Die Vision sollte aber zumindest theoretisch erreichbar und einfach formuliert sein. Es gilt das Motto: »Wer Wichtiges zu sagen hat, fasse sich kurz.

Die Vision

Die Vision wird konkretisiert durch eine *Mission*. Sie stellt den Beitrag dar, den das Unternehmen bzw. die Organisation für die Gesellschaft, die Kunden bzw. Gesellschafter leistet. Dabei kann eine regionale oder leistungsspezifische Einschränkung vorgenommen werden. Sie sollte die Basis für die Daseinsberechtigung des Unternehmens und damit für den Geschäftszweck legen. Darüber hinaus beinhaltet die Mission in der Regel die wichtigsten Potenziale, die zum Erreichen der Vision eingesetzt werden.

Die Mission

Operationalisierung der Vision und Strategie

Zur unternehmensweit einheitlichen Operationalisierung der Vision und strategischen Zielsetzung empfiehlt es sich, ein unternehmenseigenes Modell zu entwickeln. Dieses Modell integriert die Bausteine des Managementsystems und gibt den chronologischen Ablauf sowie die jeweiligen Input-/Output-Beziehungen wieder. Wie dieses Modell bei Vaillant aussieht, sehen Sie auf der nächsten Seite.

Unternehmenseigenes Modell

Definition des Unternehmensmodells und der Unternehmensgrundsätze

Das Unternehmensmodell dient als anschauliches Tool zur Strukturierung der Geschäftätigkeit. Das Modell sollte sich in die zu erzielenden Ergebnisse und in die dafür erforderlichen Aktivitäten gliedern und diese logisch verknüpfen. Im Rahmen des EFQM-Modells spricht man von Ergebnis- und Befähiger-Kriterien (Potenziale). Wichtig ist, dass die Kriterien in sich widerspruchsfrei und eindeutig benannt sind.

Aktivitäten und Ergebnisse verknüpfen

Die Befähiger-Kriterien (Unternehmenspotenziale) sind logisch aufzubauen und zu vernetzen (Input/Output-Beziehungen). Das heißt, es ist zu klären, welches Kriterium den Input für die Aktivitäten des nächsten Kriteriums liefert (z. B. Strategie auf Finanzen). Das Gleiche gilt für die Ergebniskriterien, wobei dabei nicht von Input sondern von Einflussnahme (z. B. Mitarbeiterzufriedenheit auf Kundenzufriedenheit) gesprochen wird.

**Vorgehensmodell
zur Operationalisierung
der Vision und
der Strategie
bei Vaillant**

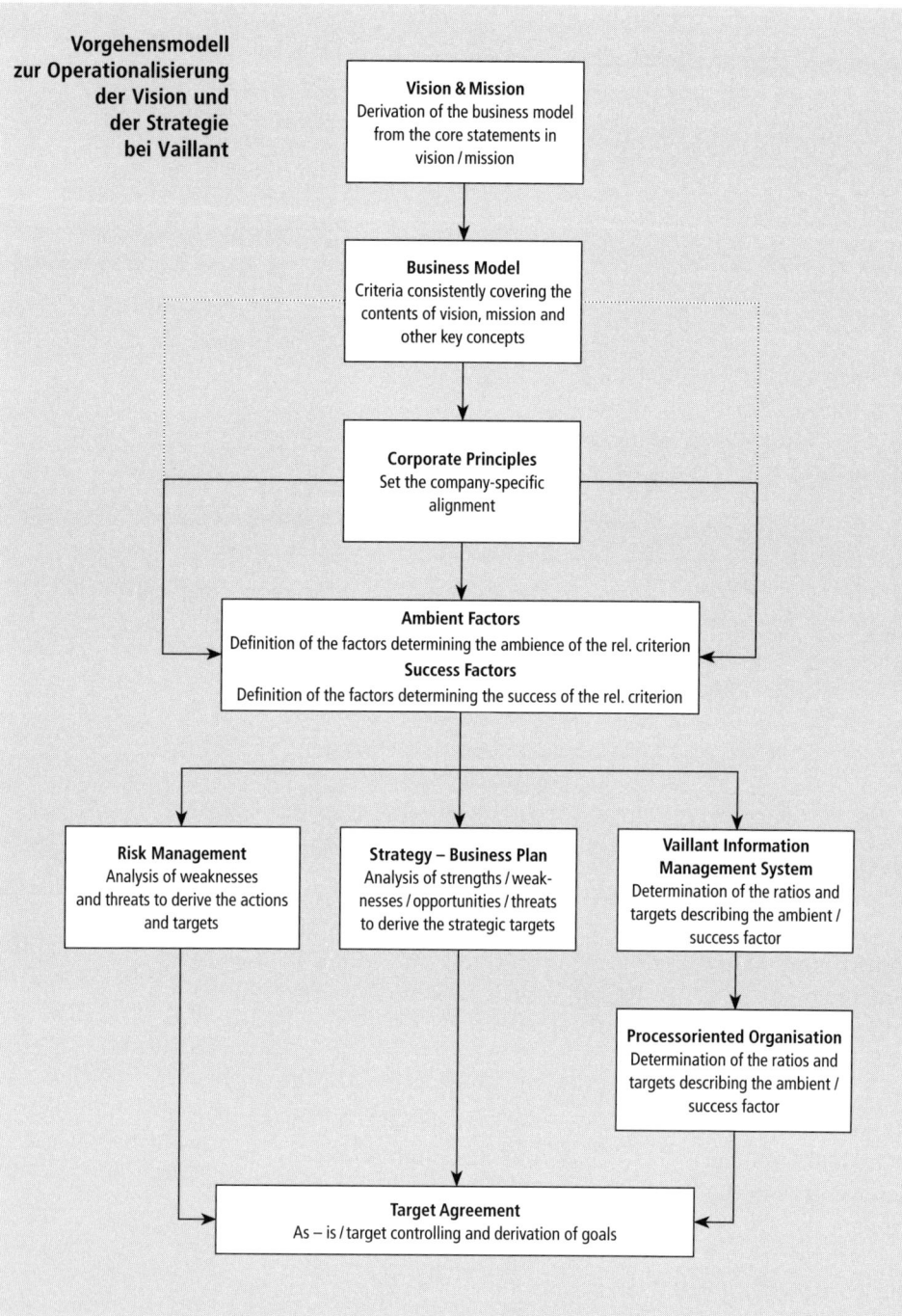

Vision & Mission
Derivation of the business model
from the core statements in
vision / mission

Business Model
Criteria consistently covering the
contents of vision, mission and
other key concepts

Corporate Principles
Set the company-specific
alignment

Ambient Factors
Definition of the factors determining the ambience of the rel. criterion
Success Factors
Definition of the factors determining the success of the rel. criterion

Risk Management
Analysis of weaknesses
and threats to derive the actions
and targets

Strategy – Business Plan
Analysis of strengths / weaknesses / opportunities / threats
to derive the strategic targets

**Vaillant Information
Management System**
Determination of the ratios and
targets describing the ambient /
success factor

Processoriented Organisation
Determination of the ratios and
targets describing the ambient /
success factor

Target Agreement
As – is / target controlling and derivation of goals

Ausgehend von den Ergebniskriterien werden im kausalen Zusammenhang die Befähiger-Kriterien formuliert. Da es diverse unterschiedliche Ausrichtungen und Situationen (z. B. non-profit, Monopolist etc.) gibt, in denen sich Unternehmen bzw. Organisationen befinden, ist die Formulierung der spezifischen Unternehmensgrundsätze empfehlenswert. Sie geben dem jeweiligen Kriterium die unternehmensspezifische Ausrichtung vor und erleichtern die Formulierung der Erfolgs- und Umfeldfaktoren.

Unternehmens-grundsätze formulieren

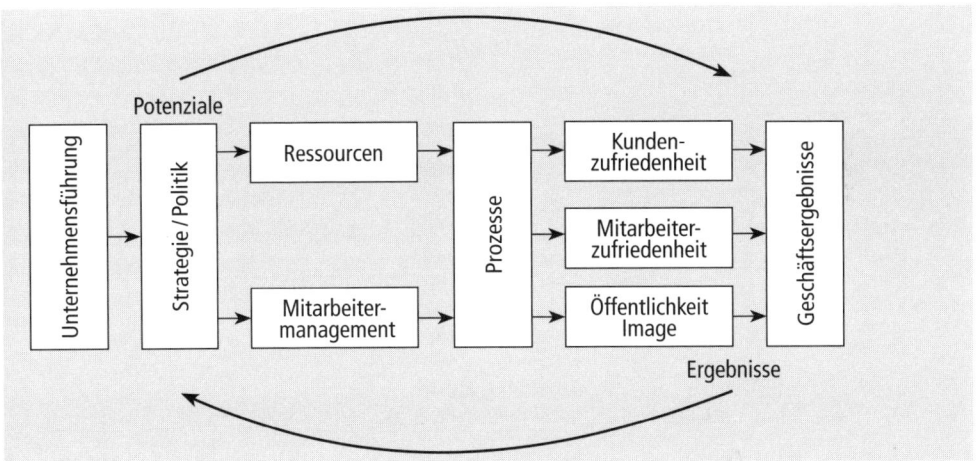

Strategieentwicklung
Die *Erfolgsfaktoren* werden von der Marktseite abgeleitet und stellen einen wesentlichen Input bei der Ermittlung der Stärken und Schwächen dar. Unter Erfolgsfaktoren werden die Einflussgrößen verstanden, deren jeweiliger Erfüllungsgrad den Geschäftserfolg positiv oder negativ beeinflusst. Daraus abgeleitet werden die so genannten kritischen Erfolgsfaktoren, von deren Erfüllung der Erfolg des Geschäftes substanziell abhängt.

Die kritischen Erfolgsfaktoren ableiten

Erfolgsfaktoren können produktspezifisch durchaus voneinander abweichen. Sowohl für das Unternehmen als auch für einzelne Organisationseinheiten, Produktprogramme und Produkte lassen sich Erfolgsfaktoren für das Umfeld, in dem sie tätig sind bzw. angeboten werden, ableiten.

Die kritischen Erfolgsfaktoren sind für alle Wettbewerber eines Marktes gleich. Lediglich der Erfüllungsgrad der kritischen Erfolgsfaktoren relativ zu den Wettbewerbern variiert. Der hier entstehende relative Wettbewerbsvorteil/-nachteil (Stärke/Schwäche) ist kritisch für den Unternehmenserfolg.

Beispiele kritischer Erfolgsfaktoren Beispiele für kritische Erfolgsfaktoren im Unternehmen sind:
- hoher Grad der Kundenbindung
- flächendeckender Kundendienst
- hohe Lieferbereitschaft
- Produktqualität
- Innovationsstärke
- wettbewerbsfähige Preispolitik
- strategische Allianzen

Umfeldfaktoren Die *Umfeldfaktoren* sind im Gegensatz zu den Erfolgsfaktoren nicht oder nur sehr schwer durch das Unternehmen zu beeinflussen. Sie wirken als Chance oder als Risiko für das Unternehmen.

Anschließend wird zur Ableitung der strategischen Ziele ein Ranking der *Umfeldfaktoren* vorgenommen. Ein Ranking der Umfeldfaktoren ist notwendig, um herauszustellen, welche Umfeldfaktoren eine besondere Chance bzw. Risiko oder eine noch nicht eindeutig als Chance bzw. Risiko zu bewertende Entwicklung darstellen. Dies können »neutrale« Entwicklungen sein. Diese Entwicklungen haben keinen substanziellen – weder im positiven noch im negativen Sinne – Einfluss auf die Zielerreichung.

Das Ranking kann für das gesamte Unternehmen, für die jeweilige Organisationseinheit, für das Produktprogramm bzw. für das einzelne Produkt vorgenommen werden. Die Chancen und Risiken werden dabei von links (Risiken) nach rechts (Chancen) und nach Wichtigkeit sortiert. Beispiele für Umfeldfaktoren sind Arbeitsmarkt, Kaufkraft, Globalisierung, politische Lage usw.

Stärken und Schwächen bestimmen Die Identifizierung eines Erfolgsfaktors als Stärke oder Schwäche erfolgt durch die Bewertung der eigenen Leistungsfähigkeit im Vergleich zu anderen Unternehmen (»best practice«) und anhand von Soll-/Ist-Kennzahlen.

In einer Korrelationsmatrix werden die ermittelten Chancen und Risiken sowie die Stärken und Schwächen miteinander kombiniert. Bei der Verbindung der Chancen und Risiken des Umfeldes mit den Stärken und Schwächen des eigenen Unternehmens wird die strategische Bedeutung des Einflusses der Erfolgs- auf die Umfeldfaktoren bewertet.

Zur Ableitung der strategischen Zielsetzungen erfolgt eine Einteilung in die vier Quadranten der SWOT-Analyse. Das Akronym SWOT steht für

SWOT-Analyse

- Strengths,
- Weaknesses,
- Opportunities und
- Threats.

Die SWOT-Analyse ist eine gängige Methode zur Strategieentwicklung.

Das SWOT-Profil veranschaulicht, mit welchen Erfolgsfaktoren die größte Hebelwirkung erreicht werden kann. Es ist eine Darstellung der strategischen Ausgangslage, aus der die strategischen Richtungen abgeleitet werden können (vgl. die folgende Seite):

Vier strategische Stoßrichtungen

- Strategische Stoßrichtung »*Schlaraffenland*« bedeutet »Unternehmensstärken bei Umfeldchancen«. Dies ist die bestmögliche Ausgangsposition, aus der man die vorhandenen Stärken weiter ausbauen sollte, um alle Chancen zu nutzen.
- Strategische Stoßrichtung »*Ritterburg*« heißt »Unternehmensstärken bei Umfeldrisiken«. In diesem Feld sollte die Energie darauf konzentriert werden, die aktuelle Position abzusichern und chancenreiche Betätigungsfelder zu identifizieren.
- Strategische Stoßrichtung »*Gladiatorenarena*« bedeutet »Unternehmensschwächen bei Umfeldchancen«. Ziel sollte primär der Abbau von Schwächen sein. Erreicht man die Umwandlung von Schwächen zu Stärken, können die vorhandenen Chancen genutzt werden.
- Strategische Stoßrichtung »*Geisterbahn*« »Unternehmensschwächen bei Umfeldrisiken« zu haben, ist die ungünstigste Ausgangssituation. Hier ist eine Konzentration auf den Abbau von Schwächen und die Identifizierung von chancenreichen Betätigungsfeldern zu empfehlen.

	Risiken / Threats (T)	Chancen / Opportunities (O)
	a Baukonjunktur b Umweltpolitik c Lieferantenqualität	d Kaufkraft e Infrastruktur f Industriedichte
Stärken / Strengths (S) 1 Vertriebswege 2 Preis 3 Image 4 Produktspektrum 5 Mitarbeiterqualität	**»Ritterburg«** 2a Beibehaltung des niedrigen Angebotspreises 3a Stärkung des Images – gut & günstig	**»Schlaraffenland«** 1e Intensivierung der Kundenbeziehung 2d Ausbau des Massengeschäftes 4f Beibehaltung des Spektrums 5f Ausbau des Beratungsgeschäftes
Schwächen / Weaknesses (W) 4 Produktqualität 5 Kundendienst	**»Geisterbahn«** 4c Qualifizierung der Lieferanten	**»Gladiatorenarena«** 5e Verstärkung des Kundendienstes 5f Erweiterung des Serviceangebotes

Die vier strategischen Stoßrichtungen geben lediglich ein grobes Raster für die Strategieentwicklung vor. Aus der SWOT-Analyse sowie den Ergebnissen der Soll-/Ist-Vergleiche im Kennzahlensystem werden die strategischen und operativen Jahresziele abgeleitet.

Der Vaillant-Businessplan Zur gesamtheitlichen Umsetzung der Strategie und der obersten Unternehmensziele entwickeln alle Organisationseinheiten ihre Strategien und operativen Zielsetzungen für ihren Bereich oder ihre Unternehmenstochter. Diese werden im Vaillant Businessplan zusammengefahren, durch das Topmanagement reviewed und verbindlich verabschiedet. Der Businessplan umfasst die strategische Planung für die kommenden drei Jahre.

Prozessmanagement

Prozessorientierte Organisation
Wertschöpfung ist das Ergebnis aus Prozessen und nicht die Leistung von Funktionen. Konsequenterweise sollte sich ein Unternehmen an den Prozessen orientieren.

Fokus auf Kundenzufriedenheit und Wertsteigerung Um durchgängige Prozessketten vom Kunden zum Kunden in der Unternehmensorganisation abbilden zu können, erfolgte bei Vaillant eine Fokussierung auf Prozesse, welche Kundenzufriedenheit und Wertsteigerung erzeugen und damit die Basis für einen anhaltenden Geschäftserfolg darstellen.

Alle nicht direkt oder unterstützend an den wertschöpfenden Prozessen beteiligten Organisationseinheiten und Stellen können eingespart oder ausgelagert (Outsourcing) werden. Diese zielgerichtete Prozessorientierung nimmt die unnötige Komplexität aus dem Unternehmen, setzt die Ressourcen im Sinne des Geschäftserfolgs ein und fördert die Verantwortung aller Mitarbeiter für die gesamtheitliche Sichtweise. Dabei gilt es allerdings die rechtlichen und moralischen Aspekte, zu denen ein Unternehmen verpflichtet ist, mit in die Gestaltung einzubeziehen.

Outsourcing reduziert Komplexität

Ein Prozess, also eine Folge von wiederholt ablaufenden, logisch zusammenhängenden Vorgängen zur Erstellung einer Leistung, setzt ein System, also eine geordnete Ganzheit von Elementen, die zueinander in Beziehung stehen, voraus. Die Differenz zwischen dem Input und Output wird als Wertschöpfung verstanden. Dieser »Mehrwert« entsteht, wenn ein Vorgang für einen Kunden einen Nutzen bringt oder das Produkt oder die Dienstleistung physisch verändert.

Wertschöpfung = Output minus Input

Der Innovationsprozess, der Produktbereitstellungsprozess und der Vermarktungsprozess stellen die Geschäftsprozesse dar, von denen auch die eigentliche Wertschöpfung ausgeht, da sie unmittelbar an der Produkterstellung mitwirken.

Nur mit den Geschäftsprozessen kann ein Unternehmen jedoch nicht überleben. Deswegen unterstützen die Organisationsprozesse die Geschäftsprozesse und stellen einen effizienten und reibungslosen Ablauf sicher. Die Prozesse werden auf drei Ebenen heruntergebrochen, immer begleitet von der Fragestellung: Ist diese Tätigkeit wirklich notwendig, um das gewünschte Produkt zu erlangen oder kann die Tätigkeit ersetzt bzw. können mehrere Tätigkeiten zusammengefasst werden? Wichtig bei aller Orientierung oder Fokussierung auf die Prozesse ist der Umstand, dass kein Prozess eine Daseinsberechtigung ohne einen formulierten Erfolgsfaktor mit einem zu erzielenden Ergebnis hat. In einem Unternehmen sollten alleine die Ergebnisse die führende Größe sein.

Organisationsprozesse bieten Unterstützung

Möchten Sie ein Managementsystem einführen, sollten Sie sich im Unternehmen auf *ein* Managementsystem verständigen. Es sollten also keine konkurrierenden Systeme wie EFQM, BSC, Six Sigma etc. nebeneinander existieren. Ein Nebeneinander würde

TIPP

Doppelarbeit und Redundanzen erzeugen und dadurch bei den Mitarbeitern auf Ablehnung stoßen.

Mit definierten Methoden ans Ziel Strategische Zielsetzungen, die im Businessplan formuliert werden, beziehen sich auf die Kernprozesse Innovation, Produktbereitstellung und Vermarktung sowie auf die Organisationsprozesse (HR-Management, Strategie etc.). Innerhalb dieser Prozesse werden definierte und standardisierte Methoden eingesetzt, um die Erreichung der Zielsetzungen, die mit den Prozessen verbunden sind, zu unterstützen. Die Zielsetzungen werden aus dem Businessplan über die Prozesslandschaft in die zugeordneten Methoden kaskadiert. Dadurch werden widersprechende Zielsetzungen, die einerseits strategisch und andererseits operativ definiert sind, vermieden.

Prozessentwicklung

Zahl der Prozesse reduzieren Zu Beginn steht nicht die Frage: »Welche Prozesse sollten entwickelt bzw. verbessert werden?«, sondern: »Welche Prozesse braucht das Unternehmen überhaupt?« Das heißt, der erste Schritt zur höheren Wertschöpfung und zu geringeren Kosten ist die Reduzierung der Prozessanzahl im Unternehmen.

Dabei empfiehlt es sich die Soll-Prozesslandschaft aus den Erfolgsfaktoren des Unternehmens abzuleiten und diese mit den aktuellen Prozessen abzugleichen. Dabei können in der Regel etwa 20 Prozent der bestehenden Detailprozesse eliminiert und damit das größte Verbesserungspotenzial realisiert werden. Als ergänzendes Tool kann die Wertschöpfungsanalyse zur Prozessreduzierung eingesetzt werden.

Komplexität der Prozesslandschaft reduzieren Als zweiter Schritt gilt es zu klären: »Welche Prozesse können zusammengeführt und standardisiert werden?« Dabei besteht die Zielsetzung darin, die Komplexität der Prozesslandschaft zu reduzieren. Dies erfolgt durch ein konsequentes Prozessmerging. Dabei werden Prozesse hinsichtlich ihrer prozentualen Übereinstimmung untersucht und bei einer hohen Gleichartigkeit der Ergebnisse und Prozessinhalte zu *einem* Prozess zusammengeführt. Daran schließt sich die Klärung »Welcher Prozess ist der Beste?« an. Die Auswahl des Best Practice bildet die Basis für die unternehmensweite Standardisierung.

Hat man jetzt die Prozesse ermittelt, die das Unternehmen wirklich zu Erbringung seiner Geschäftstätigkeit braucht, und sind die Abläufe standardisiert, gilt es zu klären »Welche Prozesse mache ich noch selbst im Unternehmen?« Erfolgreiche Unternehmen konzentrieren sich auf ihre Kernkompetenzen und sourcen Randbereiche und standardisierte Serviceleistungen aus bzw. bündeln die Aktivitäten in Shared Service Centern.

Erst daran schließt sich jetzt eine konsequente Prozessverbesserung der Prozesse an, die Potenzial aufweisen, wichtig für den Unternehmenserfolg sind und im eigenen Unternehmen erbracht werden. Das heißt, man konzentriert sich auf die entscheidenden Schwachstellen im Unternehmen.

Prozesse konsequent verbessern

Das nachfolgende Portfolio berücksichtigt alle diese Fragen und gibt damit Handlungsempfehlungen für die Prozesse (Beispiel: HR-Prozesse).

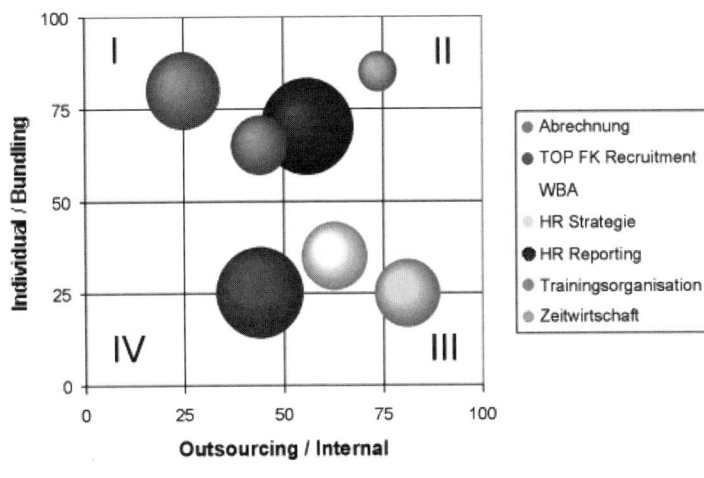

Charakterisierung der Prozesse – Handlungsfelder

Quadrant I

Die Prozesse und deren Ergebnisse in diesem Quadranten zeigen folgende Charakteristik:

Charakter von Quadrant I

- keine unternehmensspezifische Kernkompetenz
- Beitrag zum Unternehmenserfolg ist eher gering
- großes Prozessvolumen mit hoher Wiederholfrequenz (kritische Masse!)
- Prozessablauf ist standardisierbar und automatisierbar

Die Leistungserbringung der Prozesse in diesem Quadranten sollten gebündelt und zentralisiert werden. Dies kann je nach Unternehmensausrichtung in eigenen Shared Service Centern (SSC) oder durch einen Outsourcer erfolgen. Je weiter links der Prozess im Portfolio angeordnet ist und das erforderliche Ausbildungsniveau gering ist, desto eher sollte der Schritt zum Outsourcing gegangen werden. Dabei spielt die Anzahl der fachlich aus einem Bereich kommenden Prozesse in diesem Quadranten eine große Rolle. Das heißt, je mehr Prozesse im Quadrant I angesiedelt sind, desto eher empfiehlt sich eine Bündelung nicht nur von Einzelprozessen, sondern von ganzen Aufgabenfeldern. Dies erhöht das Volumen und wirkt sich bei der Leistungserbringung in einem SSC oder einem Outsourcing positiv auf die Kostensituation aus.

Quadrant II

Die Prozesse und deren Ergebnisse in diesem Quadranten zeigen folgende Charakteristik:
- unternehmensspezifische Kernkompetenz
- Beitrag zum Unternehmenserfolg ist deutlich bezifferbar
- großes Prozessvolumen mit hoher Wiederholfrequenz (kritische Masse!)
- Prozessablauf ist standardisierbar und automatisierbar

Die Leistungserbringung der Prozesse in diesem Quadranten sollten gebündelt und zentralisiert werden. Dies sollte allerdings aufgrund der eher unternehmensspezifischen Ausrichtung der Leistungen in einem eigenen Shared Service Center erfolgen. Wie im Quadranten I gilt auch hier, dass je mehr Prozesse aus einem Fachgebiet im Quadrant II angesiedelt sind, sich eine Bündelung von ganzen Aufgabenfeldern im SSC empfiehlt. Dies erhöht das Volumen und wirkt sich bei der Leistungserbringung im SSC positiv auf die Kostensituation aus. Darüber hinaus ergeben sich dadurch bei der Gestaltung des SSC mehrere Möglichkeiten der Organisationsgestaltung.

Quadrant III

Die Prozesse und deren Ergebnisse in diesem Quadranten zeigen folgende Charakteristik:
- unternehmensspezifische Kernkompetenz
- hoher Beitrag zum Unternehmenserfolg

- Prozesse erfordern ein hohes Ausbildungsniveau
- Prozesse werden situativ oder an fixen Terminen durchgeführt
- die Wiederholfrequenz ist gering
- Prozessablauf ist nur bedingt standardisierbar und nicht automatisierbar

Die Leistungserbringung der Prozesse in diesem Quadranten sollten auf jeden Fall durch qualifiziertes internes Personal durchgeführt werden. Ein Shared Service Center macht keinen Sinn, da die Prozesse individuell für einen internen Kunden oder für einen Bereich durchgeführt werden und die Leistungserbringung in der Regel mit dem internen Kunden oder im Team erfolgt. **Weder Shared Service Center noch Outsourcing**

Quadrant IV

Die Prozesse und deren Ergebnisse in diesem Quadranten zeigen folgende Charakteristik: **Charakter von Quadrant IV**

- keine unternehmensspezifische Kernkompetenz
- Beitrag zum Unternehmenserfolg ist eher gering
- Prozesse erfordern ein hohes Ausbildungsniveau
- Prozesse werden situativ mit geringer Wiederholfrequenz durchgeführt
- Prozessablauf ist nur bedingt standardisierbar und nicht automatisierbar

Die Leistungserbringung der Prozesse in diesem Quadranten sollten auf jeden Fall durch speziell qualifiziertes Personal durchgeführt werden. Ein Shared Service Center macht keinen Sinn, da die Prozessdurchführung individuell ist und Freiheiten bedarf und an der Ergebniserbringung mindestens zwei Personen beteiligt sind. Die Leistungserbringung kann dabei sehr wohl durch einen externen Partner (Outsourcing) erfolgen. Aufgrund der geringen Wiederholfrequenz kann die Entscheidung hinsichtlich einer internen oder externen Leistungserbringung situativ entschieden werden. **Outsourcing, aber kein Shared Service Center**

Management Informations System

Das Real Time Reporting sollte über ein MIS erfolgen. Ein solches System bietet alle zur Steuerung einer internationalen Gruppe erforderlichen Reporting Features. Das MIS sollte browsergestützt sein und keine spezifischen IT Kenntnisse erfordern.

Vaillant Information Management (VIM)

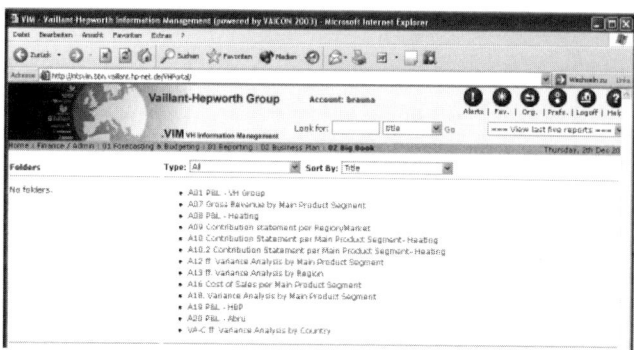

Zentrales Datawarehouse

Allen Controllern, Planern und Berichtsempfängern ist ein Zugriff auf das zentrale Datawarehouse aus allen Ländern/Gesellschaften via Excel- oder Web-Frontend für die analytische adhoc-Auswertung sowie der Zugriff auf das standardisierte und formatierte Konzern-Reporting in den Medien Excel, Papier, Web und PDF zu ermöglichen. In der Regel ist das Kernstück des konzernweiten, internationalen Reportings ein zentrales SAP Business-Warehouse. Mit diesem System werden heute bereits die Monatsabschlüsse, die Plandaten-Konsolidierung und das interne und externe Reporting abgewickelt. Heute haben hierauf circa 500 Anwender aus allen Teilen Europas Zugriff.

Aus den SAP R/3 Systemen fließen die Daten aus den verschiedenen Modulen bzw. Geschäftsprozessen je nach Berichtsfrequenz und analytische Anforderung täglich (Fakturen), monatlich (Konzernabschluss) und quartalsweise (z. B. Marktvolumen) in das SAP BW System.

Cockpits für einzelne Bereiche

So genannte Cockpits werden bereichsspezifisch erstellt wie z. B. das Qualitätsdaten-Informationssystem und das Product Marketing Info System. Diese Systeme basieren ebenfalls auf dem zentralen Datawarehouse, haben aber von der optischen Gestaltung einen anderen Ansatz. Hier werden über webbasierte Frontend-Tools MIS-Cockpits erstellt, welche die Daten in Balken-, Pareto- oder Liniendiagramme in Echtzeitabfragen aus dem Datawarehouse aufbereiten und Detailgrad Drill-down-Funktionalitäten erlauben.

HR-Management

Zielvereinbarung

In einem Kaskadierungsprozess werden die im Businessplan definierten Zielsetzungen in die Zielvorgaben für die einzelnen Units und in die Zielvereinbarung der einzelnen Mitarbeiter heruntergebrochen. Die Mitarbeiter werden damit Teil der unternehmensweiten Zielsetzung und erkennen ihren Beitrag am Gesamten. So wird der Erfolg für jeden einzelnen Mitarbeiter erlebbar und geht in die eigene Verantwortung über. Bei Vaillant sind alle hierarchischen Ebenen in den Kaskadierungsprozess eingebunden. Die Umsetzung der Strategie im operativen Alltag ist also Auftrag für jeden Mitarbeiter entsprechend seines Aufgabengebietes.

Ziele machen Verantwortung sichtbar

Die Zielvereinbarung ist in der Regel in zwei Teile gesplittet, die je nach Managementebene unterschiedlich gewichtet ist. Der Vaillantspezifische Teil beinhaltet die beiden Zielsetzungen Net Cashflow und EBITDA, der persönliche Teil gestaltet sich aus drei bereichsspezifischen Zielen. Die Ziele werden im persönlichen Gespräch zwischen der Führungskraft und dem Mitarbeiter vereinbart.

Zielvereinbarung besteht aus zwei Teilen

Müssen spezielle Voraussetzungen geschaffen werden, um die Zielsetzungen für den Mitarbeiter realisierbar zu machen, werden diese ebenfalls festgehalten und sind im Rahmen der Zielvereinbarung verbindlich. Dies sind meist zur Verfügung stehende Budgets, Ressourcen und das Know-how des Mitarbeiters. Das heißt, die vereinbarten Ziele sind die Grundlage für eine gegebenenfalls notwendige Weiterbildung. Damit werden die Personalentwicklung und deren Ausgaben auf den Unternehmenserfolg fokussiert.

Weiterbildungsbedarfsanalyse

Die Weiterbildungsbedarfsanalyse (WBA) ermöglicht, den Qualifizierungsbedarf für jeden einzelnen Mitarbeiter im Unternehmen systematisch zu erheben. Bildung wird nicht per »Gießkanne« (oder nach »Nasenfaktor«) verteilt werden, sondern eine punktgenaue Deckung des Bedarfs sein. Zur bedarfsgerechten Förderung der Mitarbeiter werden prozessorientierte Anforderungsprofile eingesetzt. Diese beinhalten alle Anforderungen an Prozess-, Methoden-, Fach- und Sozialkompetenz, die zur erfolgreichen Führung der Prozesse erforderlich sind. Diese Anforderungen sind je nach Profil in Stufen gewichtet.

Bedarfsgerechte Förderung der Mitarbeiter

Definitionen objektivieren die Bewertung Im WBA-Gespräch bewerten Führungskraft und Mitarbeiter gemeinsam die aktuellen Ist-Werte für die definierten Anforderungen. Um eine möglichst objektive Einschätzung zu ermöglichen, ist den verschiedenen Stufen der Werteskala eine Definition des Kenntnisstandes zugeordnet. Resultiert eine Differenz zwischen dem Ist- und dem Soll-Wert, dann werden für diese Anforderungen Maßnahmen definiert. Zur unterjährigen Nachverfolgung des Zielerreichungsgrades werden bis zu drei Review-Termine zwischen Führungskraft und Mitarbeiter vereinbart.

Die Zielvereinbarung ist Teil des Gehaltsystems und beeinflusst die Gesamtvergütung bis zu 50 Prozent. Die Zielvereinbarung in dieser Form hat vor allem die unternehmensweite Durchgängigkeit der Ziele, die Abstimmung zwischen Führungskraft und Mitarbeiter sowie den Zielerreichungsgrad verbessert.

Performancemanagement

Aufgaben werden in Aktionslisten geführt Ausgehend von den Zielvereinbarungen und den Reviewgesprächen zwischen Führungskraft und Mitarbeiter werden die detaillierten Aufgaben zu Projekten und im Tagesgeschäft in Aktionslisten geführt. Das Review erfolgt in regelmäßig stattfindenden Team- bzw. Projektmeetings oder Mitarbeitergesprächen. Dabei ist die Berichterstattung anhand der Aktionsliste ein fester Bestandteil.

Im Rahmen von Projekten sollte im Unternehmen zudem mit Projektplänen (MS-Project) und Projektstatusberichten gearbeitet werden. Für die operative Steuerung der Profit- oder Cost Center stehen die Reports aus dem Vaillant Information Management (VIM) zur Verfügung. Diese sollten durch die Führungskräfte monatlich analysiert und entsprechende Maßnahmen abgeleitet werden.

Begleitender Führungsstil Die transparente Formulierung von Zielen, Aktionen und Erreichungsgraden ist aber nur *ein* Teil für eine gute Performance der Mitarbeiter. Der begleitende Führungsstil sollte sich am Reifegrad des Mitarbeiters orientieren:

Newcomer
- Fall I: *Newcomer*
  Mitarbeiter ist hoch motiviert, aber noch mit geringer Qualifikation für die unternehmerische Praxis ausgestattet. Dieser Mitarbeiter ist eng zu begleiten. Eine permanente Ansprechbarkeit und überschaubare Ziele sorgen dafür, dass der Mitarbeiter seine Ziele auch erreichen kann.

- Fall II: *Champion*
  Dieser Typus Mitarbeiter ist sowohl hoch motiviert als auch top qualifiziert. Diese Situation ist die Zielsetzung für jede Führungskraft, denn Mitarbeiter mit einem hohen Reifegrad benötigen wenig persönliche Führung. Ein delegativer Führungsstil ist zielführend.

- Fall III: *Lazy Bugger*
  Die Mitarbeiter sind zwar sehr qualifiziert, haben aber ein Motivationsproblem. Bei diesen Situationen ist eine Eigen- und Fremdmotivation kaum zu erwarten. Der Führungsstil muss autoritär ausgerichtet sein, um die relevanten Zielsetzungen zu erreichen.

- Fall IV: *Dud-Bomb*
  Mitarbeiter die weder besonders motiviert noch qualifiziert sind, sollten intern oder extern andere Aufgaben übernehmen. Jeglicher Führungsstil zur Unterstützung der Zielerreichung ist quasi von Beginn zum Scheitern verurteilt.

Fazit

Die gruppenweite Implementierung eines durchgängigen Managementsystems auf Basis einer gemeinsamen Vision ist in wirtschaftlich schwierigen Zeiten und im Rahmen einer großen internationalen Integrationsaufgabe ein herausforderndes Unterfangen. Sollte es allerdings nach umfangreicher Arbeit ein Erfolg werden, ist es ein Garant für eine ergebnisorientierte Unternehmenssteuerung und die Basis für ein gemeinsames Schaffen.

Hansjörg Fromm

Prof. Dr. Hansjörg Fromm absolvierte Studium und Promotion im Fach Informatik. Seit 1983 ist er bei IBM in verschiedenen Positionen in der Forschung (USA), Softwareentwicklung, Produktion, Qualitätssicherung und in der Beratung tätig. Heute ist er Partner bei IBM Business Consulting Services. Er beschäftigt sich vorwiegend mit Lösungen für Produktion und Supply Chain Management der Automobilindustrie. Prof. Fromm ist Mitglied der IBM Academy of Technology und Honorarprofessor an der Universität Erlangen-Nürnberg.

Auszeichnungen

- Zahlreiche internationale Auszeichnungen für die IBM Supply Chain
- IBM Nr. 1 in Supply Chain Management Services (IDC)

Persönliche Referenzen

Viele namhafte Unternehmen der europäischen Automobilindustrie (Hersteller und Zulieferer)

Beratungsschwerpunkte

- Strategische Beratung
- Potenzialanalysen
- Benchmarking
- Prozess-Design und -Optimierung
- IT-Systemauswahl
- Implementierung und Integration von IT-Systemen
- Projekt-, Risiko- und Qualitätsmanagement
- Application Hosting
- Outsourcing

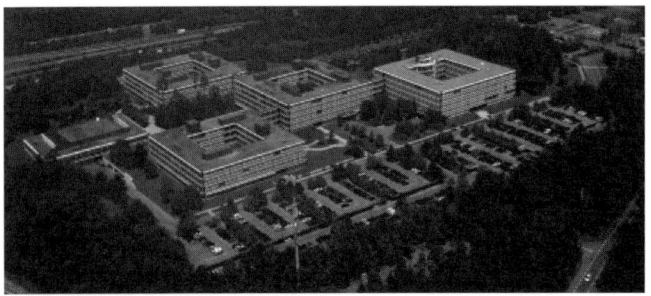

IBM Business Consulting Services
Pascalstr. 100
70569 Stuttgart
Telefon (07 11) 7 85-50 68
FROMM@de.ibm.com

Hansjörg Fromm
Kennzahlen als Motor für Erfolg – Spitzenleistungen in Produktion und Logistik

Schon Lord Kelvin (1824–1907) hatte erkannt: »What you cannot measure, you cannot control«, was man nicht messen kann, kann man nicht steuern. Nicht nur in der Wirtschaft, sondern in allen Bereichen des Lebens werden heute Kennzahlen zur Beurteilung, Überwachung und Steuerung eingesetzt. Man denke nur an Sport, Gesundheit oder die Medien. Jedes erfolgreiche Unternehmen wird heute über Kennzahlen gesteuert. Kennzahlen sind auch die Basis für Spitzenleistungen in Produktion und Logistik.

Kennzahlen sind allgegenwärtig

Immer wieder wird die Frage diskutiert, wie viele Kennzahlen zur optimalen Steuerung eines Unternehmens nötig sind. Meiner Erfahrung nach werden in der Praxis eher zuviele als zuwenige Kennzahlen eingesetzt. Das resultiert daraus, dass es im Zuge der unternehmensweiten Einführung von IT-Systemen leicht geworden ist, seitenlange Berichte und Auswertungen zu produzieren. Diese Berichte sind meist viel zu detailliert und zu unübersichtlich, ganz abgesehen von der Frage, ob denn die richtigen Kennzahlen erfasst werden und ob die Daten auch korrekt und zeitnah sind. Genauso falsch wäre es aber, eine Organisation nach einer einzigen Kennzahl zu messen und zu führen.

Wie viele Kennzahlen sind nötig?

Traditionellerweise werden in Unternehmen vorwiegend finanzielle Kennzahlen benutzt: Umsatz, Kosten, Gewinn, Aktienkurs. Schon manch einem Unternehmer wurde vorgeworfen, Entscheidungen ausschließlich im Hinblick auf einen kurzfristigen

Kursgewinn zu treffen und andere, längerfristige Ziele aus dem Auge zu verlieren.

Das ausgewogene System der Balanced Scorecard Mit ihrer Balanced Scorecard haben Robert S. Kaplan und David P. Norton einen pragmatischen Ansatz geliefert, der es ermöglicht, ein ausgewogenes System von finanziellen und operativen Kennzahlen zu erarbeiten. Sie empfehlen, eine Organisation gleichzeitig aus folgenden Sichten (Perspektiven) zu betrachten und für jede Sicht geeignete Kennzahlen einzuführen:
- *Finanzielle Sicht:* Wie sehen uns unsere Anteilseigner?
- *Kundensicht:* Wie sehen uns unsere Kunden?
- *Interne Sicht:* Wie gut sind unsere Geschäftsprozesse?
- *Innovation und Lernen:* Was tun wir dafür, dass Innovationen möglich sind und Mitarbeiter sich weiterbilden? Wie sehen uns unsere Mitarbeiter?

Auch Kaplan und Norton geben keine Patentrezepte, was die Auswahl der jeweiligen Kennzahlen betrifft. In den Artikeln im Harvard Business Review werden lediglich Beispiele dafür gegeben, welche Kennzahlen einzelne Unternehmen eingeführt haben.

Wie ein Cockpit im Flugzeug Schon Kaplan und Norton vergleichen ihre Balanced Scorecard mit dem Cockpit eines Flugzeugs. Um ein Flugzeug sicher steuern zu können, braucht der Pilot Informationen über Geschwindigkeit, Flughöhe, Kurs, Seitenwind, Brennstoffvorräte usw. Diese Informationen werden ihm durch analoge und digitale Instrumente angezeigt und sind für ihn mit einem Blick zu überschauen.

Ganz ähnlich kann man sich das Cockpit zur Steuerung eines Unternehmens oder eines Unternehmensbereichs, zum Beispiel der Produktion, vorstellen. Es kommt darauf an, wenige ausgewählte Kennzahlen, die verschiedene »Sichten« der Unternehmensperformance beschreiben, gleichzeitig im Blick zu haben. Mit der heutigen Informations- und Kommunikationstechnik haben wir die Voraussetzungen dafür, solche Cockpits zu realisieren.

 Übung 1
- Notieren Sie Beispiele von Kennzahlen, die für Ihr Unternehmen bzw. Ihren Unternehmensbereich die vier Sichten der Balanced Scorecard geeignet beschreiben.
- Entwerfen Sie Ihr eigenes, auf Ihre Aufgabenstellung und Zielsetzung zugeschnittenes »Cockpit«.

Auf die richtigen Kennzahlen kommt es an

Wie Sie vielleicht schon bei der Übung 1 gemerkt haben, ist die Bestimmung geeigneter Kennzahlen nicht immer ganz einfach. Einen Standardkatalog von Kennzahlen gibt es nicht, obwohl zu diesem Thema eine unüberschaubare Literatur verfügbar ist.

Statt eines Standardkataloges möchte ich Ihnen einige Regeln und Erfahrungen mitgeben, die Hilfestellung beim Bestimmen der richtigen Kennzahlen geben können.

Hilfreiche Regeln

1. Erkennen Sie die Kennzahlen, auf die es wirklich ankommt!
Oft sind leicht zu messende Kennzahlen nicht die richtigen. Beispiel: Die in der Fertigung am leichtesten zu messende Kennzahl ist die produzierte Stückzahl (Ausstoß). In früheren Zeiten – und gelegentlich heute noch – wurden Löhne aufgrund von Stückzahlen berechnet (Akkordlohn). Die Summe der produzierten Stückzahlen liefert die Produktivität. Werden Menschen und Organisationen nach Produktivität gemessen, dann versuchen sie, möglichst hohe Stückzahlen zu erreichen. Das hat in der Vergangenheit oft dazu geführt, dass völlig am Bedarf vorbei produziert wurde. Ich habe Unternehmen kennengelernt, deren enorme Bestände aus der Tatsache resultierten, dass in Zeiten mit schlechter Auftragslage die »Maschinerie« zwecks Zielerfüllung einfach weiterproduziert hat. Das hätte sie bleiben lassen können, denn die produzierte Ware liegt jetzt wertlos herum und verursacht noch zusätzliche Kosten.

Beispiel für falsche Kennzahl: Ausstoß

Außerdem führt zu stures Produktivitätsdenken zu hohen Losgrößen nach dem Motto: »Wenn die Maschine einmal läuft, halten wir sie ungern wieder an.« Hohe Losgrößen sind der Feind der Flexibilität und schnellen Reaktionsfähigkeit. Fortschrittlich denkende Unternehmen sind aus diesen Gründen dazu übergegangen, ihre Produktion nach dem Bedarfs-Erfüllungsgrad zu messen. 100 Prozent Erfüllung heißt, es wurde genau das produziert, was (nach Auftragslage, nach Plan) gebraucht wurde. Jede Übererfüllung wäre wie die Untererfüllung eine Verfehlung des Ziels. Der Bedarfs-Erfüllungsgrad ist jedoch nicht so einfach zu messen wie der Ausstoß. Dazu müssen immerhin zwei Zahlen (Soll, Ist) miteinander verglichen werden, die (zumindest mit Blick auf das Soll) nicht immer so leicht abgreifbar sind.

Besser: den Bedarfserfüllungsgrad messen

2. Kennzahlen können das Verhalten ändern.

Qualitätsverlust durch falsche Optimierung

Menschen versuchen, ihre Zielerfüllung zu optimieren. Es klang schon das Problem der Produktivität an, das den Menschen dazu verleitet, möglichst viel zu produzieren. Das gilt für den Werker in der Produktion wie für den Programmierer in der IT-Abteilung, falls dessen Produktivität lediglich nach den geschriebenen Programmzeilen (Lines of Code) gemessen wird. Beide kommen in Gefahr, das zweite wesentliche Ziel ihrer Arbeit, nämlich die Qualität, aus den Augen zu verlieren.

Beispiel: Mitarbeiterumfragen

Einen anderen Effekt der Verhaltensänderung aufgrund von Kennzahlen habe ich vor Jahren bei Mitarbeiterumfragen innerhalb der IBM erlebt. Hier wurden Mitarbeiter weltweit nach ihrer Zufriedenheit mit dem Arbeitgeber, mit den Vorgesetzten, mit ihrer Arbeitsumgebung etc. anonym befragt. Die Japaner haben immer besser als die Deutschen abgeschnitten, und wir haben uns gefragt, woran das lag. Waren denn die Arbeitsbedingungen bei IBM Japan wirklich um soviel besser als in Deutschland? Auf die wahre Ursache dieses interessanten Ergebnisses bin ich erst im persönlichen Gespräch mit einem japanischen Kollegen gekommen. Er sagte zu mir: »Wir wollen bei dieser Umfrage die besten sein«. Die Kollegen in Japan haben diese anonyme Umfrage also nicht dazu benutzt, sich mal so richtig über (wenn auch noch so kleine) Missstände zu beklagen (wie wir Deutschen das manchmal gern tun), sondern sie haben diese Übung als einen sportlichen Wettbewerb angesehen. Sie haben ihr Verhalten aufgrund einer falsch aufgefassten Zielsetzung verändert.

3. Die richtigen Kennzahlen sind oft schwer zu messen oder es fehlen die geeigneten Daten.

Wichtige Daten sind nicht bekannt

»Wieviel haben wir heute verkauft?« – Diese Frage ist für jedes Geschäft, jedes Unternehmen relativ einfach zu beantworten. Wir brauchen nur in die Kasse, in den Computer zu schauen und finden alle Details. »Wieviel haben wir heute nicht verkauft, weil die Ware nicht mehr vorrätig war oder der Kunde mit dem Preis oder der Qualität nicht zufrieden war?« – Funkstille. Diese Daten werden meist nicht erfasst. Sie sind gerade noch dem Verkäufer oder der Filialleiterin bekannt und sonst niemandem. Dabei wären sie aber für das Unternehmen von großer Bedeutung, um die zukünftige Produktpolitik bzw. Bestandspolitik zu steuern (»what you cannot measure, you cannot control«). Hier haben wir den

Fall, dass eine Kennzahl (»entgangener Umsatz«, engl. »lost sales«) leicht zu messen wäre, aber aufgrund der Praktikabilität und auch des psychologischen Faktors (wer gibt denn gerne zu, dass er etwas nicht verkauft hat) nicht erfasst wird.

Ein zweites Beispiel ist die so oft zitierte und allgemein als wichtig anerkannte Kennzahl der Kundenzufriedenheit. Wie ist sie zu messen? Sind Kundenbefragungen der richtige Weg, oder ist mit Verfälschungen aufgrund von Verhaltens- und Mentalitätsunterschieden zu rechnen (wir kennen das aus dem täglichen Leben: Es gibt Menschen, die gerne ein Lob aussprechen, und andere, die schon aus Prinzip immer unzufrieden sind). Ein recht objektives Maß für Kundenzufriedenheit wäre die Loyalität, also die Frage, ob der Kunde beim nächsten Kauf wiederkommt. Aber ist Loyalität leichter und unverfälschter zu messen?

Schwer messbare Kundenzufriedenheit

4. Oft sind indirekte Kennzahlen aufschlussreicher.
Ich möchte Ihnen hier nur zwei Beispiele nennen, die mir selbst immer wieder Denkanstöße geben: Vor dem Bekanntwerden des Konkurses der Schneider-Immobilien-Gruppe (1994), von dem einige deutsche Banken betroffen waren, war die Anzahl der Telefonate im Raum Frankfurt immens angestiegen, wie man im Nachhinein festgestellt hat. Wer also diese Kennzahl vorher beobachtet hätte, hätte zumindest erahnen können, dass etwas im Gange ist. Hier wäre also die Anzahl von Telefonaten eine indirekte Kennzahl für den Umstand »zu erwartende Krise« oder »wirtschaftliche Unsicherheit«.

Telefonataufkommen zeigt Krise an

Wir können das auch auf praktischere, betriebliche Zusammenhänge anwenden. Als ich vor Jahren in der Qualitätssicherung von Softwareprodukten arbeitete, standen wir immer wieder vor dem Problem, dass uns kurz vor Auslieferung des Produktes an die Kunden die unterschiedliche Qualität (Fehleranfälligkeit) einzelner Komponenten sehr zu schaffen gemacht hat. Die Frage war: Wie könnten wir die »voraussichtliche« Qualität einer Softwarekomponente schon in einer früheren Phase des Entwicklungsprozesses messen und beobachten, um daraus rechtzeitig korrektive Maßnahmen abzuleiten? Ein Kollege kam auf die Idee, die Anzahl der Compile-Läufe (entspricht Konstruktionsänderungen) pro Tag und pro Komponente auszuwerten. Dies ist eine Kennzahl, die den IT-Systemen leicht zu entnehmen ist. Und siehe da:

Indikator für Qualität

| **Interessante Korrelation** | Die später fehleranfälligen Softwarekomponenten korrelierten mit einer hohen Änderungsfrequenz, und die robusten mit einer niedrigen. Will heißen: Ein Entwickler, der an seinem Produkt häufig und spät Änderungen vornimmt, hat offensichtlich von Anfang an etwas falsch gemacht; seine Arbeit führt zu einem qualitativ fragwürdigen Ergebnis. Nachdem wir diese Zusammenhänge aufgedeckt hatten, konnten wir mit der »indirekten Kennzahl« Compile-Läufe frühzeitig Schwachstellen im Entwicklungsprozess offenlegen. Aufgrund der Analyse konnten kritische Komponenten rechtzeitig und grundlegend »redesigned« werden. |

Übung 2

– Nennen Sie Kennzahlen aus Ihrem eigenen Unternehmen, die Beispiele sind für
a) leicht zu messen, aber vielleicht nicht richtig,
b) das Verhalten ändernd
c) schwer zu messen.
– Überlegen Sie sich, wo der Einsatz einer »indirekten Kennzahl« sinnvoll wäre.

Zielsetzung mithilfe von Kennzahlen

Kennzahlen sind in vielen Unternehmen ein wesentlicher Bestandteil des Zielsetzungsprozesses. Sie erlauben es, Ziele verständlich, eindeutig messbar und leicht kommunizierbar zu beschreiben. Eine Zielsetzung auf der Basis von Kennzahlen ist für das gesamte Unternehmen, für Unternehmensbereiche, für Abteilungen oder Arbeitsgruppen bis hin zum einzelnen Mitarbeiter möglich.

| **»Strukturierte Zielvereinbarung« bei IBM** | Bei IBM wurde vor Jahren der Prozess der »Strukturierten Zielvereinbarung« eingeführt, der heute noch in den sogenannten »Personal Business Commitments« (PBC) weiterlebt. Nach diesem Prozess beginnt der Vorgesetzte (vom Unternehmensleiter angefangen), seine persönlichen Ziele zu formulieren. Er stellt diese Ziele seinen Mitarbeitern zur Verfügung und fordert sie auf, ihre eigenen persönlichen Zielsetzungen so zu formulieren, dass deren Erreichen einen entsprechenden Beitrag zum Erreichen der übergeordneten Ziele des Vorgesetzten darstellt. So kaskadieren die Zielvereinbarungen von der Unternehmensleitung hinunter bis zu jedem einzelnen Mitarbeiter. Wenn die Abstimmung der Ziele richtig erfolgt ist, trägt somit jeder einzelne Mitarbeiter mit |

seiner Zielerfüllung auch zur Zielerfüllung seiner Vorgesetzten und des gesamten Unternehmens bei.

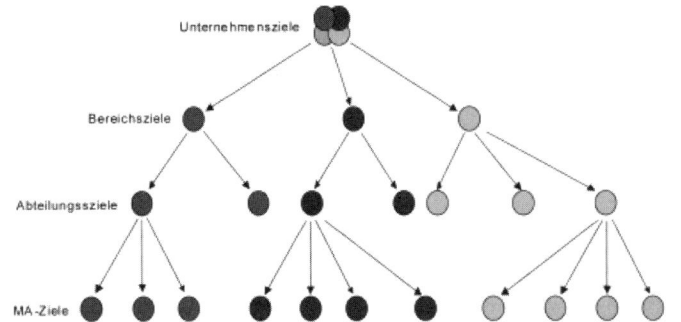

Ziele für das gesamte Unternehmen

Übung 3
– Kennen Sie Ihre eigene Zielsetzung? Wie viele Ziele haben Sie? Sind die Ziele eindeutig und messbar? Machen Sie eine Prognose bezüglich Ihrer Zielerfüllung zum Ende des Berichtszeitraums!
– Kennen Sie die Zielsetzung Ihres Vorgesetzten? Wie hat er diese Zielsetzung dokumentiert?
– Kennen Sie die Zielsetzung Ihres Unternehmens? Wo ist diese dokumentiert?

Kennzahlensysteme

Kennzahlen können auf allen Ebenen der Unternehmenshierarchie angewandt werden. Nicht nur die Unternehmensleitung, sondern das gesamte Management und jeder einzelne Mitarbeiter sollte sein Denken und Handeln an Kennzahlen ausrichten. Von entscheidender Bedeutung ist, dass die Kennzahlen und Zielsetzungen auf den verschiedenen Unternehmensebenen aufeinander abgestimmt sind. Hier wurden in der Vergangenheit viele Fehler gemacht (»Misalignment of Goals«).

Ziele müssen gut abgestimmt sein

Beim Aufbau eines Kennzahlensystems sollte auf der obersten Unternehmensstufe begonnen werden: Was sind die strategischen Ziele eines Unternehmens? Wie können finanzielle und operative Ziele im Sinne einer »Balanced Scorecard« gleichzeitig berücksichtigt werden? Danach werden die Unternehmensziele auf die verschiedenen Geschäftsprozesse bzw. Organisationen bis hin zum einzelnen Arbeitsplatz heruntergebrochen.

Auf der obersten Stufe beginnen

Eine schwierige Aufgabe Diese Aufgabe ist viel schwieriger, als sie zunächst erscheinen mag. Eine große Gefahr besteht darin, dass Zielsetzungen, einmal auf Unternehmensteile heruntergebrochen, dort zum Selbstzweck werden können, zu einer Suboptimierung der jeweiligen Organisation führen, und nicht mehr zum Gesamterfolg des Unternehmens beitragen. Beispiele dafür kennen wir alle: Da hatte die Einkaufsabteilung eine Einsparung von über 30 Prozent an Kopierkosten gemeldet. Man hatte einen preiswerteren Lieferanten von Kopiergeräten gefunden und konnte auch das Papier aus einer anderen Quelle billiger beziehen. Ein Erfolg? Für die Einkaufsabteilung: Ja. Für die Mitarbeiter, die auf die Funktionstüchtigkeit der Kopierer angewiesen waren: Nein. Die »preiswerteren« Kopierer waren weniger zuverlässig, das billigere Papier hat zu Qualitätsproblemen geführt, die Mitarbeiter waren häufig mit dem Beheben von Papierstaus an den Kopierern beschäftigt. Kurzum: Die Einkaufsentscheidung hat zu Mehraufwänden geführt, die die vermeintlich eingesparten Kosten um ein Vielfaches überstiegen haben. Sie war nicht im Sinne des gesamten Unternehmens. Sie war nicht mit den übergeordneten Zielen des Unternehmens abgestimmt.

Kostenreduktion ist kein Selbstzweck Um keine Missverständnisse entstehen zu lassen: Ein gut geführtes Unternehmen hat geringe Kopierkosten. Es macht nur nicht die Reduzierung der Kopierkosten zum Selbstzweck. Es kommt darauf an, wie diese Zielsetzungen in ein ausgewogenes Gesamtsystem von Zielen eingebunden sind.

Kausalketten herstellen Beim Herunterbrechen der Ziele ist es von großer Bedeutung, dass Kausalketten zwischen den Kennzahlen hergestellt werden. Beispiel: Kundenzufriedenheit. Welche verschiedenen Unternehmensbereiche leisten einen Beitrag zur Kundenzufriedenheit, und wie lässt sich dieser Beitrag in Kennzahlen fassen? Da wären beispielhaft zu nennen

a) der Vertrieb,
b) der Kundendienst,
c) die Logistik,
d) das Rechnungswesen.

Es liegt auf der Hand, dass die Kennzahl »Anzahl korrekter Rechnungen« einen Beitrag des Rechnungswesens zur Kundenzufriedenheit beschreibt oder die Kennzahl »Anzahl rechtzeitiger und vollständiger Lieferungen« einen Beitrag der Logistik. Aber welche geeigneten Kennzahlen finden wir für den Kundendienst und den Vertrieb? Da muss man schon etwas länger nachdenken.

Diese Kausalketten gilt es jetzt für jede übergeordnete Kennzahl herzustellen. So schreitet der Zielaufbruch von Ebene zu Ebene und von Organisation zu Organisation voran. Man wird bei dieser Übung auch feststellen, dass es gewisse Unternehmensfunktionen gibt, die mehr, und solche, die weniger zu einer übergeordneten Zielsetzung beitragen. Das führt zu einer Identifikation der sogenannten Kernkompetenzen des Unternehmens. Ist man mit dem Zielaufbruch auf der untersten Ebene angelangt und hat dabei alle Organisationen mit einbezogen, so hat man für das Unternehmen ein Kennzahlensystem erarbeitet. Sind die Kennzahlen aufeinander abgestimmt und sind alle Kausalzusammenhänge berücksichtigt, so kann dieses Kennzahlensystem zu einem wichtigen Instrument für den Unternehmenserfolg werden.

Identifikation von Kernkompetenzen

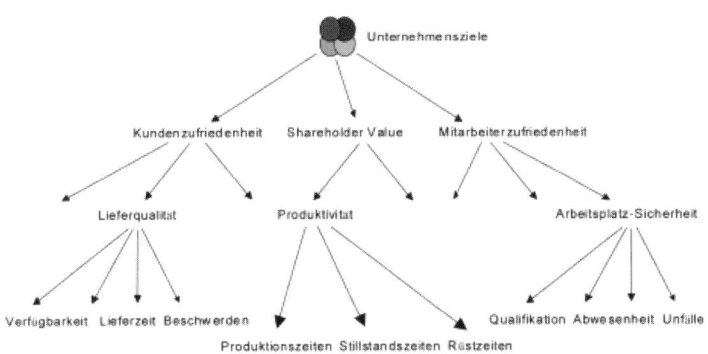

Beispiel für das Kennzahlensystem eines Unternehmens

IBM hat für dieses Vorgehen eine Methode entwickelt: das sogenannte Component Business Model (CBM). CBM unterstützt die Identifikation von Kernkompetenzen und erleichtert den Aufbau eines Kennzahlensystems.

Informationstechnologie für Kennzahlen

Die Aufgabe der Informationstechnologie (IT) ist es, den Anwendern geeignete Hilfsmittel für die Erfassung, Zusammenführung, Auswertung, Visualisierung und Analyse von Kennzahlen zur Verfügung zu stellen. Dabei stehen folgende Teilaufgaben an:

IT dient der Arbeit mit Kennzahlen

1. Sicherstellung der Datenverfügbarkeit in den entsprechenden Anwendungssystemen
2. Geeignetes Zusammenführen der Daten aus den unterschiedlichsten Anwendungssystemen in eine Form, die als Grundlage für das Kennzahlen-Reporting dienen kann
3. Auswertung und Visualisierung der Daten

Zu 1: Sicherstellung der Datenverfügbarkeit in den entsprechenden Anwendungssystemen

ERP-Systeme

Ein Großteil der für ein Kennzahlen-Reporting notwendigen Basisdaten ist in den Unternehmen bereits in den verschiedenen Anwendungssystemen vorhanden. Das sind typischerweise die ERP-Systeme (Enterprise Resource Planning), auch unter dem Begriff betriebswirtschaftliche Standardsoftware bekannt, deren weit verbreiteter Vertreter das SAP R/3 ist. ERP-Systeme decken betriebliche Funktionen wie das Rechnungswesen, die Materialwirtschaft, die Auftragsbearbeitung sowie das Bestellwesen ab und enthalten Informationen über betriebliche Transaktionen wie zum Beispiel Verkäufe, Lieferungen, Bestellungen, Warenein- und ausgänge.

Daten aus Produktion und Logistik fehlen im ERP-System

ERP-Systeme führen jedoch im allgemeinen nicht alle Daten, die zur Bildung von Kennzahlen im Bereich der Produktion und Logistik notwendig sind. Diese produktionsnahen Daten sind in den Unternehmen typischerweise in Anwendungssystemen vorhanden, die unter Begriffen wie BDE (Betriebsdatenerfassung), MDE (Maschinendatenerfassung), Leitstand usw. bekannt sind. Auch Systeme der Arbeitszeiterfassung, der Instandhaltung und des Qualitätswesens sind hier zu nennen. Im internationalen Sprachgebrauch haben sich für diese Kategorie von »industrieller Software« die Bezeichnungen MES (Manufacturing Execution Systems) oder LES (Logistics Execution Systems) durchgesetzt. MES-Systeme enthalten typischerweise detaillierte Informationen über Maschinenlaufzeiten, Stillstandszeiten, Instandhaltungszeiten, Transportzeiten, aber auch Fehlermeldungen, Prüfberichte etc.

Planen per Excel

Während wir eine hohe Durchdringung der Unternehmen mit ERP- und MES-Systemen beobachten können, ist im Bereich der Planung die individuelle Datenverarbeitung (Excel-Tabellen) noch weit verbreitet. Wenige Unternehmen sind auch hier schon auf Standardsoftware wie die sogenannten Advanced Planning Systems (APS) übergegangen (zum Beispiel SAP APO). Damit sind wir aber – was die Bildung von Kennzahlen anbelangt – auf ein ernstes Problem gestoßen. Wie soll ein Vergleich zwischen Plan- und Istwerten durchgeführt werden, wenn die Istwerte zwar lückenlos in den IT-Systemen vorhanden sind, die Planwerte aber in den Schubladen und auf den PCs der Planer liegen?

Eins der kritischsten Probleme im Unternehmensreporting ist die Schwierigkeit, Plan-/Ist-Vergleiche von Kennzahlen durchzuführen, weil die Plandaten in den zugrunde liegenden Systemen nicht verfügbar sind. Kennzahlenreporting ja – aber nur basierend auf Istwerten. Auf das Flugzeug-Cockpit übertragen hieße das: Der Pilot weiß jederzeit genau, wo er ist. Er muss aber auch wissen, wo er hin muss. Das System liefert ihm hierfür keine Unterstützung. Das gibt es natürlich in der Wirklichkeit nicht: Kein Mensch würde sich in so ein Flugzeug setzen.

Plandaten sind in den Systemen oft nicht verfügbar

Fortschrittliche Firmen haben in den vergangenen Jahren Anstrengungen unternommen, auch ihre Planungsprozesse stärker mit IT-Systemen zu unterstützen und Plandaten in Systemen unternehmensweit zugänglich zu machen. Das bietet für beide Seiten – die Planung und den Betrieb – Vorteile: Im Betrieb (Produktion, Verkauf etc.) ist jederzeit eine automatische Standortbestimmung möglich. Die Planer haben erstmalig Gelegenheit, auf einen Blick zu sehen, was aus ihren Planzahlen in der Wirklichkeit geworden ist. Ich habe in meiner Beratungspraxis immer wieder gestaunt, wie wenig sich Planer darum gekümmert haben, ob ihre Planungen am Ende so eingetreten sind oder nicht. Mit dem Vergleich von Plan- und Ist-Werten bietet sich etwa auch die Möglichkeit, eine Kennzahl »Planungsgenauigkeit« zu definieren, automatisch zu erfassen und die Qualität des Planungsprozesses danach zu messen.

Zugänglichkeit von Plandaten bietet viele Vorteile

Die Messbarkeit von Planung und Betrieb herzustellen, ist jedoch nicht allein eine Frage der Systemunterstützung. Häufig habe ich hartnäckigen Widerstand von Mitarbeitern und Organisationen erlebt, wenn es darum ging, Planzahlen (also Vorhersagen) abzuliefern. Die Vertriebsorganisationen, darum gebeten, genauere Zahlen über ihre geplanten Verkäufe abzuliefern, antworten oft: »Sollen wir nun unsere Zeit damit verbringen, zu planen, oder sollen wir die Zeit nicht besser für vertriebliche Aktivitäten nutzen?« Außerdem neigt der Vertrieb dazu, eher bescheidene Zahlen abzu-

Widerstand von Mitarbeitern

liefern. Welcher Verkäufer zieht es nicht vor, am Jahresende »Plan übererfüllt« zu berichten, anstelle eines »Plan exakt getroffen«.

Es ist also auch viel Psychologie mit im Spiel, wenn es darum geht, im Unternehmen geeignete Kennzahlen einzuführen (wir hatten ja schon erwähnt: Kennzahlen können das Verhalten von Menschen beeinflussen).

Übung 4
– Wo sind die für Ihre Organisation relevanten Planzahlen dokumentiert?
– Erlauben Ihre EDV-Systeme einen Plan-/Ist-Vergleich der relevanten Kennzahlen?

Zu 2: Geeignetes Zusammenführen der Daten
Es ist zweckmäßig, die für das Kennzahlen-Reporting relevanten Daten aus den verschiedensten Anwendungssystemen in einem sogenannten »Data Warehouse« zusammenzuführen. Dieses Zusammenführen ist einerseits eine informationstechnische Aufgabe: Es muss festgelegt werden, in welcher Häufigkeit über welche Schnittstelle aus welcher Datenbank welche Daten extrahiert werden sollen. Häufig ist das Zusammenführen von Daten andererseits auch ein inhaltliches Problem: Sind die aus verschiedenen Systemen gewonnenen Daten auch vergleichbar? Haben sie dieselbe Aktualität und Vollständigkeit?

Das Ausmaß des Erfolgs von Projekten im Bereich Data Warehouse und Kennzahlen-Reporting hängt häufig damit zusammen, wie gründlich diese technischen und inhaltlichen Fragen der Daten-Zusammenführung im Vorfeld bearbeitet wurden.

Organisation von Daten im Data Warehouse

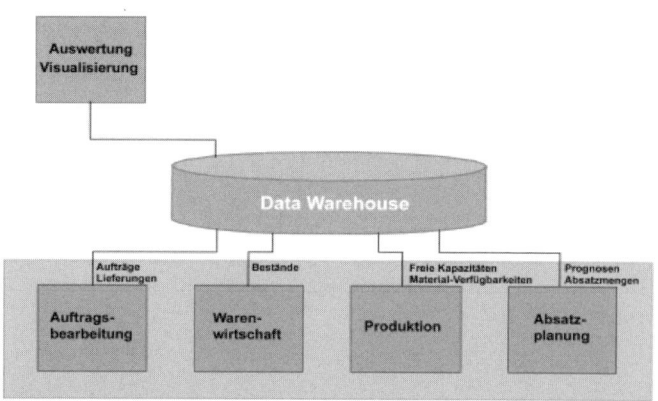

Zu 3: Auswertung und Visualisierung der Daten

Mit dem Verfügbarmachen der Daten im Data Warehouse ist die Grundlage für eine effiziente Auswertung und Visualisierung der Daten geschaffen. Um nun zu den gewünschten Kennzahlen zu gelangen, bedarf es einer geeigneten Aufbereitung (Verknüpfung) und »Verdichtung« dieser Daten. Im Prinzip werden hier ähnliche Techniken angewandt, wie wir sie von Tabellenkalkulationsprogrammen kennen: Formeln werden berechnet, Summen über Zahlenreihen gebildet. Entscheidend ist, dass die Ergebnisse dieser Berechnungen und Verdichtungen dem Anwender in einer solchen Form zur Verfügung gestellt werden, sodass er sich nicht mit der Überfülle der ursprünglichen »Rohdaten« belasten muss. Jeder Anwender ist aber unter Umständen an einem anderen Detaillierungsgrad interessiert. Das heißt, das Berichtssystem muss eine stufenweise Verdichtung und Verknüpfung der Daten »nach oben hin« erlauben. Die folgende Abbildung zeigt das Prinzip eines solchen Berichtssystems, das in gewisser Weise eine Umkehrung des Prozesses »Kennzahlenaufbruch nach unten« ist.

Verknüpfung und Verdichtung der Daten

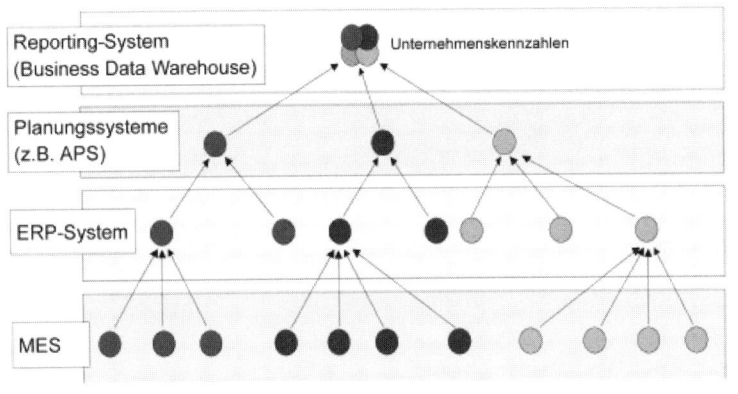

Das Prinzip eines Berichtssystems

Damit definiert das Berichtssystem gewisse »Berichtshierarchien«, die sozusagen dem Informationsbedarf der Anwender auf den verschiedenen Ebenen der Unternehmensorganisation entsprechen. Eine wichtige Eigenschaft von Berichtssystemen ist die Leichtigkeit, mit der sich ein Anwender bei Bedarf von einer Berichtshierarchie in die andere bewegen kann.

Berichtshierarchien

Eine weitere wichtige Eigenschaft von Kennzahlen-Berichtssystemen ist der Umgang mit der »Mehrdimensionalität« der

Daten. Das wird im Produktions- und Vertriebsbereich besonders deutlich: Wenn wir zum Beispiel über Absatzmengen sprechen, dann ist es besonders interessant, zu wissen, (a) in welchem Zeitraum, und (b) in welchem Markt (Geographie) sich die Absatzzahlen für (c) welches Produkt verändert haben, aber auch (d) welche Herstellwerke und (e) welche Auslieferungslager davon betroffen waren.

Die fünf Dimensionen des Reportingproblems

Zeitraum, Markt, Produkt, Werke und Lager sind hier die fünf Dimensionen des Reportingproblems. Die Kennzahlen-Berichtssysteme müssen das Problem bewältigen, einen mehrdimensionalen Sachverhalt auf einem zweidimensionalen Bildschirm (oder einem Papierausdruck) möglichst geeignet zu visualisieren. Sieht man sich die Oberfläche eines modernen Reportingsystems an, so hat es zum Teil große Ähnlichkeit mit einem »Spreadsheet«, das heißt der Tabelle eines Kalkulationsprogramms wie zum Beispiel Microsoft Excel. Dieses Spreadsheet ist allerdings beliebig in seinen Dimensionen veränderbar. Dazu gibt es eine Navigationsleiste, die die Auswahl aus den verfügbaren Berichtsdimensionen mit wenigen Mausklicks ermöglicht. So kann sich der Anwender eines Reportingsystems eine eigene »Sicht« auf die zugrunde liegenden Daten verschaffen. Die Basisdaten sind aber – und das ist der große Unterschied zum individuellen Tabellenkalkulationsprogramm – für alle Anwender des Systems dieselben. Sie liegen für alle im Data Warehouse.

Beispiel für ein Reportingsystem

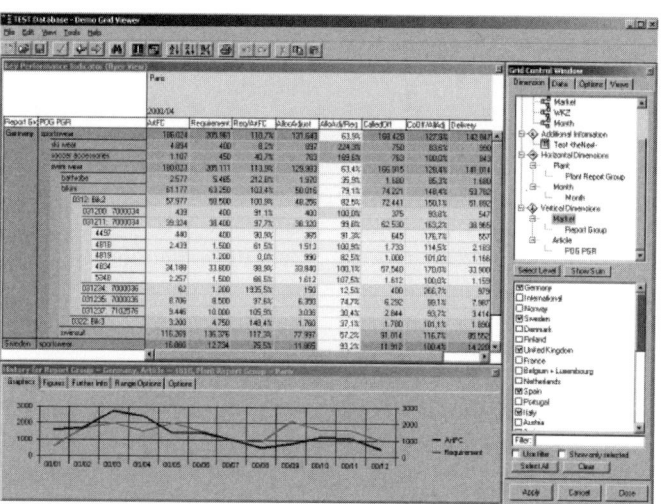

Auf dem Softwaremarkt stehen heute leistungsfähige Produkte zur Verfügung, mit denen sich Kennzahlen-Reportingsysteme aufbauen lassen. Je nach Anwendungsschwerpunkt werden diese Produkte unter den Begriffen »Data Warehouse«, »Business Analytics« oder »Business Intelligence« gehandelt. Eine eher technische Kennzeichnung ist OLAP (= »Online Analytical Processing«). Der Markt wird von Spezialisten wie Business Objects, Cognos, Hyperion Solutions, Microstrategy und SAS Institute bedient, aber auch von ERP-Anbietern wie SAP (Business Warehouse).

Die Software ist verfügbar

Ursachenanalyse

Ein wichtiges Merkmal von Berichtssystemen für Kennzahlen ist die Unterstützung der Ursachenanalyse. Ich möchte das an einem Beispiel erklären: Auf der obersten Ebene der Berichtshierarchie wird deutlich, dass die Verkäufe in der letzten Woche nicht so liefen, wie sie eigentlich geplant waren. Da diese Zahlen eine »Verdichtung« sämtlicher Verkaufszahlen des Unternehmens sind, ist zunächst nicht klar, woran das lag.

Beispiel: Verkäufe liefen schlecht

Anstelle von zeitraubenden Telefonaten oder Krisensitzungen sollte das Management schnell in der Lage sein, die Ursachen dieser Entwicklung aufzudecken. Ein modernes Reportingsystem erlaubt hier einen sogenannten »Drill Down«, das heißt die Möglichkeit, im System in tiefere Schichten hinein zu »bohren«.

»Drill Down« in tiefere Schichten

So kann der Systembenutzer einen Aufbruch der verdichteten Verkaufszahlen in die einzelnen Bestandteile bekommen und sieht beispielsweise, dass nur eine Region, etwa Westeuropa, vom Einbruch der Verkaufszahlen betroffen war. Wieder eine Ebene tiefer sieht er den Aufbruch in einzelne Länder und findet die Ursache in Frankreich und Belgien. Gleichzeitig erkennt er, dass es sich nur um eine einzige Produktgruppe handelt. Diese Produkte werden in Belgien hergestellt. Er hat die Möglichkeit, sich die Lagerbestände des belgischen Werkes anzuschauen und entdeckt, dass diese für die betroffene Produktgruppe auf Null zurückgegangen sind, das heißt, die Ursache für den Verkaufseinbruch waren Lieferschwierigkeiten. Durch weitere »Drill Downs« lässt sich erkennen, dass diese Lieferschwierigkeiten auf Produktionsprobleme zurückzuführen waren etc.

Identifikation der Ursache

Damit sind die Probleme genau lokalisiert, und das Management kann sich der Aufgabe widmen, diese Situation zum besten zu wenden. Neue Fragen stellen sich schnell: Werden wir noch die Quartalszahlen schaffen? Sind die Kunden geduldig genug, um verspätete Lieferungen zu akzeptieren? Reichen die Kapazitäten unseres belgischen Werkes aus, um den Rückstand aufzuholen? Solche Fragestellungen waren in der Vergangenheit oft Anlass zu überzogenen Aktivitäten (»Firefighting«), die nicht in jedem Falle notwendig gewesen wären. Was man sich wünscht, um bei den Entscheidungen klaren Kopf zu behalten, ist eine Prognose der jeweiligen Situation zu einem definierten kommenden Zeitpunkt.

Viele Autofahrer werden auf ihrem Weg schon mit solchen Prognosen unterstützt. Mein Fahrzeug meldet mir nicht nur, wie hoch der derzeitige Füllstand des Benzintanks ist, sondern auch, wie lange das Benzin bei der momentanen Fahrweise noch reicht. Das Navigationsgerät sagt mir nicht nur, wo ich mich gerade befinde, sondern auch, wann ich voraussichtlich das gewählte Ziel erreiche. Bei einer Ausnahmesituation, etwa einem Stau, berechnet das Gerät eine alternative Route. Erstaunlich ist, dass wir heute noch komplexe Systeme wie Werke, Unternehmen, Logistiknetze steuern, ohne diese aus dem Alltag fast schon gewohnten Hilfsmittel zu benutzen oder mindestens zu fordern.

Signifikante Verbesserungen sind möglich

Kunden, für die wir Kennzahlen-Berichtssysteme eingeführt haben, berichten durchweg über signifikante Verbesserungen. Bei einem großen Automobil-Zulieferer nutzen inzwischen mehr als 2000 Anwender weltweit das Kennzahlensystem. Man kann sich vorstellen, dass diese Anwender ganz unterschiedliche Aufgaben im Unternehmen haben und entsprechend unterschiedliche Anforderungen an das Berichtssystem stellen. Gemeinsam ist allen Nutzern, dass sie unternehmensweit Zugriff auf dieselben Rohdaten haben und dass diese Daten stets aktuell und zuverlässig sind.

Die Verbesserungen ergeben sich vor allem aus der besseren Sichtbarkeit (»Visibilität«) der Informationen und aus der Möglichkeit, mit Kennzahlen Ausnahmesituationen rechtzeitig entdecken zu können (»Real-time Response«, »Frühwarnfunktion«). Die Konsequenzen daraus sind beispielsweise höhere Maschinenauslastung, höhere Termintreue, bessere Qualität, geringere Kosten etc.

Zusammenfassung und Ausblick

Es gibt heute nur wenige Unternehmen, die Kennzahlen-Berichtssysteme für alle Bereiche des Unternehmens besitzen. Traditionell sind hier die kaufmännischen Bereiche (Finanzwesen, Controlling, Vertrieb) weiter als die technischen (Entwicklung, Produktion, Logistik, Qualität). Sind die Kennzahlensysteme im kaufmännischen Bereich eher vorgegeben (durch Bilanzierungsrichtlinien, Steuerrecht, Revisionspflichten etc.), so gibt es im technischen Bereich weniger Vorschriften und damit mehr Gestaltungsfreiheit.

Mit der Einführung geeigneter Kennzahlen-Berichtssysteme über alle Bereiche hinweg, die im Sinne einer »Balanced Scorecard« eine gesamtheitliche Sicht auf das Unternehmen herbeiführen und zu einer wesentlichen Grundlage der Unternehmensführung gemacht werden können, hat ein Unternehmen den Stand der Technik heute erreicht. In den Think Tanks mancher Unternehmen wird heute schon weiter gedacht: Wie können sich Kennzahlen-Reportingsysteme zu aktiven, entscheidungsunterstützenden Systemen weiterentwickeln? IBM erprobt zurzeit eine Technologie, die unter dem Namen »Sense and Respond« bekannt gemacht wurde. Mit der Komponente »Sense« (vgl. Sensorik) werden Veränderungen bzw. Ausnahmesituationen im betrieblichen Umfeld beobachtet und erfasst, um darauf die richtigen Antworten (»Respond«) geben zu können. Hier werden Verfahren der statistischen Prognose und der »Business Intelligence« dazu eingesetzt, die Auswirkungen verschiedener Entscheidungen im Hinblick auf ein vorgegebenes Ziel zu analysieren und unter den verschiedenen Alternativen die optimale vorzuschlagen.

Entwicklung hin zu entscheidungsunterstützenden Systemen

Um zum alten Beispiel von Kaplan und Norton zurückzukommen: Mit dieser Technologie werden wir über kurz oder lang in der Lage sein, unseren Unternehmensführern nicht nur ein Cockpit mit dazugehörigem Navigationssystem zur Verfügung zu stellen, sondern darüber hinaus einen Autopiloten.

Michael Arretz

Dr. Michael Arretz trat nach Studium der Biologie und Promotion 1993 in den Bereich Umwelt- und Gesellschaftspolitik des Otto Versand ein. Zunächst war er für die ökologische Optimierung der Transportlogistik verantwortlich, ab 1996 auch für die der Textilsortimente. 1997 baute er eine Supply Chain für Biobaumwoll-Textilien auf. 1999 wurde er zum Systain Geschäftsführer berufen und etablierte die Geschäftsfelder Supply Chain- und Social-Management. Seit 2003 ist er Verantwortlicher für die internationale Expansion nach Istanbul und Hongkong.

Referenzen

- Otto
- Tom Tailor
- S. Oliver
- Vodafone
- Commerzbank
- RWE

Beratungsschwerpunkte

- Aufbau von Sozialmanagementsystemen
- Stakeholderbefragungen und Analysen
- Entwicklung von Strategien für Corporate Responsibility
- Erarbeitung von Ziel- und Messsystemen, CR-Reports
- Breite Einführung von Verhaltensregeln (Code of Conduct)
- Monitoring von Beschaffungsprozessen in der textilen Kette
- Effizienzsteigerung in der textilen Kette

Systain Consulting GmbH
Wandsbeker Str. 13 a
22172 Hamburg
Telefon (0 40) 64 22-36 28 od. 29
Fax (0 40) 64 61-66 66
www.systain.com
arretz@systain.de

Michael Arretz
Unternehmen nachhaltig gestalten – ein Unterschied mit Zukunft

Als Unternehmensberatung behaupten wir uns am Markt mit dem Thema Corporate Responsibility. Bereits dieser Fakt mag manchen Leser überraschen. Doch unsere Erfolge kommen nicht von ungefähr, wie ich anhand von drei Beispielen aufzeigen möchte. Sie fußen auf einem soliden Fundament und haben folgende Geschichte.

Systain Consulting – Systematic Solutions for Sustainability

Bonn, im November 1997: Dr. Michael Otto erhält den Umweltpreis für die ökologische Optimierung der Sortimente und Dienstleistungen im Otto Versand. Es gibt umweltfreundliche Textilien, Möbel, Waschmaschinen und Kühlgeräte für die Kunden zu kaufen. Die Produkte werden in Recyclingmaterialien verpackt, der Katalog ist umweltfreundlich gedruckt, und die Transporte aus den Beschaffungsmärkten bis zum Kunden werden in zunehmendem Maße per Bahn, Binnenschiff und Seeschiff durchgeführt. Für das Management des Themas und die Vernetzung im Unternehmen werden Strukturen geschaffen. Das Umweltmanagementsystem wird nach EMAS und nach der ISO 14001 entwickelt, zertifiziert und publiziert.

Otto – Vorreiter in Sachen Umweltfreundlichkeit

In der Zielplanung für das Jahr 1998 steht der weitere Ausbau der Umweltaktivitäten ganz oben an. Darüber hinaus soll das

Thema Sozialverantwortung integriert werden, um damit den Übergang zum Nachhaltigkeitsmanagement sicherzustellen. Als Zusatzaktivität wird die Entwicklung von Beratungsdienstleistungen für Dritte geplant.

Erster externer Auftrag: Expo 2000

1998 ist das Dienstleistungspaket strukturiert und der erste Auftrag unter Dach und Fach. Die Expo 2000 will ein Umweltmanagementsystem aufbauen, eine Umweltkoordination als Abteilung etablieren und bei der Umsetzung der Maßnahmen betreut werden. All dies kann auf Basis der mehr als zehnjährigen Erfahrung im Nachhaltigkeitsmanagement in der Otto Group durch Systain angeboten werden. Die Ergebnisse werden in zwei Berichten dokumentiert und stellen sicher, dass die Expo 2000 auf dem Gebiet der nachhaltigen Durchführung einer Großveranstaltung keinerlei Kritik ausgesetzt ist.

Weitere Aufträge folgen

1999 folgen weitere Aufträge, unter anderem von Tchibo für die Etablierung umweltfreundlicher Textilsortimente, vom Hamburger Rathaus für den Aufbau des Umweltmanagementsystems und vom Axel Springer Verlag für den Aufbau transparenter Wertschöpfungsketten für den Rohstoff Holz. Auf Basis dieser Anfangserfolge beschließen wir, die Systain Consulting GmbH in das Handelsregister in Hamburg eintragen zu lassen.

Systain steht für Systematic Solutions for Sustainability, also »Systematische Lösungen für Nachhaltigkeit«.

Beratung in Fragen der Nachhaltigkeit

Wir beraten Entscheidungsträger aller Wirtschaftszweige sowie Verbände und staatliche Institutionen individuell in Fragen der Nachhaltigkeit. Das heißt, wir entwickeln Konzepte und Strategien, die ökonomische Effizienz, soziale Kompetenz und ökonomischen Erfolg verknüpfen, wodurch unsere Kunden den wachsenden Ansprüchen aus der Gesellschaft, der Politik und den Finanzmärkten gerecht werden können.

Im Jahre 2003 wird in Istanbul die Systain Middle-East als Liaison Office gegründet, um der wachsenden Nachfrage in den Beschaffungsmärkten gerecht zu werden.

Drei Geschäftsfelder

Systain bietet ein kompaktes Dienstleistungsspektrum, das in drei Geschäftsfelder gegliedert ist:

1. *Corporate Responsibility* als Strategie und Entwicklungsbereich
2. *Supply Chain Management* für die Optimierung von Wertschöpfungsketten
3. *Social Management Systems* für die Integration sozialer Standards in die textile Kette, besonders in der Konfektion

Die drei Bereiche der Corporate Responsibility

Das Ziel der Systain Beratung lautet immer: Wirtschaft nachhaltig machen!

Corporate Responsibility: Das Beispiel Vodafone

Die Stakeholder definieren die Verantwortung eines Unternehmens. Unternehmen müssen sich daher gezielt mit den Wünschen und Anregungen ihrer Stakeholder beschäftigen. Wir unterstützen unsere Kunden dabei, Stakeholderanforderungen zu ermitteln, zu bewerten und in die Strategie für Corporate Responsibility einfließen zu lassen. Das Beispiel unserer Zusammenarbeit mit Vodafone zeigt, wie dies in der Praxis aussehen kann.

Stakeholder definieren die Verantwortung

Vodafone – das klingt nach Hightech und Kommunikation rund um den Globus. Jeder kennt das rote Logo, weltweit leuchten einem die Werbeplakate entgegen. Die Assoziationen mit dem Thema Mobilfunk sind aber nicht nur positiv: »Macht Handystrahlung krank?«, fragen sich viele. Eltern äußern sich besorgt: »Mein Kind investiert sein gesamtes Geld (und mehr …) in sein Handy.« Sehr sensible Themen treten hier in der öffentlichen Wahrnehmung zutage.

Mobilfunk: Auch negative Assoziationen

Dies ist auch der Vodafone Group bewusst. Das Ziel lautet deshalb, bis 2006 »best in class« in Sachen Corporate Responsibility zu sein. Insbesondere die nationalen Tochtergesellschaften sollen hier ihren Beitrag leisten. Die Vodafone D2 GmbH nimmt dies zum Anlass, die Corporate Responsibility-Strategie des Unternehmens weiter auszubauen. Vor allem den speziellen Bedürfnissen der deutschen Stakeholder soll Rechnung getragen werden.

Aufgabe
Systain erhielt den Auftrag, eine Stakeholderbefragung zum Thema Corporate Responsibility bei Vodafone durchzuführen und die Ergebnisse in einem Corporate Responsibility-Report festzuhalten. All dies sollte in enger Zusammenarbeit mit dem Unternehmen geschehen.

Analyse und Lösung

Identifikation der relevanten Gruppen Zunächst die Stakeholderbefragung: Es wurden alle relevanten Stakeholdergruppen des Unternehmens identifiziert – Umweltorganisationen, Bürgerinitiativen, der Kapitalmarkt, Verbraucher, Geschäftspartner, staatliche Institutionen etc. Nachdem für jede Gruppe Ansprechpartner identifiziert worden waren, ging es los: Was sind die Themen, derer sich das Unternehmen in Sachen Corporate Responsibility annehmen sollte? Auf welche Art und Weise sollte das Unternehmen dies tun? Bei Systain glühten die Telefondrähte vier Wochen lang. Ergebnis: Die Umwelt- und Gesundheitsverträglichkeit bei der Herstellung und Benutzung von Mobiltelefonen ist das Thema Nummer eins.

Der erste Corporate-Responsibility-Report Um die Kommunikation hinsichtlich Corporate Responsibility zu verstärken und Maßnahmen transparent darzustellen, nahm Vodafone die Veröffentlichung seines ersten Corporate Responsibility-Report in Angriff. Systain übernahm Konzeption, Text und Grafik. Inhalte wurden festgesetzt, Fotos ausgewählt, Texte erstellt, überarbeitet und abgestimmt: Vodafone und Systain wirkten auch hier in enger und erfolgreicher Zusammenarbeit.

Ergebnis
Der Corporate Responsibility-Report 03/04 erschien unter dem Titel »Unsere Verantwortung für Werte, eine solidarische Gemeinschaft, Umweltschutz und technischen Fortschritt«. Er wurde von der Expertengemeinschaft positiv aufgenommen. So bekam

Systain ein Jahr später den Folgeauftrag für den zweiten Corporate Responsibility-Report. Er kann inzwischen auf der Website des Unternehmens heruntergeladen werden.

Supply Chain Management: Die Vorlieferantenkette optimieren

Für die Beschaffung von Textilien ist nicht das Nähen der entscheidende Zeitfaktor, sondern die Beschaffung der Stoffe und Zutaten: Während das eine in Minuten erfolgt, dauert die Beschaffung Wochen. Daher ist es wichtig, die Kette der Vorlieferanten gut zu organisieren, das heißt, die Supply Chain zu managen. Gerade in der textilen Kette liegen noch sehr große Potenziale, um die ökonomische Performance nachhaltig zu verbessern.

Der kritische Punkt ist die Beschaffung

Um die Effizienz der Textilproduktion zu steigern, werden mit den Vorlieferanten das Management verbessert, in der Textilveredelung Prozesse verändert und in der Konfektion die Arbeitsabläufe neu ausgerichtet, und zwar unter ausdrücklicher Einbeziehung sozialer Arbeitsstandards und ökologischer Aspekte.

Die textile Kette beginnt bei der Faserherstellung und endet bei der Konfektion:

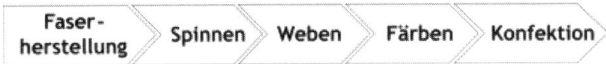

Für Handels- und Markenunternehmen ist es sehr wichtig, dass die für die Zielgruppe entwickelten Textilien termingerecht für den Abverkauf bereitstehen. Hierfür sind in zunehmendem Maße große Distanzen zu überwinden und damit Zeit aufzuwenden, da die Produktion weder in Deutschland noch in Westeuropa erfolgt, sondern nahezu ausschließlich in anderen Ländern. Schwerpunkte sind neben Osteuropa die Türkei und Asien mit Indien, Bangladesch und China. Auf der einen Seite stehen die Textilunternehmen im Wettbewerb um die besten Lieferanten, auf der anderen Seite bedeutet es für die Textilproduzenten, dass sie nicht allein im nationalen Wettbewerb um Aufträge der großen Handels- und Markenunternehmen stehen, sondern in einem globalen Wett-

Sehr wichtig: Pünktlichkeit

bewerb. Sie müssen ihre Leistungsfähigkeit stests aufs Neue unter Beweis stellen und bestrebt sein, Optimierungspotenziale zu entdecken und vor allem zu heben.

In der Türkei bekam Systain von einem mittelgroßen Betrieb mit 250 Mitarbeitern den Auftrag, die Lieferpünktlichkeit zu verbessern und die Produktivität zu erhöhen.

Kick off
Der Unternehmensleitung wurden die Voraussetzungen aufgezeigt, um die Ziele Lieferpünktlichkeit von 98 Prozent und Produktivitätssteigerung um 15 Prozent zu erreichen.

Voraussetzungen für Pünktlichkeit Für das Thema Pünktlichkeit ist neben der gut organisierten Konfektion der Textilien, also dem Schneiden der Stoffe, dem Nähen, dem Bügeln und dem Verpacken, eine ebenso gute Beschaffung der Stoffe und Zutaten (Nähgarn, Knöpfe, Reißverschlüsse) erforderlich. Ohne die reibungslose Bereitstellung der notwendigen Materialien für die Textilien kann keine noch so gut organisierte Konfektion produktiv und pünktlich sein. In der Konfektion selbst müssen die einzelnen Schritte exzellent aufeinander abgestimmt sein. Zudem müssen die Arbeiter moderne Arbeitsbedingungen haben, um hohe Stückzahlen in der erforderlichen Qualität produzieren zu können.

Zwei Handlungsfelder Demnach ergaben sich für die Durchführung des Projektes zwei Handlungsfelder:
 – Beschaffung der Materialien (textile Kette)
 – Konfektion der Materialien (Produktionsbetrieb)

Textile Kette	Konfektion	
Management	Management	Produktion
• Kommunikation mit Vorlieferanten	• Wareneingang	• Optimierung von Zuschnitt
	• Qualitätssicherung	
• Aufnahme und Bewertung der Leistungsfähigkeit der Vorlieferanten	• Auslieferung	• Zeitmanagement in der Konfektion
• Vereinbarung von Leistungszielen und Mengen		• Verbesserung der Nähprozesse

Bestandsaufnahme

Im zweiten Schritt wurden alle Prozesse in den verschiedenen Bereichen aufgenommen, Daten und Dokumente gesichtet und Interviews durchgeführt. Darüber hinaus wurde ein Monitor für die Erfassung der Leistungsfähigkeit der Materiallieferanten installiert. Im nächsten Schritt erfolgte die Analyse der Angaben und schließlich die Entwicklung eines Konzeptes für die Veränderungen im Management und in der Produktion, um die identifizierten Optimierungspotenziale zu erschließen.

Datenerfassung, Analyse, Konzept

Konzeption

Insgesamt wurden drei Stoßrichtungen entwickelt:

Drei Stoßrichtungen

1. Verbesserung des Managements in der textilen Kette
2. Optimierung des Managements im Konfektionsbetrieb
3. Optimierung der Prozesse in der Konfektion

Diese Konzeption wurde mit der Leitung abgestimmt und durch die Verantwortlichen an den verschiedenen Schnittstellen in der Beschaffung und in der Produktion vorgestellt. Ganz wichtig war es, der Leitungsebene deutlich zu machen, dass eine Dezentralisierung der Verantwortung notwendig ist. Nur wenn die operativ Handelnden auch die Verantwortung übertragen bekommen, können sie an den Zielen – Verbesserung der Pünktlichkeit und Erhöhung der Produktivität – ausgerichtet und auch gemessen werden. Zudem wird damit sichergestellt, dass jeder Beteiligte für die Qualität des Endproduktes Verantwortung übernimmt. Um die Kundenwünsche voll zu erfüllen und sich für weitere Aufträge zu empfehlen, müssen alle Bereiche von der Materialbeschaffung bis zur Konfektion einen guten Job machen.

Dezentralisierung der Verantwortung

Umsetzung

Die Umsetzung der Maßnahmen erfolgte mit den Vorlieferanten in Workshops. Hierbei wurden die Projektziele deutlich gemacht und die erforderlichen Maßnahmen gemeinsam entwickelt, um die Zielerreichung sicherzustellen. Im Produktionsbetrieb selbst erfolgten die Workshops im ersten Schritt mit den Verantwortlichen in einem gemeinsamen Termin. Im Anschluss wurde ein Training auf die individuellen Bedarfe ausgerichtet. Begleitet wurden die Maßnahmen in der Produktion von praktischen Trainings vor Ort im laufenden Betrieb, um hier die Sicherheit der Verantwortlichen in den neuen Methoden und Prozessen zu erhöhen und sofort

Workshops und Trainings

Rückmeldung bei Schwierigkeiten aufnehmen zu können. Bei der Umsetzung wird das Prinzip »Hilfe zur Selbsthilfe« angewandt. Systain implementiert ein System, welches dem Management die Möglichkeit gibt, eigene Schwächen zu erkennen.

Bereiche für die Leistungsbewertung Für die Bewertung der Gesamtleistung wurden drei Bereiche definiert:

1. Die textile Kette (Vorlieferanten)
2. Die eigene Organisation (Konfektion)
3. Anforderungen der Kunden (Handels- und Markenunternehmen)

»trouble shooting« statt Analyse Ganz oft sind sich die Kunden nicht bewusst, wo die Schwachstellen in der Organisation liegen. Werden sie entdeckt, wird keine systematische Analyse durchgeführt, sondern eher ein »trouble shooting«.

Die Erfahrung zeigt jedoch, dass durch ein akribisches Dokumentieren bestimmter Eckdaten Schwachstellen schnell zu entdecken sind und auf dieser Basis »Systematic Solutions for Sustainability« entwickelt werden können, die jeden noch so skeptischen Eigentümer oder Manager überzeugen können.

Projektergebnisse
Mit der verbesserten Pünktlichkeit stieg auch die Produktivität in der Konfektion. Das heißt, die Aufträge konnten mit weniger Aufwand an Zeit und Material abgearbeitet werden.

Entwicklung der Pünktlichkeit

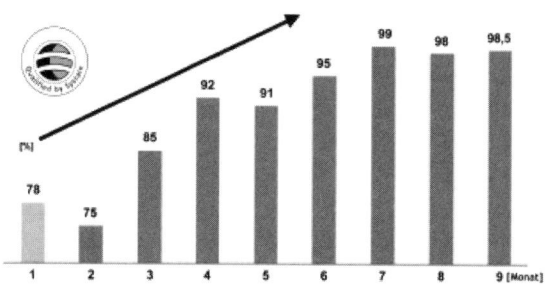

Diese Produktivitätsverbesserung reichte aber dem Klienten nicht aus. So wurden die Arbeitsbedingungen verbessert und ein Zeitmanagementsystem eingeführt, um für jeden Arbeiter in der Konfektion die Leistungsfähigkeit zu steigern. Durch zusätzliche Umstellung der Produktionsabläufe, Training des verantwortlichen Personalmanagers und durch ein gezieltes Training der Produktionsleiter und der Arbeiter wurde die Produktivität innerhalb weiterer zwei Monate deutlich verbessert.

Im Training mit den Arbeitern wurde sehr darauf geachtet, dass ein steter Know-how-Transfer erfolgte. Zunehmend wurde die Steuerung der neuen Prozesse auf die Verantwortlichen übertragen, so dass sich die Systain-Berater auf die Analyse der übergreifenden Daten konzentrieren konnten. Nach insgesamt sieben Monaten wurde auch dieser Job übergeben. Wie die Abbildungen deutlich machen, konnte der Betrieb sowohl die Pünktlichkeit als auch seine Produktivität auf hohem Niveau halten. Mit einem Wort: Der Betrieb wurde durch das Projekt »systained«.

Steter Know-how-Transfer

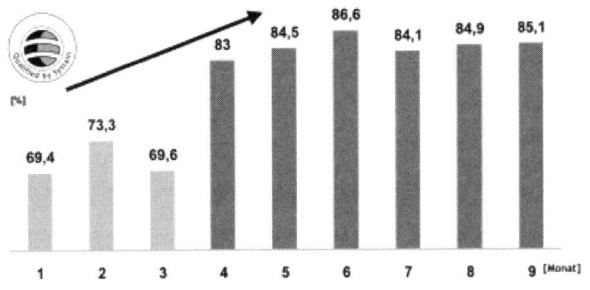

Entwicklung der Produktivität

Social Management Systems: Soziale Verantwortung in der Textilproduktion

Die Sicherstellung von Sozialstandards zählt ebenfalls zu unseren zentralen Themen:»Günstige Preise müssen nicht auf Kosten der Arbeiter in den Produktionsbetrieben erzielt werden. Wenn ein Unternehmen jedoch keine Transparenz über die Sozialperformance in den Betrieben hat, in denen seine Waren hergestellt werden, können günstige Preise auf Kosten von Arbeitern nicht ausgeschlossen bzw. ausgeschaltet werden. Durch gezielte und effiziente Integration in die Prozesse können alle Prozessbeteiligten Gewinner sein«, so Sabine Hoenicke, Senior Consultant von Systain.

Günstige Preise UND gute Sozialperformance

Dezember 2003: Das Weihnachtsgeschäft in Deutschland erreicht seine heiße Phase. Die Innenstädte sind voll und die Menschen drängen sich in den Geschäften, um ihre Weihnachtseinkäufe zu tätigen. In der Niederlassung eines Markenunternehmens ist kein Kundentrubel, die Verkäufer sind alleine, und vor den dekorierten Schaufenstern stehen Menschen mit Transparenten und verteilen Flugblätter.

Anprangerung durch Aktivisten Dabei handelt es sich nicht um Gewerkschaftler, die für mehr Lohn oder den Erhalt der Arbeitsplätze demonstrieren, auch nicht um Tierschützer, die den Verkauf von Pelzen oder Lederwaren verhindern wollen. Nein, es sind Aktivisten, die das Unternehmen wegen der Nichteinhaltung sozialer Arbeitsbedingungen in asiatischen Produktionsbetrieben anprangern. In einem aktuellen, speziellen Fall (»urgent case«) geht es um zu viele Überstunden und zu wenig Lohn, mangelnde hygienische Verhältnisse und die fehlende Versammlungsfreiheit im Betrieb.

Medien greifen den Fall auf Die Aktivisten sind medial präsent, die lokale Presse und das regionale Fernsehen haben den Fall aufgenommen. Nun können sie mit groben Strichen das Bild der armen Arbeiter in den Entwicklungsländern und der bösen Unternehmen hier im Westen zeichnen. Und das Markenunternehmen kann noch nicht einmal Stellung nehmen, da eigene Informationen über die Arbeitsbedingungen in den Produktionsbetrieben fehlen und kein System für die systematische Integration von Sozialstandards besteht.

Systain bekommt den Auftrag, ein Managementsystem für das Thema Sozialstandards aufzubauen und die Sachlage vor Ort in Asien zu recherchieren.

Bestandsaufnahme und Konzeption
Gemeinsam mit dem Einkaufsleiter wurden Daten und Dokumente gesichtet. Vor allem die allgemeinen Geschäftsbedingungen, die Einkaufsrichtlinien und die Unternehmenspolitik sowie die gesamte Strategie wurden analysiert. Zudem wurden Gespräche mit dem PR-Bereich und der Qualitätsabteilung geführt.

Audit des Betriebes in Asien Parallel zur Bestandsaufnahme in der Zentrale des Unternehmens wurde gemeinsam mit dem Repräsentanten im Markt der »urgent case« in Asien angegangen. Beim Besuch des Produktionsbetriebes wurden Gespräche mit der Unternehmensleitung, dem Management und den Arbeitern geführt und der Betrieb auditiert. Daten und Dokumente wie beispielsweise Lohnlisten, Arbeitszeiten und Krankenakten wurden geprüft und die Arbeitsbedingungen und Arbeitssicherheit der verschiedenen Produktionsbereiche untersucht. Im Anschluss an das Audit war klar, was nötig war: sofortige Korrekturmaßnahmen.

Zurück in Deutschland wurde ein Gesamtkonzept entwickelt und mit dem Management abgestimmt. Es sah drei Stoßrichtungen vor:

Drei Stoßrichtungen des Konzeptes

1. Aufbau eines Managementsystems im Headquarter des Unternehmens zur Sicherstellung von Sozialstandards in den Produktionsbetrieben
2. Sensibilisierung und Training der relevanten Mitarbeiter in der Zentrale und in den Marktbüros
3. Management des »urgent case«

Umsetzung

Im »urgent case« war die Umsetzung durch den Berater im Markt bereits gestartet. Das Textilunternehmen wusste, um welche Schwachstellen es geht und vor allem, wie sie beseitigt werden können. Hierbei war die Umsetzung der hygienischen Mängel die einfachste Übung. Für die Themen Überstunden und Löhne wurden der Unternehmensleitung Lösungswege aufgezeigt und Zeiträume festgelegt, die für die Umsetzung nötig sind. Weitere Interviews mit den Arbeitern gaben wertvolle Hinweise für das zielgerichtete Training der Verantwortlichen.

Die Probleme werden angegangen

Parallel dazu wurde der Dialog mit NGOs gestartet, um das Markenunternehmen aus der Defensive zu holen. In der Zentrale des Markenunternehmens wurden die Unternehmenspolitik und die Einkaufsbedingungen um das Sozialthema erweitert und mit den Fachbereichen (juristische Abteilung, PR-Abteilung und Einkauf) final abgestimmt. Zudem wurden die Verantwortlichen mit dem Thema vertraut gemacht und Präsentationen und Trainings für relevante Mitarbeiter wie beispielsweise die Einkäufer entwickelt. Des Weiteren wurden die Möglichkeiten für einen Beitritt zu einer anerkannten Initiative geprüft.

Dialog führt aus der Defensive

Für die Marktorganisationen in Europa und Asien wurden dreitägige Trainings konzipiert und durchgeführt. Hierbei wurde

– allgemein zum Thema Sozialstandards in der Bekleidungsindustrie informiert,

Trainings in Europa und Asien

- die Kundenanforderungen in Deutschland aufgezeigt,
- umfassend über die Veränderungen beim Markenunternehmen unterrichtet,
- die spezifische Verantwortung der Marktorganisation für die Sicherstellung von Sozialstandards deutlich gemacht,
- der Weg für die zielgerechte Organisation in den Marktbüros erläutert und
- spezifische Lösungsansätze für die Implementierung von Sozialstandards in den Produktionsstätten aufgezeigt.

Soziale Verantwortung wird in alle Abläufe integriert

Ergebnisse

Positiver Verlauf des »urgent case«

Der Verlauf des »urgent case« konnte durch die Initiative des Markenunternehmens positiv beeinflusst werden. Die Arbeiter haben bessere Arbeitsbedingungen als zuvor, und der Lieferant hat sich verpflichtet, weiter an der Verbesserung insbesondere im Überstunden- und Lohnbereich zu arbeiten. Das Markenunternehmen hat zunächst keine weiteren Aktionen zu befürchten, da das Engagement selbst vonseiten der NGOs gelobt wurde. Die NGOs konnten ihrerseits einen Erfolg feiern, weil durch die Kampagne das Markenunternehmen aktiv wurde und sich für die Menschen im Entwicklungsland Arbeitsbedingungen verbessert haben.

Aufbau eines Managementsystems

Das Markenunternehmen hat innerhalb eines halben Jahres ein Managementsystem aufgebaut, in dem Verantwortliche benannt und auf die Erfordernisse trainiert und die Marktvertretungen informiert und qualifiziert werden, um dafür zu sorgen, dass alle

Lieferanten ihrerseits informiert werden und an der Einhaltung der Sozialstandards arbeiten.

Zu guter Letzt hat sich das Markenunternehmen auch dazu entschieden, einer anerkannten Initiative beizutreten. Diese sieht neben dem Monitoring der Lieferanten eine externe Bewertung von deren Leistungsfähigkeit im Beispielsfall Verantwortung vor. Insgesamt ist das Markenunternehmen damit im Themenfeld Sozialverantwortung gut aufgestellt.

Beitritt zu einer bekannten Initiative

Ob dieses Engagement auch in die weiteren Marketingpläne aufgenommen werden wird, wird die Zukunft zeigen. Zumindest bei den relevanten NGOs im Themenbereich Sozialverantwortung hat das Markenunternehmen schon heute ein besseres Image als zuvor.

Fazit

Die Frage, ob ein Unternehmen seiner gesellschaftlichen Verantwortung nachkommt, ist kein Luxus. Im Gegenteil: In einer Zeit, in der engagierte Aktivisten ihre Anliegen medienwirksam zu inszenieren wissen und Konsumenten nicht nur den Produktnutzen in ihre Kaufentscheidung einbeziehen, kann die gelebte Corporate Responsibility heute über Gedeih und Verderb entscheiden. Die drei Beispiele zeigen, dass Themen wie »Soziale Verantwortung« und »Nachhaltigkeit« heute nicht mehr dem Zufall überlassen werden dürfen, sondern ein professionelles Management erfordern.

Vom Zufall zum professionellen Management

Wolf Braune

Wolf Braune übernahm nach seiner Techniker- und Meisterausbildung im Garten- und Landschaftsbau als Gärtner in fünfter Generation die elterliche Firma in Berlin. 1976 gründete er seinen eigenen Betrieb, 1996 noch weitere Unternehmen mit zeitweise bis zu 100 Mitarbeitern. Nach der Ausbildung zum Wirtschaftsmediator liegt heute sein Schwerpunkt in der Wirtschaftsmediation und Unternehmensberatung. Er ist Vorsitzender der Lehranstalt für Gartenbau und Floristik, Mitglied der UnternehmensWerkstatt Berlin-Brandenburg sowie Dozent an der Technischen Fachhochschule Berlin, der Akademie Landschaftsbau und dem Oberstufenzentrum Agrarwirtschaft.

Referenzen

- Duske, Becker & Sozien, Steuerberater, Wirtschaftsprüfer, Anwälte
- Hölters & Elsing, Rechtsanwälte Berlin, Düsseldorf, Frankfurt

Beratungsschwerpunkte

- Wirtschaftsmediation zwischen Gesellschaftern
- Wirtschaftsmediation in Unternehmensleitung und Personal
- Wirtschaftsmediation zwischen Unternehmen
- Coaching von Führungskräften
- Organisations- und Wirtschaftsanalysen
- Vertragsverhandlungen und -gestaltung im Netzwerk mit Steuerberatern, Anwälten und Sonderfachberatern

Rosengarten
Unternehmensgruppe
Am Rosengarten 11 A
14621 Schönwalde-Glien
OT Wansdorf
Telefon (0 30) 85 07 93 38
Mobil (01 76) 16 01 22 39
mediator@wolf-braune.de
www.wolf-braune.de

Wolf Braune
Mediation in der Wirtschaft – Erfolg durch modernes Konfliktmanagement

»Man löst keine Probleme, indem man sie auf Eis legt«
(Winston Churchill)

Seitdem es Lebewesen gibt, gibt es auch schon Konflikte. Sei es der Kampf um das Überleben, das Austragen von Machtkämpfen, um Nahrung, um die Hierarchien in der Gemeinschaft oder auch einfach, um im Rudel für Ordnung zu sorgen.

Konflikte lassen sich nicht vermeiden – nicht in einem Unternehmen, nicht zwischen Interessensgruppen oder schlicht zwischen Menschen. Im Gegenteil: Konflikte sind für kreative Prozesse in einer Partnerschaft und im Unternehmen auch eine Chance. Sie können die Partnerschaft und das Unternehmen spürbar voranbringen.

Konflikte als Chance

Ein Traum: Von der Unternehmensleitung bis zum Azubi wird kreativ mitgedacht und gearbeitet. Das Unternehmen bewegt sich erfolgreich am Markt. Die notwendigen Veränderungen werden von allen Beteiligten unterstützt und mitgetragen – zum Wohle des Unternehmens und der Sicherung der Arbeitsplätze. Der Umgang, der im Unternehmen gepflegt wird, ist auch Grundlage partnerschaftlicher Zusammenarbeit mit anderen Unternehmen.

Das ideale Unternehmen

Aber so ist die Unternehmenswirklichkeit leider nicht immer. In vielen Unternehmen ist sie eher selten oder überhaupt nicht zu finden. Schon gar nicht, wenn unterschiedliche Bedürfnisse und Interessen latent vorhanden sind, die nie artikuliert wurden, oder mit der Zeit unbemerkt wachsen und sich entwickeln, um dann irgendwann aufeinander zu prallen.

Wie Menschen mit Konflikten umgehen

Dazu kommen noch die unterschiedlichsten Verhaltensweisen von Menschen. Wie gehen sie mit ihren Konflikten um? Es gibt viele Möglichkeiten:

- In sich hineinfressen und krank werden
- Herausbrüllen und verletzend werden
- Mobbing ausüben oder darunter leiden
- Intrigen, Gewalt, Macht ausüben und damit verletzen, unterdrücken usw.

Konflikt als Sand im Getriebe

Wenn es dann zu Verletzungen kommt, entsteht ein Konflikt, der nicht im Sinne der Menschen und des Unternehmens kreativitätsfördernd ist, sondern der den berühmten Sand im Getriebe ausmacht.

Wer leistet Konfliktmanagement im Unternehmen?

Konfliktmanagement im Alltag

Bewusst oder unbewusst wird in jedem Unternehmen Konfliktmanagement geleistet – oder auch nicht:

- *Chef, Abteilungsleiter, Vorarbeiter:* »Ich rase den ganzen Tag herum und spiele Feuerwehr. Alle Probleme kommen auf meinen Tisch. Ich bin gut darin, sie zu lösen, aber meine eigentliche Arbeit kommt zu kurz.«
- *Sekretärin:* »Es tut mir leid, Herr Müller, der Chef ist heute nicht gut drauf. Kommen Sie doch morgen wieder.«
- *Abteilungsleiter:* »Müller, entweder machen Sie das jetzt so und so, oder Sie fliegen!«
- *Vorarbeiter:* »Jetzt habe ich aber die Schnauze voll, dem werde ich es zeigen … Der bekommt keinen Fuß mehr auf den Boden.«
- *Verkäufer:* »Wenn der mich jetzt übers Ohr hauen will, werde ich das auch tun. Der wird sich wundern!«
- *Betriebsrat:* »Die Unternehmensleitung hat doch eine Macke. Die sehen doch gar nicht, wie wir uns hier tot machen. Wir blockieren jetzt alles, was von der Geschäftsleitung kommt!«

So und ähnlich kann »Konfliktmanagement« im betrieblichen Alltag gelebt werden. Hinzu kommt, dass Propheten im eigenen Lande nichts gelten. Betrifft das die Unternehmensleitung selbst, läuft sie oft Gefahr, entweder machtvoll durchzugreifen oder entmutigt alles schleifen zu lassen. In echten Notsituationen kann ein gut durchdachtes, planvolles Durchgreifen durchaus gefordert sein; ein Hinauszögern wirkt sich aber in der Regel für das Unternehmen sehr nachteilig aus.

Durchgreifen oder hinauszögern

Müssen Führungskräfte alles können?

Heute ist die Auffassung verbreitet, Führungskräfte müssten alles können. Wer seinen Aufgabenbereich nicht im Griff hat, neben den vielen beruflichen Anforderungen nicht auch noch vollendetes Konfliktmanagement betreiben kann, der taugt als Führungskraft nichts – so heißt es vielerorts.

Sicher kennen Sie den Spruch: »Wer viel arbeitet, macht auch viele Fehler. Wer gar nicht arbeitet, macht keine Fehler.« An dieser Aussage ist etwas dran. Allerdings kann sich eine Unternehmensführung heute weniger Fehler als noch vor zehn Jahren erlauben. Fehler sind aber unvermeidbar, wenn Führungskräfte immer bis an die persönlichen und vor allem fachlichen Leistungsgrenzen gehen und arbeiten müssen und somit ständig im negativen Stress stehen.

Negativer Stress erzeugt Fehler

Führungskräfte stecken in der Regel selbst so intensiv im Unternehmensgeschehen, dass sie nur noch selten neutral und objektiv mit allen Konflikten umgehen können. Schon gar nicht, wenn sie selber Bestandteil des Konfliktes sind (und dies nicht einmal wissen).

Kaum neutral und objektiv

Die Kompetenz einer Führungskraft sollte deshalb heute unter anderem daran gemessen werden, ob sie ihr eigenes Potenzial und die Priorität ihrer Aufgaben richtig einschätzen kann und sich infolge dessen nicht nur fremde Hilfe bei Steuer- und Rechtsfragen holt, sondern gerade auch bei der Bewältigung von Konflikten rund um das Unternehmen. Die neutrale Außenbetrachtung durch einen Fremden öffnet die Chance, richtige Entscheidungen zur richtigen Zeit zu fällen und die eigene Kompetenz zu stärken.

Neuer Maßstab für Kompetenz

Welches sind häufig genutzte Konfliktvermeidungs- und Bewältigungsstrategien? Hier eine kleine Übersicht:

Anordnung
und Schweigen

- Einer sagt etwas, ordnet an. Der andere schweigt und denkt sich seinen Teil, frisst den Ärger in sich hinein. Ergebnis: Konflikt bzw. Auseinandersetzung wird vermieden – aber wie lange?

- Dem Leben und Arbeiten werden eindeutige Spielregeln, Zuständigkeiten und Verantwortlichkeiten zugrunde gelegt. Ergebnis: Konfliktpotenzial vermindert bis vermieden.

Gemeinsame
Diskussion

- Meinungsverschiedenheiten werden ausdiskutiert und es wird eine gemeinsame Lösung gefunden. Das Ergebnis ist sowohl im Interesse der Sache als auch im Interesse der Menschen. Ein sich andeutender Konflikt wurde bewältigt, Probleme wurden gelöst.

- Konfliktparteien gehen zusammen essen und trinken, besprechen ihre Probleme und treffen Vereinbarungen (»Komm, wir müssen mal wieder einen trinken gehen«). Ergebnis: Der Konflikt wird nicht immer dauerhaft gelöst.

- »Pack schlägt sich, Pack verträgt sich«. Ergebnis: Der Konflikt wird gelöst – aber für welchen Zeitraum? Zudem ist die Außenwirkung auf Mitarbeiter und Auftraggeber problematisch.

Schiedsrichter
einladen

- Ein Dritter wird als Schiedsrichter eingeladen (Freundes- oder Kollegenkreis, Hausanwalt oder Steuerberater). Gemeinsam wird nach einer Konfliktlösung gesucht. Doch kann der Dritte unparteiisch gegenüber allen Konfliktbeteiligten sein?

- Das außergerichtliche Schiedsverfahren bzw. Gutachterverfahren. Es stellen sich Fragen: Fühlt sich wirklich jeder Beteiligte in seinen Interessen, Bedürfnissen und Wünschen berücksichtigt? Wie lange hält der Frieden?

- Das Gerichtsverfahren. Wird wirklich im Sinne der streitenden Parteien Recht gesprochen, erleben die Parteien eine gerechte Entscheidung oder lebt der Unfrieden bis zum nächsten, offenen Konflikt weiter?

Mediationsverfahren

- Das Mediationsverfahren. Es ist freiwillig und schließt mit einer Win-Win-Situation für die Konfliktparteien ab. 80 Prozent aller Verfahren sind seit über 40 Jahren langfristig erfolgreich, wie Studien aus den USA und Deutschland belegen.

Herkunft und Grundgedanken der Mediation

»Mediation« bedeutet wörtlich übersetzt »Vermittlung« und ist ein Konfliktlösungsverfahren, das in den 60er und 70er Jahren des letzten Jahrhunderts in den USA entwickelt wurde. Ihren Ursprung hatte die Mediation im Ehescheidungsverfahren. Die streitenden Eheleute sollten zunächst außergerichtlich eine einvernehmliche Einigung finden. Damals wie heute haben in Befragungen 80 Prozent der Betroffenen ein Mediationsverfahren geeigneter als ein Gerichtsverfahren erlebt, um ihre Probleme zu regeln.

Ursprünge in den USA

Mittlerweile gibt es auch in Deutschland verschiedene Spezialisierungen der Mediation, so die Familien-, Schul- und Wirtschaftsmediation. Darüber hinaus gibt es die politische Mediation, bei der Experten in internationalen und nationalen Konflikten vermitteln.

In Deutschland ist Mediation seit mehr als zehn Jahren bekannt. Im Jahre 2002 wurde am Landgericht Göttingen ein Pilotprojekt durchgeführt: Von 1000 besonders aufwendigen Verfahren wurden rund 700 an die Mediationsabteilung verwiesen. In 500 Fällen stimmten die Parteien einem Mediationsverfahren zu, fast 90 Prozent davon wurden mit einem Win-Win-Vergleich abgeschlossen.

Pilotprojekt am Landgericht Göttingen

Bei der Mediation wird davon ausgegangen, dass Menschen in der Lage sind, ihre Konflikte selbst zu lösen. Mediation beruht auf Freiwilligkeit, Akzeptanz, Offenheit und Vertraulichkeit. Die Mediation fördert auf behutsame Weise Gesprächsbereitschaft und möchte eine schwierige oder gar unmöglich gewordene Kommunikation zwischen den Beteiligten wieder entstehen lassen. Die Parteien sollen die Interessen und Beweggründe erkennen, die sich hinter den verhärteten Positionen verstecken.

Die Konfliktbeteiligten erarbeiten mithilfe des Mediators selbst eine zukunftsorientierte Lösung, welche ihre Interessen berücksichtigt. Das Ziel der Mediation ist, eine Vereinbarung zu treffen, die von den Beteiligten gleichermaßen getragen wird und für die Zukunft ein besseres Miteinander ermöglicht. Sie soll von den Parteien als Win-Win-Lösung empfunden werden.

Die Lösung wird selber erarbeitet

Vergleicht man die Mediation mit einem Gerichtsverfahren, fallen die Vorteile ins Auge:

Mediation	Gerichtsverfahren
Sie sparen Zeit	Verfahren mit langen Fristen können sich über Jahre hinziehen
Sie sparen Geld	Hohe Rechtsanwalts- und Gerichtskosten
Sie gestalten den Prozess selbst	Festgelegte Regelungen und Verfahren, die eingehalten werden müssen
Jeder geht als Gewinner hervor (Win-Win-Lösung)	Es gehen Gewinner und Verlierer, oder nur Verlierer hervor.

Wie läuft der Mediationsprozess ab?

Erstgespräch, Entscheidung, ausreichend Zeit

Im Erstgespräch wird der Ablauf einer Mediation erläutert und geprüft, ob der vorliegende Fall für eine Mediation geeignet ist. Danach fällt die Entscheidung, ob eine Mediation begonnen werden kann. Viele möchten die Mediation sehr schnell zum Abschluss bringen. Dennoch ist es wichtig, sich ausreichend Zeit zu geben, um Vereinbarungen zu treffen, die tragfähig sind und von keiner der Parteien bedauert werden.

Im Mediationsgespräch können die Beteiligten ihren Konflikt offen legen und mithilfe des Mediators strukturieren, um dann zu einer einvernehmlichen und eigenverantwortlichen Lösung zu kommen.

Bundesverband Mediation e. V.

Der Bundesverband Mediation e.V. ist in Deutschland der Vorreiter für Qualitätsstandards in der Mediatorenausbildung und in der Durchführung von Mediationsverfahren. Nach diesen Standards wird ein Mediationsverfahren in fünf Phasen unterteilt, die nachfolgend beleuchtet werden.

Die Bilder sind symbolisch gemeint

Die in den Bildern dargestellten Personen stehen symbolisch für einzelne Personen, aber auch für Gruppen, Abteilungen usw. Auch der Stuhl des Mediators kann doppelt besetzt sein, zum Beispiel durch einen Wirtschaftsmediator, der gleichzeitig Anwalt oder Unternehmer ist. Die Darsteller können sowohl Frauen als auch Männer sein oder als Paar auftreten.

Phase 1: Klären der Rahmenbedingungen
In dieser Phase werden die Vereinbarungen zwischen den Parteien zum Mediationsablauf getroffen, die Position des Mediators er-

klärt (Konfliktmoderator, unparteilich, neutral, steht nicht als Zeuge für spätere Auseinandersetzungen der Parteien zur Verfügung) und der Mediationsvertrag mit dem Mediator geschlossen. Handelt es sich um eine Mediation unter Mitarbeitern, die die Geschäftsleitung veranlasst hat, ist der Mediationsvertrag bereits mit der Geschäftsleitung geschlossen worden.

Die Parteien vereinbaren in dieser Phase, dass bereits laufende Gerichtsverfahren und anwaltliche Auseinandersetzungen sofort ausgesetzt und für den Zeitraum der Mediation unterbrochen bleiben. Diese Auseinandersetzungsform darf erst wieder aufgenommen werden, wenn eine Partei das Scheitern der Mediation erklärt.

Gerichtsverfahren wird ausgesetzt

Im Anschluss folgen dann erfahrungsgemäß die Phasen zwei und drei. Bei sehr kleinen Problemlagen sowie hohem und schnellem Einigungswunsch der Medianten werden in wenigen Stunden alle Phasen durchlebt.

Alle Phasen in wenigen Stunden

Phase 2: Darstellung des Konfliktes
Beide Konfliktparteien stellen aus ihrer jeweiligen Sicht den Konflikt dar. In dieser Phase zeigen sich nicht nur die sachlichen, sondern ganz besonders auch die persönlichen Probleme und Verletzungen der Konfliktparteien. Hier dürfen endlich einmal die Bedürfnisse und Gefühle angesprochen werden. Diese werden vom Mediator auch erstmals hinterfragt. Der Vorteil für die Medianten: Sie können ohne Zeitdruck das sagen, was sie so lange unterdrückt haben, und der Kontrahent kann bzw. muss ungestört zuhören.

Endlich alles aussprechen

Einzelgespräche im Vorfeld

In der Wirtschaftsmediation werden häufig schon im Vorfeld mit den Medianten Einzelgespräche geführt, bevor es zum ersten gemeinsamen Treffen aller Beteiligten kommt. In diesen Gesprächen wird bereits viel Sensibles und Intimes angesprochen, das unter die absolute Verschwiegenheitspflicht des Mediators fällt. Kommen die Medianten dann – durch das Vorgespräch gut vorbereitet – in das erste gemeinsame Gespräch, erfolgt ein fast fließender Übergang in die dritte Phase.

Phase 3: Aufklärung der Hintergründe, Gefühle und Bedürfnisse

Hinter die Positionen schauen

Beide Parteien erörtern gemeinsam mit dem Mediator den Konflikt. Dabei geht es um Hintergründe, Gefühle und Bedürfnisse, die hinter den Positionen stecken.

In dieser Phase wird deutlich, wie unterschiedlich die Sichtweisen der Betroffenen zu bestimmten Problemen, Sachfragen, Arbeits-

abläufen sind. Jeder sieht die Welt durch seine eigene Brille, eingefärbt von seinen Lebenserfahrungen.

Durch das so genannte Spiegeln der getroffenen Aussagen, das Umformulieren und Präzisieren der Aussagen sowie das Verknüpfen mit Fragen an die Bedürfnisse der Medianten erhalten alle Beteiligten einen vertieften Kenntnisstand ihres Konfliktes. Nicht selten zeigt das Erstgespräch nur »die Spitze des Eisberges«. In den Phasen zwei bis vier – die in ihrer Reihenfolge nicht starr zu sehen sind – wird erst die Größe des »Eisberges« bekannt.

Vertiefte Kenntnisse gewinnen

Mediation basiert auf Freiwilligkeit. Jeder der Beteiligten, also auch der Mediator, kann zu jeder Zeit das Verfahren verlassen. Wenn sich herausstellt, dass ein Mediant nicht mehr mitgehen kann oder will, wenn der Mediator erkennt, dass bei einem oder beiden Medianten kein Einigungsbedürfnis vorhanden ist, ist die Mediation gescheitert.

Die Mediation kann scheitern

Die Aufklärungsphase zeigt auch die vielen Fehlinformationen und -interpretationen, Missverständnisse, Organisations-, Zuständigkeits- und Verantwortungsfehler auf, die einem Konflikt zugrunde liegen. Die Verletzungen und Enttäuschungen des anderen zu erfahren, bringt die Medianten dazu, wieder direkt miteinander zu sprechen. Ohne Mediator hätten sie das nie geschafft.

Hier werden die ersten Lösungsansätze angedacht, vorformuliert und verworfen. Aufgabe des Mediators ist es, die unterschiedlichen Lösungsansätze zu moderieren, aufzuschreiben und zu ordnen sowie den roten Faden in der Hand zu halten, auf den die Medianten immer wieder zurückkommen können.

Aufgaben des Mediators

Der Mediator kann auch Aufgaben verteilen. Die Medianten können zwischen den Sitzungen ihre Verhandlungskompetenz erhöhen, sich Rat bei Anwälten, Steuerberatern und manchmal bei Psychologen holen, um mit den Erkenntnissen und Ergebnissen in die Lösungsphase einzutreten.

Phase 4: Sammeln von Ideen für eine Lösung
Bereits in der Aufklärungsphase entstehen Lösungsansätze, die jetzt mit eingebracht und ergänzt werden sollen. Diese Phase kann lange dauern, weil gerade im Unternehmenszusammenhang eine

Fülle von Faktoren (Zuständigkeiten, Hierarchien, Kompetenzen usw.) zu beachten sind.

Manchmal wird viel Zeit gebraucht Der Chef eines Unternehmens kann schneller Entscheidungen zu Vereinbarungen und Veränderungen treffen als ein Mitarbeiter. Ein Geschäftsführer oder Gesellschafter braucht das Einverständnis der Gesellschafterversammlung. Das Konzernunternehmen benötigt die Zustimmung des Mutterkonzernes. Bei einer Fusion oder Gesellschaftertrennung sind viele handels-, gesellschafts- und steuerrechtliche Belange zu prüfen, um die Lösungswünsche der Medianten rechtswirksam umsetzen zu können.

Die Medianten sind die Experten In dieser Phase wird deutlich, dass die Medianten die Experten ihres eigenen Konfliktes sind. Sie müssen die notwendige Fachkompetenz mitbringen oder diese zusätzlich einkaufen. Der Mediator ist der Moderator des Verfahrens. Er muss die Übersicht behalten bzw. erarbeiten. Er sollte »Stallgeruch« mitbringen, weil Unternehmer, Kaufleute und Techniker mehr Verständnis und Hilfe von denjenigen erhoffen, die eine ähnliche Berufsentwicklung haben oder berufliche Erfahrungen mitbringen. Es kann durchaus sinnvoll sein, dass sich zwei Mediatoren mit unterschiedlicher Fachbildung bei sehr komplexen Fällen zusammenfinden und die Wirtschaftsmediation in Co-Mediation durchführen.

Gerade in kleinen Unternehmen, in denen der finanzielle Rahmen für eine Mediation und Beratung sehr eng ist, wird der Mediator als Berater gefragt: »Wie würden Sie das machen? Sie haben doch Erfahrungen in ähnlich gelagerten Fällen aus anderen Unternehmen.«

Der Mediator darf nicht beraten An dieser Stelle treffen unterschiedliche Auffassungen über den Mediationsumfang aufeinander: Die »reine Lehre« der erfahrenen Mediatoren besagt, dass der Mediator nur Moderator des Konfliktes, aber nicht Berater sein darf. Begibt er sich in die Beraterrolle, ist das nicht nur ein anderer Auftrag: Seine Neutralität und Unparteilichkeit, die unbedingt gewahrt bleiben müssen, können dadurch aufgehoben werden.

Ist der Mediator nicht auch gleichzeitig Anwalt, läuft er sogar Gefahr, gegen das Rechtsberatungsgesetz zu verstoßen. Soll der Mediator auch gleichzeitig Berater sein, benötigt er zwingend die

Anerkennung und das Vertrauen aller Medianten. Gelingt ihm das nicht und er berät nur eine Partei, kann das ganze Mediationsverfahren wegen Vertrauensverlust scheitern.

Ein wichtiger Aspekt – und Vorteil der Mediation gegenüber anderen Verfahren – ist in dieser Phase, dass die Medianten nicht eine Lösung vorgesetzt bekommen, sondern sich eigene Lösungen erarbeiten. Was man sich selbst erarbeitet hat, kann man gut umsetzen und auch in die Zukunft tragen. Diese Erfahrung macht – zusammen mit der psychologischen Tiefe des Verfahrens – den langfristigen Erfolg der Mediation aus.

Eigene Lösungen haben mehr Erfolg

Phase 5: Treffen von schriftlichen Vereinbarungen
Zum Abschluss legen die Parteien schriftlich eine Lösungsvereinbarung fest, die sie unterzeichnen. Für innerbetriebliche Regeln, Vereinbarungen, Absprachen usw. bedarf es in der Regel keiner besonderen Form. Es gibt hinreichend Unterlagen für Organigramme, Stellenbeschreibungen und Organisationsanweisungen bei einschlägigen Verlagen, die man verwenden könnte.

Vereinbarungen ohne besondere Form

Anders ist es, wenn Vereinbarungen und Verträge gesetzlichen Bestimmungen entsprechen müssen. Hier ist nicht nur ein Anwalt, Steuerberater oder Wirtschaftsprüfer, sondern gegebenenfalls auch ein Notar gefragt. Diese Experten sollten parallel zum Verfahren regelmäßig eingebunden sein, damit die Verträge auch dem entsprechen, was die Medianten gewollt haben.

Eventuell Fachleute einbinden

Mediationsklausel aufnehmen In jeden Vertrag gehört eine Mediationsklausel. Bei Auslegungsproblemen, beim Auftreten neuer Sachverhalte oder vorher nicht einschätzbarer Risiken sollte immer erst das Mediationsverfahren wieder aufleben, ehe sich eine der Parteien an ein Gericht wendet. In einem so genannten Umlaufverfahren können Vereinbarungen oder Verträge so lange herumgereicht werden, bis Einstimmigkeit über den Wortlaut erreicht ist und jeder das Gleiche versteht.

Es kann Stunden, aber auch Jahre dauern Zwischen den Vorgesprächen bis zur Vertragsunterzeichnung können wenige Stunden und Tage, aber auch Monate und Jahre liegen. Je nach dem, wie schwerwiegend der Konflikt ist, wie viele Beteiligte es daran gibt, wie lange die fachliche Zuarbeit aus dem Unternehmen, von den zusätzlichen Beratern dauert und wie hoch der Druck bei den Medianten ist, sich einigen zu wollen oder sogar zu müssen. Nicht zuletzt bestimmt auch der finanzielle Rahmen, der den Medianten zur Verfügung steht, die Geschwindigkeit der Mediation.

Anforderungen an einen Wirtschaftsmediator

Berufsbezeichnung ist nicht geschützt Die Berufsbezeichnung und die Tätigkeit der Mediatoren, die eine entsprechende Ausbildung nach den Richtlinien des Bundesverband Mediation e. V. durchlaufen haben, sind nicht geschützt. Es könnte sich also jeder Mediator nennen, der sich in der Lage sieht, Konflikte zu moderieren. Dabei ist es egal, ob er bloß ein Buch darüber gelesen oder die mindestens 200-stündige Ausbildung absolviert hat.

Was erwarten Unternehmen und Unternehmer? Ein Mediator

Anforderungen an Mediatoren

- sollte Feldwissen, »Stallgeruch« mitbringen.
- benötigt Sicherheit im Umgang mit Hierarchien in Unternehmen.
- muss in der Lage sein, die Konfliktsituation und auch damit verbundene, emotionale »Explosionen« und »Entgleisungen« zu ertragen und zu moderieren.
- muss unparteiisch und neutral sein. Er darf nicht beurteilen und bewerten.
- benötigt ein hohes Maß an sozialer Kompetenz.
- muss den Medianten ein hohes Maß an Einfühlungsvermögen geben können.

Konfliktmanagement nach innen und außen

In einem erfolgreich geführten Unternehmen gehört schnelles und effektives Konfliktmanagement zur Unternehmenskultur – sowohl nach innen gerichtet als auch nach außen, zum Umfeld, in dem sich das Unternehmen befindet. Gute Mediatoren wissen das und sind in der Lage, dieses Wissen praxiswirksam werden zu lassen.

Wirtschaftsmediation ist eines der erfolgreichsten Instrumente der Unternehmensführung, um Konflikte schon im Vorfeld rechtzeitig zu erkennen, sie als Chancen im Unternehmen wahrzunehmen und erfolgreich für die Menschen und das Unternehmen zu lösen.

Carsten König

Carsten König (Jahrgang 1971) schloss sein Studium an der Universität (TH) Karlsruhe als Dipl.-Wirtschaftsingenieur ab. Anschließend arbeitete er als Berater und Projektleiter bei Roland Berger Strategy Consultants. Im Jahr 2000 wechselte er zur FAG Kugelfischer AG. Seit 2002 ist er Geschäftsführer der DEKRA Consulting GmbH, einer Tochter der DEKRA AG.

Werner Koller

Werner Koller (Jahrgang 1973) hat Studienabschlüsse in Betriebswirtschaft der FH Landshut (Dipl.-Betriebswirt) und der University of Edinburgh (MBA). Nach drei Jahren als Assistent der Geschäftsleitung und Leitung des Qualitätsmanagements einer Autohausgruppe wechselte er Anfang 2001 zur TÜV Unternehmensberatung in München. Seit Januar 2003 ist er als Senior Consultant im Bereich Vertrieb & Service der DEKRA Consulting GmbH tätig.

Referenzen

- Restrukturierung einer mittelständischen Autohausgruppe
- Durchführung von Unternehmensanalysen im Vertriebsnetz eines großen Automobilimporteurs (über 100 mittelständische Betriebe)
- Beratung des Vertriebsnetzes eines großen Automobilherstellers zur Zertifizierung nach DIN EN ISO 9000ff (Einführung in 200 Betrieben parallel)

Beratungsschwerpunkte

- Restrukturierungs- und Sanierungsprojekte
- Einführung von Qualitätsmanagementsystemen
- Optimierung von Service- und Vertriebsprozessen im Automobilhandel
- Messung und Steigerung der Kundenzufriedenheit
- Fuhrparkmanagement und Fuhrparkoptimierung

DEKRA Consulting GmbH
Handwerkstraße 15
70565 Stuttgart
Telefon (07 11) 78 61-26 67
Fax (07 11) 78 61-22 02

Carsten König und Werner Koller
Unternehmenskrisen im Mittelstand – Probleme erkennen und in Chancen wandeln

Die Insolvenz ist das traurige Resultat etwa jeder zehnten Unternehmenskrise. Bei 39.213 Insolvenzen in Deutschland im Jahr 2004 heißt das, dass 400.000 Unternehmen in der Krise sind. Bei durchschnittlich zwölf Beschäftigten pro Unternehmen in Deutschland macht dies fast fünf Millionen betroffene Mitarbeiter. Damit gibt es fünf Millionen gute Gründe, sich mit Unternehmenskrisen zu beschäftigen.

Fünf Millionen Menschen sind betroffen

Vor diesem Hintergrund ist das bedrohliche Unbehagen, das bei Begriffen wie Unternehmenskrise, Restrukturierung oder Sanierung mitschwingt, mehr als verständlich – führt eine solche Situation doch oft zu dramatischen Erlebnissen bei Mitarbeitern und gräbt sich tief in die Unternehmenskultur ein, was oft noch Jahre nach einer erfolgreichen Sanierung in betroffenen Unternehmen spürbar ist. Doch während Unternehmen im besten Fall gestärkt und neu ausgerichtet aus der Krise hervorgehen, gehen die betroffenen Unternehmer oft gebrochen, verbittert oder mit einem erheblichen Vermögensverlust aus der Krise hervor.

Der Unternehmer steht in einer Krisensituation ebenso unter Handlungsdruck wie Stakeholder – zum Beispiel Banken, Gewerkschaften und Externe. Naheliegende und in der Praxis häufig anzutreffende Reaktionen wie Lethargie, Resignation, Zweckoptimismus und Schönfabelei sind einem Unternehmer nicht würdig und unangemessen. Denn auch die Restrukturierung und Sanierung

Sanierung – eine zutiefst unternehmerische Aufgabe

eines Unternehmens ist eine zutiefst unternehmerische Aufgabe im eigentlichen Sinne. Um sie zu meistern, ist jedoch eine tiefe Einsicht in das Geschehen bei Restrukturierungs- und Sanierungsfällen sowie die Rollen, welche die handelnden Parteien dabei spielen, unabdingbar.

Unternehmenskrisen können nicht per se verhindert werden. Aber es wäre schon viel gewonnen, wenn sie früher erkannt und besser gemanagt würden.

Krisenwahrnehmung und Ursachen

Vier Arten von Krisen Wir beschäftigen uns daher zunächst mit der Wahrnehmung bzw. mit der Erkenntnis des Vorliegens einer Krise. Grundsätzlich sollen hier folgende vier Krisenarten unterschieden werden:
1. Strategiekrise
2. Strukturkrise
3. Ergebniskrise
4. Liquiditätskrise

Diese Phasen folgen in der Regel aufeinander in immer kürzerer Folge bzw. ergeben sich auseinander, wenn die Krise nicht erkannt bzw. deren Ursachen nicht beseitigt werden.

Der Handlungsspielraum wird immer geringer Das Problem dieser Krisenabfolge ist dabei, dass der Handlungsspielraum für Maßnahmen zur Restrukturierung und zur Abwendung der Krise immer geringer wird. In einer existenzbedrohlichen Liquiditätskrise ist er praktisch nicht mehr vorhanden. Die Praxis zeigt, dass von den finanzierenden Banken keine zusätzlichen Finanzmittel mehr erwartet werden dürfen. Alle Maßnahmen zur Aufrechterhaltung des Betriebs und zur Abwendung der Krise bzw. Insolvenz müssen deshalb innenfinanziert werden. Hierdurch werden weitere Maßnahmen zur Generierung von Liquidität – wie zum Beispiel Abbau der Vorräte und Forderungen, Verkauf nicht-betriebsnotwendigen Vermögens und Beteiligungen etc. – mit hoher Dringlichkeit erforderlich, um die notwendigen Restrukturierungsmaßnahmen finanzieren zu können. Die Spirale des Handelns dreht sich in dieser Phase mit atemberaubender Geschwindigkeit.

Eine frühe Erkennung der Krise ist daher der Königsweg zu ihrer Abwendung. Eine im Juni 2005 durchgeführte Studie der DEKRA Consulting auf der Basis von 121 im Detail analysierten Fällen von Unternehmenskrisen und Sanierungen im Bereich des Automobilhandels zeigt jedoch klar, dass sich abzeichnende oder bereits eingetretene Krisen sowohl durch die Unternehmen selbst als auch durch die Banken zu spät erkannt werden. Nur etwa 50 Prozent aller Unternehmenskrisen werden von den betroffenen Unternehmen und Banken vor dem Stadium der Liquiditätsgefährdung und damit kurz vor der Insolvenz erkannt. Zu diesem Zeitpunkt ist eine »harte« Sanierung für die Aufrechterhaltung der Kapitaldienstfähigkeit bereits unausweichlich.

Krisen werden zu spät erkannt

Dies wird verschärft durch den Umstand, dass zwischen der Krisenerkennung und dem Start einer Sanierung weitere kostbare Zeit verstreicht – in der Regel sechs bis zwölf Monate, wie die gleiche Studie aufzeigt.

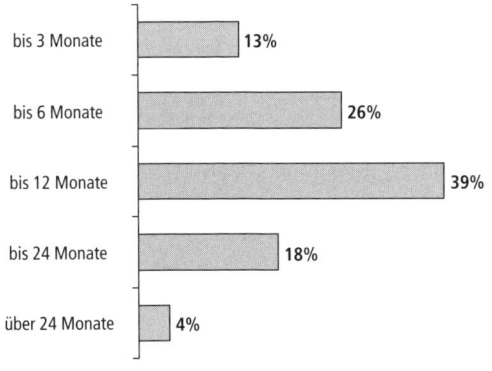

bis 3 Monate 13%
bis 6 Monate 26%
bis 12 Monate 39%
bis 24 Monate 18%
über 24 Monate 4%

Zeitraum zwischen Krisenerkennung und Sanierung

Quelle:
DEKRA Consulting Studie 2005

Die Dauer von Sanierungsprojekten liegt noch einmal schwerpunktmäßig zwischen 12 und 24 Monaten. Sanierungsmaßnahmen werden also deutlich zu langsam eingeleitet und umgesetzt.

Doch warum wird die Krise so spät erkannt bzw. warum wird so spät gehandelt? Die Ursachen hierfür sind komplex, und es müssen – ohne Anspruch auf Vollständigkeit – hierzu mehrere Aspekte beleuchtet werden.

Komplexe Ursachen

Ursache Nr. 1: Angst vor Gesichtsverlust

Selektive Wahrnehmung Einer der wesentlichen Gründe liegt in der Natur des Menschen. Kaum jemand, erst recht nicht ein gestandener Unternehmer, gesteht sich gerne selbst eine Krise ein. In der Sanierungspraxis ist immer wieder zu beobachten, dass überdeutliche Krisensignale bereits seit langem vorhanden sind. Doch die unterschwellige und verständliche Angst, nicht mehr als erfolgreicher Unternehmer zu gelten sowie die Angst vor Gesichtsverlust bei Geschäftspartnern, Freunden, Mitarbeitern und in der eigenen Familie führt zu konsequent selektiver Wahrnehmung. Wichtige Chancen zur Restrukturierung in einer frühen Phase mit hohem eigenen Handlungsspielraum werden so vertan.

Angst passt nicht zum Unternehmer Was aber könnte mehr unternehmerischen Geist beweisen als der konsequente Umbau des eigenen Geschäfts nach den eigenen Vorstellungen? Die Anforderungen des Marktes zu erkennen, darauf zu reagieren und – falls nötig – auch unpopuläre Maßnahmen umzusetzen, ist unternehmerisches Handeln im eigentlichen Sinn. Angst passt nicht zum Idealbild des gestaltenden Unternehmers.

Ursache Nr. 2: Gründe werden woanders gesucht

Falscher Selbstschutz Dies führt uns bereits zu einer zweiten psychischen Barriere: Der Erkenntnis einer Krise folgt nicht zwangsläufig die Einsicht, dass nun Maßnahmen für das eigene Unternehmen abgeleitet werden müssen. Unser Unterbewusstsein schützt uns gleichsam davor, die Gründe für eine Krise bei uns selbst zu suchen. Es redet uns ein, dass die Ursachen am Markt, bei den Kunden, den Lieferanten etc. zu suchen sind.

Typische Gedanken sind beispielsweise:
- »Der Markt wird schon wieder anziehen.«
- »Die Kunden werden irgendwann merken, dass der Wettbewerb die schlechteren Produkte oder den schlechteren Service hat.«

Damit wandelt sich eine Struktur- in eine Ertragskrise. Die dann notwendigen Maßnahmen sind ungleich härter, der Handlungsspielraum verringert sich. Angesichts des jetzt Notwendigen nimmt die Furcht vor den Auswirkungen auf das soziale Umfeld noch zu. Ein Teufelskreis kommt in Gang.

Ursache Nr. 3: Unbegründete Ängste

Was wird die Bank denken, wenn wir Standorte schließen und Mitarbeiter entlassen? Wird sie bei solchen Zeichen noch zu den Kreditlinien stehen oder zieht sie sich zurück? Wer sich diese Fragen stellt, sollte wissen: Auch diese Angst ist unbegründet. Nichts werden Banken mehr begrüßen als rechtzeitige und konsequente Schritte zur Restrukturierung. Auch Banken wissen – oft sogar recht gut – über Entwicklungen in einer Branche Bescheid.

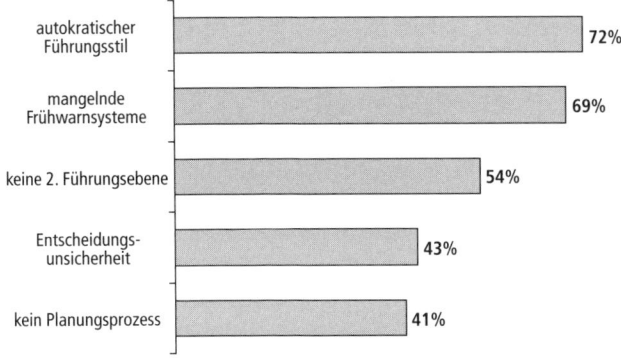

Krisenursachen im Managementbereich

Quelle:
DEKRA Consulting Studie 2005

Ursache Nr. 4: Operative Steuerungsinstrumente fehlen

Ein weiterer wichtiger Grund für das späte Erkennen von Krisen ist schlicht das Fehlen operativer Steuerungsinstrumente. Die langjährige Erfahrung in der Praxis mit Restrukturierungs- und Sanierungsfällen zeigt, dass die betroffenen Unternehmen gerade des Mittelstandes entweder kaum oder gar nicht über ein wirksames Controlling oder gar Risikomanagement verfügen.

Kein wirksames Controlling

Das Beispiel einer in Schieflage geratenen mittelständischen Automobilhandels-Gruppe mit mehreren operativen Gesellschaften, einem Umsatz nahe bei hundert Millionen Euro sowie mehreren hundert Mitarbeitern mag dies verdeutlichen: Es gab in diesem Betrieb sowohl eine Planung als auch ein operatives Berichtswesen nach Standorten und Geschäftsbereichen. Das Ist-Berichtswesen wurde in einem proprietären System, welches der Automobilhersteller zur Verfügung stellte, abgebildet. Die Planung hingegen wurde in einer Tabellenkalkulation in einer anderen Struktur ab-

Beispiel: Automobilhandels-Gruppe

gebildet. Um einen Plan/Ist-Vergleich einer Zahl zu machen, musste also von Hand eine Überführungsrechnung ausgestellt werden. Es gab in dem ganzen Unternehmen keine einzige Seite Papier, auf dem die Plan- und Ist-Zahlen systematisch nebeneinander zum Vergleich dargestellt wurden. Sie können sich also vorstellen, wie intensiv in dem betroffenen Unternehmen Controlling betrieben wurde und welche Bedeutung diese Funktion hatte.

Controlling wird nicht ernst genommen Hinzu kam, dass die Funktion durch einen jungen, aber fähigen Mitarbeiter besetzt war. Im Zusammenspiel mit zwei selbstbewussten Unternehmern, die die Gruppe bereits in der zweiten Generation lenkten und in der Tradition des Hauses autokratisch führten, können Sie sich denken, inwieweit das Controlling hier seiner Funktion als Sparringspartner der Geschäftsführung, als Signalgeber und rechtzeitiger Warner nachkommen konnte. In dieser unglücklichen Konstellation von autokratischem Führungsverständnis und fehlendem Instrumentarium wird das Controlling – wenn überhaupt vorhanden – zum Lieferanten selten gefragter Zahlen oder zur Taskforce für Sonderprojekte degradiert.

Ursache Nr. 5: Keine Frühwarnsysteme bei Banken

Banken erkennen Krisen zu spät Es fällt auf, dass die Banken die frühen Stadien der Krise fast nicht wahrnehmen. Für sie muss offenbar eine andere Erklärung gelten. Als Diagnoseinstrumente zur Einschätzung der Unternehmenssituation werden bevorzugt Analysen der Jahresabschlüsse, der Kontobewegungen sowie Branchenvergleiche genutzt, die weitgehend automatisiert abgewickelt werden. Die genutzten kurzfristigen Beurteilungssysteme sind sehr liquiditätsnah und damit für die Identifikation einer Strategie- oder Strukturkrise ungeeignet.

Eingesetzte Instrumente zur Informations-gewinnung

Quelle:
DEKRA Consulting Studie 2005

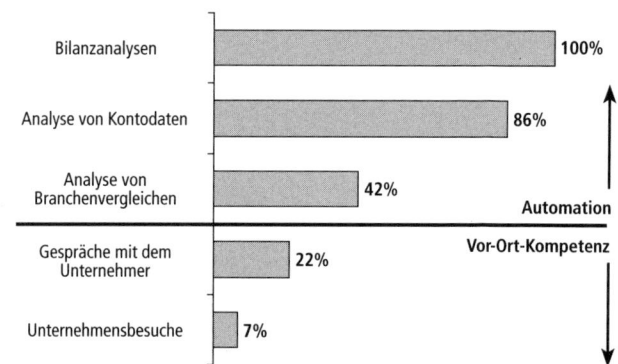

152   UNTERNEHMER BERATEN UNTERNEHMEN

Gleichzeitig hat die persönliche Informationsgewinnung, wie etwa regelmäßige Unternehmergespräche oder Firmenbesuche, in der Kreditbeurteilung – nicht zuletzt durch Einsparungen seitens der Banken – abgenommen. Es mag verwundern, dass die Banken sich gerade an dem für sie so sehr sensiblen Punkt der Sicherung ihrer Kreditengagements so wenig weitsichtig erweisen. Doch es erklärt die hohe Bedeutung, die Banken einer größtmöglichen Transparenz über das Unternehmen einerseits und – trotz aller Zahlen – dem Vertrauen in die Geschäftsführung andererseits beimessen. Es erklärt auch die teils heftigen Reaktionen, die auf Seite der Banken immer wieder in Krisenfällen zu beobachten sind.

Weniger Besuche und Gespräche

Wer sich also seinen unternehmerischen Handlungsspielraum für den Fall einer Krise bewahren will, tut gut daran, sich bereits in guten Zeiten das Vertrauen seiner Bank durch größtmögliche Transparenz, Offenheit, Aufrichtigkeit und proaktive, zeitnahe Information zu sichern. Dabei ist dies gar nicht so schwer, wenn man sich in die Rolle der Bank versetzt. Ein plötzliches Ansteigen des Kreditvolumens und Ausschöpfen des Dispositionsrahmens bis zur Grenze bei konstantem Umsatz fällt bei den automatisierten Risikomanagementsystemen der Banken sofort auf.

Vertrauen sichern

Doch hat der Kapitalbedarf ja zuweilen einen positiven Grund und ist in der Regel prognostizierbar, wie zum Beispiel der Materialeinkauf mit dem Zweck, einen Großauftrag zu bedienen. Ein Anruf beim Kundenbetreuer der Bank im Voraus, ein kurzer Hinweis auf den Liquiditätsbedarf und seine Ursache fördert das Vertrauen – selbst wenn es einmal tatsächlich »eng« wird. Auch eine Bank wird nicht gleich zum Äußersten greifen, wenn es einmal nicht so läuft wie geplant, solange die Vertrauensbasis durch aufrichtige und rechtzeitige Information keinen Schaden nimmt.

Aktiv auf die Bank zugehen

Hier sei als Zwischenfazit die folgende These festgehalten:

Nicht Märkte, die Konjunktur, Kunden oder allgemein äußere Faktoren sind die Ursachen einer Krise. Sie sind es allenfalls vordergründig. Die tieferen Ursachen einer Krise sind im Unternehmen selbst zu suchen.

Sie liegen darin, dass diese Veränderungen entweder nicht erkannt oder keine Maßnahmen ergriffen werden, um das eigene

Geschäftssystem entsprechend anzupassen (Strategie- bzw. Strukturkrise). Das fortgesetzte Nichtreagieren auf die ersten Indikatoren einer Krise ist dann die Ursache für eine Verschärfung der Krise (Ertrags- und Liquiditätskrise) bis zur unausweichlichen Sanierung mit allen negativen Folgeerscheinungen.

Faktoren für den Sanierungserfolg

Erste Hinweise auf einen Ansatz

Liegt erst die Notwendigkeit zu einer umfassenden Restrukturierung oder Sanierung vor, so ist die Frage nach der rechtzeitigen Wahrnehmung nicht mehr von Belang. Allenfalls liefert die Frage nach den Ursachen der Krise und nach den Bedingungen ihrer Entstehung erste Hinweise auf einen Restrukturierungsansatz.

Keine »Kochrezepte«

Es gibt allerdings kein »Kochrezept« für erfolgreiche Restrukturierungen. Gelegentlich wird beim Thema Sanierung auf mehr oder weniger neue Managementansätze verwiesen, welche die technokratischen Elemente der Betriebswirtschaft – also optimalen Einsatz einer bestimmten Kombination von Führungs- und Kontrollinstrumenten oder Methoden – zum Nonplusultra erklären.

Unternehmen sind komplexe Systeme

Wir erachten ein Unternehmen dagegen als prinzipiell zu komplex, um durch den Einsatz bestimmter Führungs- und Kontrollinstrumente oder Methoden jeder Situation gerecht zu werden. Dies ginge nur in monokausalen Ursache-Wirkungs-Beziehungen. Doch treten Ursache und Wirkung in Unternehmen in der Regel nie in Reinform auf. Man sollte sich also immer bewusst machen, dass ein Eingriff bei einem »Zahnrad im großen Unternehmensgetriebe« immer Auswirkungen auf eine Vielzahl anderer »Zahnräder« hat und unter Umständen viele Hebel in Bewegung gesetzt werden müssen, um eine bestimmte Wirkung zu erzielen.

Konzepte sind immer individuell

Trotz vieler Gemeinsamkeiten im Vorgehen, trotz typischer Abläufe bei Restrukturierungsprojekten (vgl. weiter unten den Abschnitt »Typische Elemente eines Sanierungsprojektes«) und obwohl ein Restrukturierungskonzept auf einer gründlichen Analyse des Unternehmens selbst, des Marktumfeldes, des Wettbewerbes etc. basiert, kann es also nicht analytisch-mechanisch abgeleitet werden. Ein Restrukturierungskonzept und die folgenden Maßnahmen sind immer auf ein spezifisches Unternehmen und eine spezifische Situation bezogen. Doch was kann dann überhaupt über erfolgreiche Sanierungen oder Gründe für mangelnden Erfolg gesagt werden?

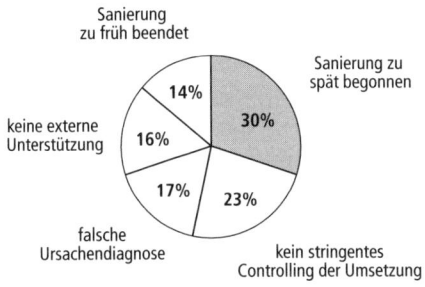

Hauptgründe für mangelnden Sanierungserfolg

Quelle:
DEKRA Consulting Studie 2005

Die bereits zitierte DEKRA-Studie weist als Hauptgrund für mangelnden Sanierungserfolg einen zu späten Beginn der Sanierung aus. Dieser Aspekt soll hier nicht weiter vertieft werden, da sich bei Eintritt in die Sanierung daraus keine Empfehlungen mehr ableiten lassen. Auf den zweitwichtigsten Grund für das Scheitern von Sanierungsvorhaben, dem Fehlen eines stringenten Umsetzungscontrollings sowie dem Fehlen externer Unterstützung soll im Folgenden weiter eingegangen werden.

Eine falsche Ursachendiagnose als Grund für das Scheitern von Sanierungsvorhaben unterstreicht einerseits die Notwendigkeit einer gründlichen Analysephase. Anderseits gibt sie einen deutlichen Hinweis auf die Rolle, die Externe bei einer Restrukturierung spielen können. Natürlich können sich auch Externe irren, doch die Wahrscheinlichkeit, zum Beispiel durch Betriebsblindheit einen Irrtum in der Ursachendiagnose zu begehen, sinkt, wenn man externe Berater als Sparringspartner nutzt oder der eigene Lösungsweg durch externe Expertise und Erfahrung bereichert wird.

Externe als Sparringspartner nutzen

Externe Unterstützung in der Sanierung

Die Erfahrung zeigt, dass eine rechtzeitige Einbindung externer Unterstützung in Unternehmenskrisen einen erheblichen Beitrag zunächst zur Schaffung von Transparenz über die Situation und schließlich zur Senkung von Insolvenzrisiken leisten kann. Bei

Einbindung Externer kann Risiken senken

Restrukturierungs- oder Sanierungsprojekten spielen daher Steuerberater oder Wirtschaftsprüfer, Aufsichts- oder Beiräte sowie klassische Unternehmensberater oft eine wesentliche Rolle. Wir wollen an dieser Stelle der Frage nachgehen, wie es zur Einbindung Externer in Restrukturierung und Sanierung kommt und warum das Management, das ein Unternehmen oft über Jahre und Jahrzehnte ohne externe Unterstützung erfolgreich aufgebaut und geführt hat, nicht auch die Krise alleine meistert.

Erfahrungsvorsprung Externer nutzen

Restrukturierungen und Sanierungen sind seltene oder einmalige Aufgaben für einen Unternehmer. Externe Experten, die Restrukturierungen und Sanierungen häufiger durchlaufen oder sich hierauf spezialisieren, können aufgrund dieses Erfahrungsvorsprungs viel zu Restrukturierungs- und Sanierungsvorhaben beitragen, zum Beispiel in der Sicherstellung der Vollständigkeit, Priorisierung oder Beurteilung der Wirksamkeit von Konzepten und Maßnahmen.

Einbindung Externer ist ein Signal

Nicht zu vernachlässigen ist auch das klare Signal, das alleine durch die Einbindung selbst nach innen wie außen gesetzt wird. Für die Wahrnehmung des »Ernsts der Lage« und der Entschlossenheit der Geschäftsführung zum Beispiel gegenüber dem Betriebsrat oder der Herstellung von Veränderungsbereitschaft bei den Mitarbeitern ist schon alleine die Einbindung eines Externen ein wesentlicher Schritt. Dementsprechend signalisiert dieser Schritt auch gegenüber den Banken ein hohes Maß an Entschlossenheit und Veränderungsbereitschaft. Darüber hinaus eröffnet dieser Schritt die Möglichkeit, dass Geschäftsführung und Externe unterschiedliche Rollen wahrnehmen bzw. gezielt verteilen.

Externe können entlasten

Hinzu kommt ein weiterer Aspekt. Wer schon einmal mit viel Engagement einen Geschäftsbereich, Standort etc. aufgebaut hat, Mitarbeiter eingestellt und entwickelt hat, über die Jahre deren persönliche Situation sowie gegebenenfalls die Partner oder Kinder kennt, kann nachvollziehen, wie schwer es ist, diesen Geschäftsbereich oder Standort wieder aufzugeben, zu verkaufen oder sich von einem Teil der Mitarbeiter oder allen wieder zu trennen. Es gelingt verständlicherweise nur sehr wenigen, über die Zukunft eines solchen Geschäftsbereichs oder Standorts eine unvoreingenommene Diskussion zu führen. Und die Umsetzung von notwendigen und einschneidenden Maßnahmen kommt unter diesen Umständen einer Selbstkasteiung nahe. Ihre Umsetzung durch die Betroffenen verdient den höchsten Respekt und verlangt viel Rückgrat. Auch hier können Externe eine wichtige Rolle übernehmen und die betroffenen Unternehmer entlasten.

Schließlich gibt es noch einen profanen Grund, Externe einzubinden: zusätzliche Managementkapazität. In Restrukturierungs- oder Sanierungsprojekten überschlagen sich die Ereignisse, und viele Dinge müssen gleichzeitig erledigt werden: Verhandlungen mit Betriebsrat, Gewerkschaften und Arbeitgeberverband, Präsentationen für den Banken-Pool, notwendige Analysen und Rechnungen zur Erstellung eines Sanierungskonzepts, Sonderauswertungen der Buchhaltung, Suche nach Einsparungspotenzialen, täglicher Liquiditätsstatus, wöchentliche Liquiditätsplanung etc. Dies alles geordnet und unter diesen Umständen in der gebotenen Sorgfalt zu leisten, übersteigt in aller Regel die vorhandenen Möglichkeiten des Managements.

Zusätzliche Kapazität

Dabei können die Formen der Einbindung Externer über ein Coaching oder die klassische Projektarbeit hinaus bis zum Interimsmanagement reichen. Letzteres bietet sich zum Beispiel an, falls

Anlässe für Interimsmanagement

- aus Sicht der Gesellschafter oder Banken keine ausreichende persönliche Qualifikation für die Durchführung einer Sanierung in der Geschäftsführung vorhanden ist,
- das Vertrauen in die Geschäftsführung – insbesondere seitens der Gesellschafter, finanzierenden Banken oder des Aufsichtrates bzw. Beirates – nicht mehr vorhanden ist,
- der Durchgriff zur Maßnahmenumsetzung erhöht wird oder die Umsetzungsphase des Sanierungskonzepts durch ein Interimsmanagement sichergestellt werden muss,
- der Zeitraum bis zu einem Verkauf überbrückt werden soll.

Doch worauf ist bei der Auswahl von externen Beratern zu achten? Neben Branchen- und Sanierungserfahrung sowie der Zusammensetzung des Beraterteams stehen gerade persönliche Eigenschaften wie Zuverlässigkeit und – besonders für die Rolle als Vermittler zwischen den beteiligten Parteien wichtig – diplomatisches Geschick im Vordergrund. Diese Eigenschaften sind natürlich in einem Erstgespräch schwierig zu beurteilen. Oftmals hilft aber – neben der Reputation des Beratungsunternehmens in der Branche – auch eine Nachfrage beispielsweise bei Banken oder berufsständischen Vereinigungen weiter.

Bei der Auswahl Externer zu beachten

Stringentes Umsetzungscontrolling

Die Umsetzung konsequent verfolgen

Wesentliche Faktoren für das Gelingen der Sanierung sind die unmissverständliche und klare Definition von Maßnahmen, Verantwortlichkeiten und Fälligkeitsterminen für deren Umsetzung sowie das konsequente Nachverfolgen der Umsetzung. Hierzu gehört auch die Bewertung der monetären Effekte der Maßnahmen mit Blick auf Gewinn- und Verlustrechnung, Bilanz und Liquiditätsrechnung und deren Ist-Kontrolle. Die Beziehung zwischen Umsetzungsmonitoring und Sanierungserfolg zeigt folgende Grafik:

Zusammenhang zwischen Umsetzungscontrolling und Sanierungserfolg

Quelle: DEKRA Consulting Studie 2005

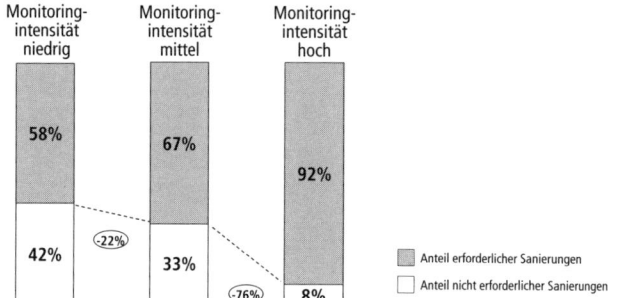

Hohe Umsetzungsgeschwindigkeit

Umsetzungscontrolling ist die unmittelbare Voraussetzung für einen weiteren Erfolgsfaktor: Hohe Umsetzungsgeschwindigkeit.

Zusammenhang zwischen Umsetzungsgeschwindigkeit und Sanierungserfolg

Quelle: DEKRA Consulting Studie 2005

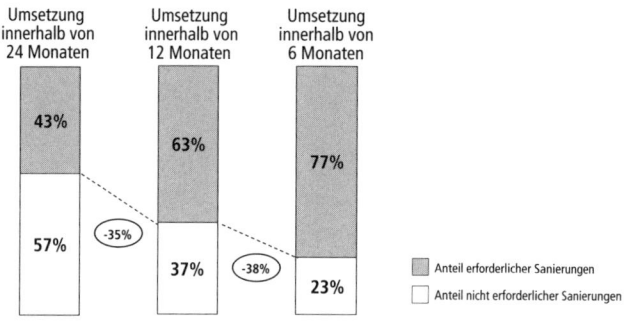

Der banale Hintergrund für die Bedeutung des Faktors Zeit ist sicherlich, dass ein gewisser Anteil der Unternehmenskrisen bei zu großen Verzögerungen in eine Insolvenz mündet und eine schnelle Umsetzungsgeschwindigkeit die Wahrscheinlichkeit dieser

Entwicklung verringert. Oder einfacher ausgedrückt: Das Geld reicht meistens nicht mehr lange!

Doch gibt es noch einen weiteren Aspekt: Sanierungsprojekte dauern, wie bereits erwähnt, oft zwölf bis 24 Monate. Die Erfahrung zeigt, dass nach anfänglicher Aufregung, hoher Unsicherheit und hektischem Aktionismus nach mehreren Monaten die Veränderungsbereitschaft oft deutlich spürbar nachlässt und der Betriebsalltag wieder einkehrt. Das gemeinsame Bemühen aller Parteien, das Ruder herumzureißen, droht zu schwinden. Ein ständiger, hoher Veränderungsdruck, ambitionierte Ziele und die Einforderung hoher Umsetzungsgeschwindigkeit sind geeignete Mittel, dieses Erlahmen der Restrukturierungsbemühungen zu verhindern.

Hohe Geschwindigkeit vermeidet Erlahmen

Typische Elemente eines Sanierungsprojektes

Restrukturierungs- und Sanierungsprojekte vollziehen sich in der Regel in folgenden Schritten:

1. *Unternehmensanalyse (2 bis 3 Wochen)*
   – Zügige Analyse der Unternehmenssituation (Bilanz-, Liquiditäts-, Kosten- und Ergebnissituation, Markt, Risiken), Finanzstatus
   – Erste Liquiditätsplanung
   – Analyse der Gründe für die Unternehmenskrise
   – Erste Einschätzung von personeller Situation und Führungsaspekten
   – Definition von quantitativen Sanierungszielen
   – Erste, kurzfristige Aussagen zur Restrukturierungsfähigkeit

   Schritt 1: Analyse

2. *Erarbeitung eines Restrukturierungs-/Sanierungskonzeptes (4 bis 6 Wochen)*
   – Maßnahmen zur kurzfristigen Liquiditätssicherung
   • Reduzierung des Working Capital (Bestände und Vorräte, Abbau ausstehender Forderungen etc.)
   • Verkauf von nicht-betriebsnotwendigem Vermögen (typischerweise Sachanlagevermögen, Beteiligungen, in Ausnahmefällen Forderungen, Abtretung von Rechten etc.)
   • Maßnahmen zur Erhöhung des Kapitalumschlags

   Schritt 2: Konzept

- Unter Umständen Verkauf von Unternehmensteilen
  - Unternehmensbewegung und -bewertung von Unternehmensteilen
- Identifikation und Erschließung von Kostensenkungspotenzialen zur nachhaltigen Ergebnissicherung und Maßnahmenplanung
  - Standortkonzept (Standortschließung, -verlagerung)
  - Maßnahmen zur Senkung der Personalkosten (übertarifliche Zulagen und freiwillige Leistungen des Arbeitgebers, Überprüfung der Eingruppierung der Arbeitnehmer, Flexibilisierung der Arbeitszeit und Entfall von Überstundenzulagen, Verhandlung Sanierungstarifvertrag, Anpassung der Kapazität etc.)
  - Maßnahmen zur Senkung von Sach- und Strukturkosten
- Optimierung operativer Prozesse
- Organisations- und Führungskonzept, Eignung der Führungskräfte und Mitarbeiter, gegebenenfalls Maßnahmen
- Gegebenenfalls Einführung eines tauglichen Controllings
- Prüfung struktureller Maßnahmen zur bilanziellen und finanziellen Restrukturierung
  - Überprüfung der Werthaltigkeit von Bilanzpositionen (insbesondere Werthaltigkeit Forderungen, Bewertung Vorräte und Beteiligungen etc.)
  - Ermittlung stiller Reserven
  - Prüfung alternativer Finanzierung (Struktur des Eigen- und Fremdkapitals)
- Quantifizierung aller Maßnahmen und Erstellung neuer Planung und Projektionen
- Beschluss des Restrukturierungskonzepts (durch Gesellschafter, Bankenpool o.ä.)

Schritt 3: Umsetzung

3. *Umsetzung des Restrukturierungskonzepts*
   - Gegebenenfalls Detaillierung der Maßnahmen und Feinplanung
   - Maßnahmenmanagement zur Sicherstellung der Umsetzung
   - Controlling der Effekte
   - Gegebenenfalls Interimsmanagement

Die Krise als Chance sehen

Die erfolgreiche Überwindung einer Unternehmenskrise setzt oft auch einen Mentalitätswandel des betroffenen Unternehmers voraus. Die Situation muss zunächst so akzeptiert und angenommen werden, wie sie ist. Hierbei sind Schuldzuweisungen und Lethargie ebenso fehl am Platz wie Hektik und blinder Aktionismus. Diese Verhaltensmuster verschärfen die Situation nur zusätzlich.

Verschärfende Verhaltensmuster

Gefragt ist also ein Unternehmer, der kühlen Kopf behält, veränderungsbereit ist und alle Beteiligten frühzeitig und vollständig informiert und die eingeleiteten Sanierungsschritte auch mit Externen reflektiert. Erst dadurch kann das eigentliche, dem Unternehmen zu Gebote stehende Instrumentarium der Sanierung seine volle Wirkung erreichen. Der rein schematischen Handhabung von Sanierungsinstrumenten wird dagegen kein dauerhafter Erfolg beschieden sein.

Keine schematische Handhabung von Instrumenten

Glücklicherweise endet nur ein Bruchteil der Sanierungsfälle in der Insolvenz. Für die restlichen Unternehmen (und Unternehmer) kann man im besten Fall feststellen, dass sie die Krise zwar äußerlich mehr oder weniger unbeschadet überstehen, aber niemals innerlich unverändert bleiben. Und genau hierin liegt die Chance.

Unternehmenskrisen sind Katalysatoren für notwendige Veränderung und die Erarbeitung und Einleitung zukunftsorientierter Maßnahmen.

Krisen schaffen gleichzeitig ein Umfeld für Veränderungsbereitschaft aller Beteiligten, einschließlich der Mitarbeiter, und ein hohes Maß an Akzeptanz für unter Umständen einschneidende Maßnahmen. Eine Unternehmenskrise bietet also die Möglichkeit zur Veränderung in einem Maße, wie es ohne eine solch dramatische Situation wohl nie möglich wäre.

Die Krise als Chance zur Veränderung

SERVICE

Die zitierte DEKRA-Studie erhalten Sie gratis als pdf bei babette.pawlowski@dekra.com

Reiner Wößner

Reiner Wößner ist selbst seit 30 Jahren im Verkauf in verschiedenen Branchen und Unternehmen tätig. Als Verkaufsleiter und Trainer hat er es immer wieder verstanden, die Mitarbeiter zu Höchstleistungen zu motivieren. 1992 gründete er die Firma BAUIDEE Wohl-Fühl-Häuser mit Vollkasko. Dieses Unternehmen zählt heute zu den erfolgreichsten Massivhausherstellern in Baden Württemberg. 1999 gründete er die Firma Reiner Wößner Motivation. In seinen Seminaren gibt Reiner Wößner sein umfangreiches Praxiswissen weiter. Sein Motto lautet: »Wir müssen besser, schneller und pfiffiger werden«.

Teilnehmerstimmen

– »Man merkt, dass Reiner Wössner aus der Praxis kommt.«
– »Zurückblickend bin ich total begeistert von der ruhigen, besonnenen Art.«
– »Reiner Wößner bringt viele Praxisbeispiele und geht gut auf Fragen ein.«

Beratungsschwerpunkte und Seminarthemen

Reiner Wößner vermittelt das Wissen durch offene und Firmenseminare, Workshops und Vorträge. Themen sind:
– Durch richtige Kundenergründung zum sicheren Abschluss
– One-Night-Stand oder dauerhafte Ehe – Machen Sie Ihre Kunden zu Fans
– Weiterempfehlung – Die Ehrenurkunde für ein Unternehmen
– Durch hervorragenden Service zum Erfolg – Verblüffen Sie Ihre Kunden
– Durch Kundenreklamation zur Nummer 1

Reiner Wößner · Motivation
Training zum Erfolg

Reiner Wößner Motivation
In den Gräben 30/2
72275 Alpirsbach-Reutin
Telefon (0 74 44) 91 68 21
Fax (0 74 44) 91 68 22
www.rw-motivation.de
Info@rw-motivation.de

BAUIDEE Wohl-Fühl-Häuser
In den Gräben 30/1
72275 Alpirsbach-Reutin
Telefon (0 74 44) 9 53 50
Fax (0 74 44) 95 35 29
www.bau-idee.com
info@bau-idee.com

Reiner Wößner
Flüchtiger Flirt oder erstklassige Ehe?
Kundenbeziehungen dauerhaft gestalten

In diesem Beitrag geht es um das Thema Kundenbeziehungen. Sie wundern sich, was die Frage aus der Überschrift mit Ihrem Geschäftserfolg zu tun hat? Aus meiner Erfahrung darf ich Ihnen sagen: eine ganze Menge. Es gibt unendlich viele Parallelen zwischen privaten und geschäftlichen Partnerschaften.

Parallelen zwischen Privat- und Berufsleben

Warum geht eine Partnerschaft im privaten Leben in die Brüche? Warum kommt es zu einer Ehescheidung? Doch nicht, weil einer der Ehepartner morgens aufwacht und denkt: »Heute ist kein besonders guter Tag. Es regnet, es ist kalt, ich fühl mich nicht wohl. Es ist wohl besser, wenn ich meinen Partner verlasse.«

So läuft das nicht ab. Fragt man Geschiedene nach den Gründen, hört man oft: »Wir haben uns auseinander gelebt. Wir haben kein Vertrauen mehr zueinander gehabt.«

Aber warum lebten sich Menschen, die sich einmal sehr geliebt haben, auseinander? Weil keine Spannung mehr da war. Weil es langweilig wurde. Weil zu wenig geredet wurde. Weil die Wünsche und Bedürfnisse des Partners nicht beachtet wurden. Weil etwas vermeintlich Besseres gefunden wurde. Weil die Erwartungshaltung nicht mehr mit dem Erhaltenen übereinstimmte.

Keine Spannung mehr da

Es gibt sicher noch viel mehr Gründe. Aber alle kann man unter den Hauptgrund – es ist alles so normal geworden – stellen.

Und genau so verhält es sich im Geschäftsleben. Fehlt die Spannung, wird die Verbindung eintönig. Werden keine Überraschungen mehr erlebt, dann schaut sich Ihr Kunde nach einem anderen, für ihn interessanteren Partner und Lieferanten um.

Was ist Ihnen Ihr Kunde wert?

Wie spannend sind Sie noch für Ihre Kunden? Ist das prickelnde Gefühl der ersten Liebe, der ersten Kundenkontakte noch vorhanden? Wie groß ist die Neugierde nach Jahren der Zusammenarbeit? Interessieren Sie sich noch für Ihren Kunden?

Wie viel Energie, Geld und Zeit setzten Sie in die Gewinnung von neuen Kunden? Jeder Unternehmer weiß es: Das Gewinnen neuer Kunden ist sehr aufwendig. Viele Untersuchungen beweisen das:

- Mit Stammkunden wird viel mehr Geld verdient als mit Neukunden.
- Stammkunden sind loyaler.
- Stammkunden sind nicht so preissensibel.
- Stammkunden verzeihen Fehler leichter.

Ein Kollege erzählte mir eine Geschichte, die dies widerspiegelt. Er hat schon viele Jahre eine Zeitschrift abonniert. Er zahlt pünktlich per Bankeinzug seine Rechnungen und freut sich Monat für Monat auf die neue Lektüre. Nun hat er erfahren, dass beim Neuabschluss eines Abonnements der neue Kunde einen DVD-Player erhält. Der Kollege hat den Verlag angeschrieben und nachgefragt, ob auch er als jahrelanger Stammkunde in den Genuss eines solchen Geschenks kommen kann. Einige Tage später hatte er die Antwort in der Hand. Sie können sich sicher schon denken, was dort zu lesen war: »Diese Geschenke sind nicht für vorhandene Kunden vorgesehen, sondern ausschließlich für Neukunden«. Mit einer Entschuldigung wurde der Brief beendet. Der Verlag ließ keinerlei Geste erkennen, den Stammkunden zu belohnen. Der Kollege berichtete dann weiter, dass er das Abo gekündigt und die Zeitung über seine Freundin bestellt hat. Auf diese Weise kam auch er rasch in den Besitz eines hochwertigen Geschenkes.

Ob das Verhalten meines Kollegen moralisch richtig war, möchte ich an dieser Stelle nicht untersuchen. Aber geht es vielen Kunden nicht ebenso? Wie schön wäre es doch, wenn zumindest bei der Verlängerung eines Vertrages eine kleine Geste der Anerkennung erkennbar wäre.

Wie verhält es sich in *Ihrem* Geschäft? Was tun *Sie* für Ihre Kunden? Heiner Finkbeiner, Patron des 5-Sterne-Hotels Traube in Tonbach, seit vielen Jahren die Nummer 1 in Deutschland, sagte einmal zu mir, nachdem ich ihn nach seinem Erfolgsrezept gefragt habe: »Wir wissen sehr wohl, wer unser Chef ist.« Dieser Satz geht so leicht über die Lippen. Aber diese Philosophie wirklich zu leben, ist anstrengend. **Wissen Sie, wer Ihr Chef ist?**

Andererseits wissen wir auch aus Erfahrung, dass diese Einstellung oft den vollen Erfolg ausmacht. Es bringt den kleinen Unterschied zum Wettbewerber. Es sind meist nicht die großen Dinge die den Erfolg ausmachen, sondern die kleinen. Wenn ein Rennpferd bei einem Rennen als Sieger durchs Ziel geht, wird ein Preisgeld von 500.000 Euro bezahlt. Der Zweite erhält 50.000 Euro, also zehn Prozent davon. War der Sieger zehnmal schneller? Nein. Vielleicht war er nur eine Nasenlänge früher im Ziel. Und genau diese Nasenlänge ist für den richtig großen Erfolg entscheidend.

Wir alle sind Kunden und erleben die Servicewüste täglich. Wir regen uns auf, wenn wir nicht unseren Vorstellungen entsprechend bedient werden, wenn bei Reklamationen die Schuld auf andere geschoben wird, wenn niemand für uns zuständig ist. **Die tägliche Servicewüste**

Viele tun nicht, was sie wissen

Vielleicht denken Sie jetzt: »Das ist banal. Das ist nichts Neues für mich.« Ich behaupte sogar, alle Unternehmer wissen, dass mit hervorragendem Service bessere Geschäfte gemacht werden. Aber warum haben wir dann immer noch diese Servicewüste?

Nicht das Wissen, *wie* etwas gemacht wird, bringt den Erfolg, sondern einzig und allein *die Tat*. Es ist schon seltsam, was sich hier abspielt: Wir regen uns über schlechten Service auf, und trotzdem machen wir oft die gleichen Fehler wie alle anderen. Jeder weiß um die Notwendigkeit, aber nur wenige setzen den Servicegedanken um. **Wir machen oft die gleichen Fehler**

Der Kunde muss zum Partner werden

Genau hier liegt Ihre Chance. Wenn Sie und Ihre Mitarbeiter alle Ihre Kunden immer so behandeln, wie Sie selbst behandelt werden wollen: Welchen Wettbewerbsvorteil hätten Sie dann! Der Kunde muss zum Partner werden. Alle erfolgreichen Unternehmen stellen den Kunden in den Mittelpunkt.

Wie gut kennen Sie Ihre Kunden?

Doch um den Kunden nicht nur verbal, sondern *tatsächlich* in den Mittelpunkt stellen zu können, müssen Sie ihn gut kennen. Aber: Wie gut kennen Sie Ihre Kunden? Wissen Sie, wie Ihre Kunden denken? Kennen Sie die tatsächlichen, die geheimen Wünsche Ihrer Kunden? Ideal wäre es, wenn Sie die Wünsche Ihrer Kunden kennen, bevor der Kunde selbst von seinen Wünschen weiß. Achten Sie deshalb immer auf Sätze wie: »Es wäre schön, wenn es … (Wunsch des Kunden) … geben würde«.

Schulen Sie Ihr Ohr auf solche Kundenäußerungen. Diese können ein Vermögen wert sein. Wenn es Ihnen gelingt, diesen Wunsch zu erfüllen, dann haben Sie einen unschlagbaren Vorsprung vor Ihren Konkurrenten. Wenn Sie die Bedürfnisse Ihrer Kunden jedoch nicht genau kennen, ist dies für Ihr Unternehmen gefährlich.

Kundenzufriedenheit ist gefährlich!

Wie viele zufriedene Kunden haben Sie?

Wenn Sie nur zufriedene Kunden haben, ist der langfristige Erfolg Ihres Unternehmens gefährdet. Ich kam vor Jahren von einem Seminar zurück und habe meine Mitarbeiter gefragt: »Wie viele zufriedene Kunden haben wir?« Sie schauten mich verdutzt an und sagten: »Wir haben doch bis auf wenige Ausnahmen *nur* zufriedene Kunden.« Ich stimmte der Aussage zu.

Wie viele begeisterte Kunden haben Sie?

Dann stellte ich die zweite Frage: »Wie viele *begeisterte* Kunden haben wir«? Schon wurden die Gesichter nachdenklicher. Es hat länger gedauert, bis eine Antwort kam. Dann kamen einige Namen.

Viele Vorteile durch begeisterte Kunden

Schließlich fragte ich: »Und welchen Nutzen haben wir von unseren begeisterten Kunden«? Jetzt fiel es allen wie Schuppen von den Augen. »Diese Kunden empfehlen uns freiwillig, aus eigener Initiative weiter. Sie bringen uns neue Kunden. Sie sind bei Reklamationen nicht so fordernd.« Diese und noch viele weitere Vorteile wurden genannt.

Dieses Gespräch hat eine entscheidende Wende in unserem Unternehmen gebracht. Wir haben uns zum Ziel gesetzt, künftig nur noch begeisterte Kunden zu haben. Inzwischen ist uns sogar Begeisterung noch zu wenig. Wir wollen unsere Kunden *verblüffen*.

Die Kunden verblüffen

In den letzten Jahren haben wir bei BAUIDEE einen ganzen Katalog von »Sahnehäubchen«, wie dies Klaus Kobjoll vom Hotel Schindlerhof in Nürnberg nennt, erstellt. Immer wieder erhalten unsere Kunden kleine Aufmerksamkeiten, die sie nicht erwarten – obwohl wir beim Hausbau keine »Wiederholungstäter« haben.

Unser Ziel ist es, zwei bis vier Mal pro Jahr einen Kontakt zum Kunden zu haben. Eine Aktion, die sehr gut angenommen wird, ist, der Geburtstag des Hauses. Hier schicken wir an das Haus (nicht an die Besitzer) zum Jahrestag der Übergabe eine Flasche Sekt mit einem Brief. Dieser Brief beginnt mit den Worten: »Liebes BAUIDEE-Haus, nun bist du ein Jahr alt. Herzlichen Glückwunsch! Was hast du in diesem Jahr alles erlebt? Wie geht es deinen Bewohnern? Berichte doch mal wie es dir geht usw.«

Beispiel: Brief zum Geburtstag des Hauses

Die Reaktionen der Kunden sind fantastisch. Natürlich gelingt uns dies nicht immer. Hin und wieder bekommen wir auch Schreiben von Kunden, die uns dieses oder jenes vorwerfen. Ich kann Ihnen sagen, wenn ich Sätze höre wie: »Sie leben nicht, was sie sagen«, tut dies weh. Dann ist dies Ansporn, die eine oder andere Entscheidung nochmals zu überdenken.

Die Bilanz muss stimmen

Kunden haben oft ganz andere Vorstellungen von einer Leistung als der Lieferant dieser Leistung. Zur Veranschaulichung will ich die Erwartung von Kunden anhand einer Bilanz darstellen. Sie wissen: Soll und Haben müssen ausgeglichen sein. Sagen wir der Einfachheit halber, Soll ist die Erwartung des Kunden, Haben ist das, was der Kunde erhalten hat. Was passiert?

Verdeutlichung durch Bilanz

1. *Wenn Soll und Haben ausgeglichen ist, wird sich ein Kunde neutral verhalten. Er wird nicht von Ihrem Unternehmen schwärmen.*
   Sie gehen beispielsweise in ein Restaurant, von dem Sie gehört haben. Der Wirt ist normal freundlich, das Personal

Neutrales Verhalten

bedient Sie ohne besondere Hingabe, das Essen ist durchschnittlich. Man könnte sagen, das Preis-Leistungs-Verhältnis stimmt. Werden Sie nach diesem Besuch das Lokal freiwillig weiterempfehlen? Wohl eher nicht. Wenn Sie nach dem Lokal gefragt werden, geben Sie zur Auskunft: Ja, es war alles okay.

Probleme in der Partnerschaft 2. *Wenn auf der Haben-Seite weniger steht, als auf der Soll-Seite erwartet wird, führt das meist zu Problemen in der Partnerschaft.*

Auch hierzu ein Beispiel. Sie gehen wieder in ein Lokal. Sie werden vom Wirt nicht begrüßt. Die Bedienung ist nicht sehr aufmerksam. Der Wirt führt vor den Gästen mit seinem Koch ein Kritikgespräch. Das Essen entspricht nicht Ihren Vorstellungen. Die Tischdecke ist vom vorherigen Gast noch verschmutzt. Sie sind der Meinung, dass der Preis für die Leistung zu hoch ist. Wie groß ist jetzt die Wahrscheinlichkeit, dass Sie, auch ohne dass Sie gefragt werden, andere Menschen vor diesem Lokal warnen – nach dem Motto: »Geh da nicht hin! Was ich dort erlebt habe!«

Erfolgreiches Geschäft 3. *Kommen wir schließlich zur idealen Voraussetzung für ein erfolgreiches Geschäft und ein aktives Empfehlungsmarketing: Der Kunde erhält mehr, als er erwartet hat.*

Stellen Sie sich vor, Sie kommen in ein Lokal. Der Wirt empfängt Sie an der Tür, nimmt Ihnen den Mantel ab und fragt, ob Sie lieber am Fenster oder in der Nische sitzen wollen. Anschließend bringt er Ihnen einen Aperitif und gibt Ihnen die aufgeschlagene Speisekarte. Er empfiehlt Ihnen ein besonderes Gericht und schlägt den passenden Wein vor. Das Essen wird liebevoll dekoriert und serviert. Der Koch kommt kurz an den Tisch und begrüßt Sie mit ein paar erklärenden Worten zum Menü. Die Rechnung wird in einer schönen Schatulle mit einer kleinen Überraschung darin übergeben. Der Mantel wird Ihnen gebracht. Sie werden mit Handschlag verabschiedet.

Ihre Erwartungen wurden übertroffen Was ist beim dritten Fall passiert? Etwas, das Sie nicht erwartet haben. Sie sind begeistert, ja verblüfft. Jetzt haben Sie den Wunsch, das Erlebte möglichst vielen Menschen mitzuteilen. Dadurch wird das Lokal immer mehr Gäste erhalten. Wenn diese dann ebenso verblüfft sind wie Sie, werden auch diese Menschen freiwillig Weiterempfehlungen aussprechen. Der Wirt hat mit seinem Verhalten das Perpetuum mobile für die Kundengewinnung erfunden.

Die drei Beispiele im Überblick

Soll		Haben	
1. Erwartet	100	Erhalten	100

Hier stimmt die Erwartung mit dem Erhaltenen überein. Der Kunde **ist zufrieden.** Er verhält sich neutral. Er wird aus eigener Initiative **weder positiv noch negativ** über den Lieferanten reden.

Soll		Haben	
2. Erwartet	100	Erhalten	80
		Weniger erhalten	20
	100		100

Hier stimmt die Erwartung mit dem Erhaltenen **nicht überein.** Der Kunde ist **unzufrieden.** Er wird aus eigener Initiative **negativ** über den Lieferanten reden und seine **schlechte Erfahrung weiter geben.**

Soll		Haben	
3. Erwartet	100	Erhalten	120
Mehr erhalten	20		
	120		120

Hier wird die Erwartung übertroffen. Der Kunde **ist begeistert, vielleicht verblüfft.** Er wird aus eigener Initiative **positiv** über den Lieferanten reden und seine **Begeisterung weiter geben.**

Warum soll jemand bei Ihnen kaufen?

Grund – oder bloß Voraussetzung?

In meinen Seminaren frage ich die Teilnehmer oft: »Warum soll jemand mit Ihnen ein Geschäft machen?« Schnell kommen dann Antworten wie »beste Qualität«, »Preis und Leistung stimmen«, »guter Service« usw. Wenn ich dann sage, dass diese Punkte kein Grund für eine Zusammenarbeit sind, sondern eine Grundvoraussetzung für das Überleben eines Unternehmens, schauen mich die Seminarteilnehmer fragend und hilflos, ja teilweise entrüstet an.

Einmaligkeit auf den Punkt bringen

Die Aufgabe, die ich dann gerne stelle, lautet:
1. Finden Sie einen Punkt, wo Sie einmalig sind. Der Sie von Ihrem Wettbewerber unterscheidet. Den Punkt, warum jemand ausgerechnet mit Ihnen das Geschäft machen soll.
2. Formulieren Sie diesen Punkt mit einfachen, leicht verständlichen Worten.
3. Verwenden Sie nur fünf bis zehn Worte.

4. Kontrollieren Sie, ob Ihre Formulierung verstanden wird, indem Sie verschiedene Menschen fragen. Kunden, Interessenten, Mitarbeiter, aber auch Personen, die mit Ihrer Branche, mit Ihrer Firma nichts zu tun haben.

Ein permanenter Prozess

Ich weiß, diesen einen Punkt zu finden und zu formulieren, ist sehr schwer. Aber wenn Sie dies geschafft haben, sind Sie unschlagbar. Wenn Sie Ihren einzigartigen Vorteil dann kommunizieren, wird Ihr Wettbewerber natürlich entsprechend reagieren und Sie kopieren. Für Sie bedeutet das, diese Fragen immer wieder zu stellen und Ihre einzigartigen Vorteile immer weiter zu verbessern. Dies muss ein permanenter Prozess sein.

Der Preis ist kein gutes Instrument

Produkte und Dienstleistungen werden immer austauschbarer. Immer schneller werden gute, erfolgreiche Ideen kopiert. Viele Unternehmen sehen als Marketinginstrument nur noch den Preis. Der Preis ist aber am schnellsten zu kopieren. Macht es Ihnen Freude, alles immer billiger verkaufen zu müssen?

Das subjektive Erleben entscheidet

Das Gefühl gibt oft den Ausschlag

Qualität wird subjektiv erlebt. Entscheidungen werden aus dem Bauch getroffen. Sicher brauchen wir Fakten und Daten. Aber den letzten Ausschlag gibt fast immer das Gefühl. An der folgenden Illustration können Sie dies erkennen: Verkäufer und Kunde kommen mit dem Bauch – dem Gefühl – nicht zusammen. Es werden rationale, logische Argumente ausgetauscht, Zahlen und Fakten. Aber auf der emotionalen Ebene funktioniert es nicht.

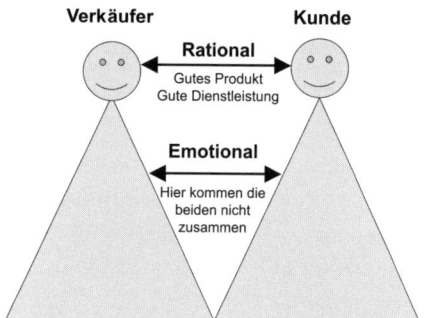

Entscheidungen werden „aus dem Bauch" getroffen.
Solange auf der rationalen Ebene verhandelt wird, ist eine Einigung schwer möglich.

Beim nächsten Bild sehen Sie: Wenn die »Bauchebene« stimmt, kommen sich auch die Köpfe näher.

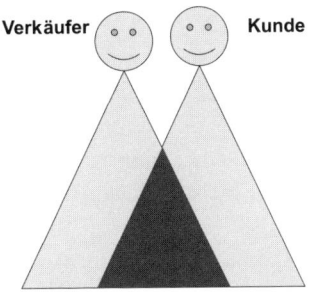

Je größer die Schnittmenge bei den Gefühlen ist, desto leichter kommen Sie auch in den Kopf des Kunden. Ob bei Neukunden oder bei Stammkunden – das Verkaufen wird leichter. Kunden werden zu Fans. Und Fans braucht ein jedes Unternehmen.

Durch Reklamationen zur Nr. 1

Kürzlich habe ich von Unternehmen gehört, die bewusst Fehler produzieren. Dies hat mich neugierig gemacht. Ich habe mich mit diesen Unternehmen beschäftigt und festgestellt, dass diese ein professionelles Reklamationssystem installiert haben. Diese Unternehmen verblüffen ihre Kunden damit, dass sie Reklamationen anders behandeln, als es der Kunde erwartet.

Ich will Sie jetzt nicht dazu anleiten, bewusst Ihre Kunden zu verärgern. Gehen wir aber davon aus, dass täglich Fehler gemacht werden, dann besteht auch hier eine riesige Chance, begeisterte und verblüffte Kunden zu bekommen. Freuen Sie sich deshalb über Reklamationen! Danken Sie Ihren Kunden dafür!

Bei Reklamationen haben Sie drei Möglichkeiten, zu reagieren:

1. Zuerst die Schlechteste: Sie verspielen die Chance, reagieren sehr spät oder gar nicht. Die Geschäftsbeziehung ist gefährdet, das Klima kühlt ab. Die Beziehung geht, wenn überhaupt, auf niedrigem Niveau weiter.
2. Die neutrale Möglichkeit sieht so aus, dass Sie die Reklamation akzeptieren. Sie beheben den Schaden in angemessener Zeit.

Die Chance nutzen

Sie schaffen es, die Geschäftsbeziehung auf etwa gleichem Niveau weiterzuführen.

3. Schließlich zu Ihrer großen Chance: Sie nehmen die Reklamation an und hören dem Kunden zu. Sie zeigen Verständnis, kümmern sich selbst sofort um das Anliegen des Kunden und beheben den Mangel. Sie erkundigen sich persönlich nach zwei Wochen, ob der Mangel zur vollsten Zufriedenheit erledigt wurde und ob die Geschäftsverbindung ungestört weiter geführt werden kann. Und dann verwöhnen Sie den Kunden noch mit einer Überraschung, Sie verblüffen ihn. Geben Sie ihm etwas, was er nicht erwartet. Wenn Sie so vorgehen, dann haben Sie die Reklamation als Chance für Ihren Erfolg genutzt.

Umgang mit Reklamationen

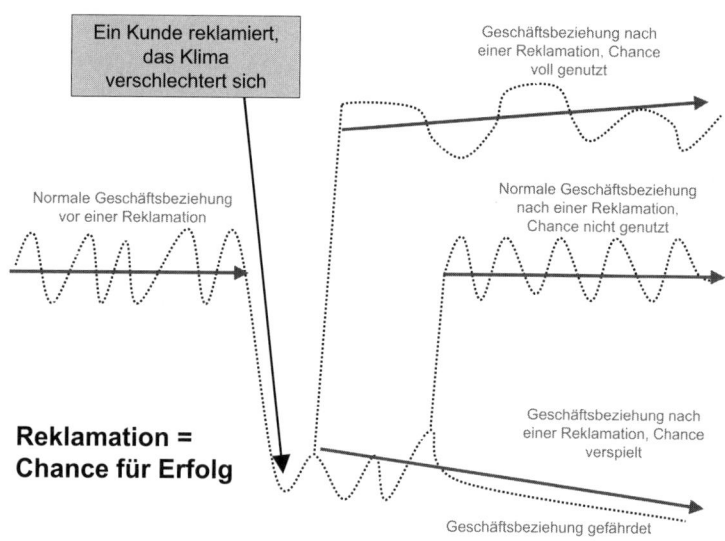

Ein Kunde reklamiert, das Klima verschlechtert sich

Geschäftsbeziehung nach einer Reklamation, Chance voll genutzt

Normale Geschäftsbeziehung vor einer Reklamation

Normale Geschäftsbeziehung nach einer Reklamation, Chance nicht genutzt

Reklamation = Chance für Erfolg

Geschäftsbeziehung nach einer Reklamation, Chance verspielt

Geschäftsbeziehung gefährdet

Der Kunde als Quälgeist

Ein Ausflug in die Praxis zeigt auch hier, dass nur wenige Unternehmen in der Lage sind, Beschwerden exzellent zu bearbeiten. In der Regel wird der Kunde als ein Quälgeist angesehen. Und das spürt er.

Was wird der Kunde in einem solchen Fall tun? Er wird sein Problem viel größer darstellen, als es in Wirklichkeit ist. Der Verkäufer weiß, dass seine Kunden übertreiben und schiebt die Schuld ab. So kommt ein gefährlicher Kreislauf zustande. Ein

Kampf entsteht, den immer der Kunde gewinnt – selbst dann, wenn es im Moment so scheint, dass der Kunde verloren hat. Er wird sich an Ihnen rächen. Die Kunden halten zusammen. Kunden unterhalten sich. Und die Kunden bestrafen Sie, indem Sie nicht mehr kommen.

Nehmen wir nochmals das Beispiel Gastronomie. Wer sagt einem Wirt, dass sein Essen nicht gut schmeckt? Auf die oft beiläufig gestellte Frage beim Abservieren »War alles in Ordnung?«, antworten 80 bis 90 Prozent der Gäste: »Es war in Ordnung.« Wer hat schon den Mut zu sagen: »Das Essen war schlecht«?

Kaum Mut zur Ehrlichkeit

Deshalb: Wenn sich ein Kunde die Zeit nimmt, Ihnen Dinge mitzuteilen, die ihm nicht gefallen, danken Sie ihm dafür. Gehen Sie immer davon aus, dass der Kunde von seiner Warte aus Recht hat. Er fühlt sich schlecht behandelt und ist jetzt der Mittelpunkt der Welt. Und falls es Ihnen schwerfällt, sich ganz auf das Problem Ihres Kunden einzulassen, dann bedenken Sie bitte: Ein erfolgreicher Unternehmensberater kostet sehr viel Geld. Nehmen Sie doch Ihren Kunden als Unternehmensberater. Er kennt Ihren Betrieb aus der Praxis.

Den Kunden als Berater sehen

Verkäufer führen harte Preisverhandlungen mit Kunden. Oft muss die Geschäftsleitung Sonderkonditionen absegnen. Aber wie viel Geld wird durch falsches oder fehlendes Beschwerdemanagement verschenkt? Wie gehen Sie bisher mit Reklamationen um? Sind alle Mitarbeiter zu diesem Thema geschult? In meinen Seminaren stelle ich immer wieder fest, dass in vielen Unternehmen jeder Mitarbeiter dieses Thema nach eigenem Gutdünken bearbeitet. Haben Ihre Mitarbeiter Checklisten für den Umgang mit Beschwerden? Über meine Homepage www.rw-motivation.de können Sie eine Mustercheckliste zu Reklamationsbehandlung erhalten.

Beschwerdemanagement professionalisieren

Einen flüchtigen Flirt bekommen Sie alle immer wieder hin. Aber durch Begeisterung und Verblüffung eine dauerhafte Beziehung aufzubauen, ist eine schwierige Aufgabe. Wenn Sie diese Aufgabe aber durch hervorragende Serviceleistungen lösen, werden Sie auf Dauer erfolgreich sein.

Auf Dauer erfolgreich sein

Hermann J. Thomann

Prof. Dr. Hermann J. Thomann war nach dem Ingenieurstudium mehrere Jahre in der Entwicklung und Konstruktion eines Maschinen- und Apparatebau-Unternehmens tätig. Schon früh beschäftigte er sich mit Methoden und Werkzeugen der Produktverbesserung. Nach leitender Tätigkeit in der deutschen Tochtergesellschaft einer französischen Beratungs- und Prüfungsgesellschaft kam er 1990 zur TÜV Rheinland Group. Er leitet dort als Geschäftsführer den Consulting Bereich. Hermann J. Thomann ist Honorar-Professor für Technische Managementsysteme an der FH Aachen, Abteilung Jülich, EFQM-Assessor und Herausgeber bzw. Mit-Autor mehrerer Praxis-Handbücher zum Qualitätsmanagement. Die Kunden der TÜV Rheinland Group profitieren von der globalen Präsenz, den Erfahrungen aus über 1.500 Beratungsprojekten und der Kenntnis internationaler Produktzulassungs-Verfahren.

Beratungsschwerpunkte

- Ganzheitliche Unternehmensentwicklung »vom Markt zum erfolgreichen Produkt«
- Verbesserung von Geschäftsprozessen
- Nachhaltige Organisationsentwicklungskonzepte, unterstützt durch Methoden wie Balanced Scorecard oder Six Sigma
- Unterstützung bei der Implementierung neuer Technologien und Führungsmodelle
- Entwicklung und Umsetzung von Unternehmensstrategien und -leitbildern sowie effektiven Arbeitsprozessen und Teamentwicklungsprojekten

TÜV Management Systems GmbH, Unternehmensberatung
GB Bildung und Consulting
TÜV Rheinland Group
Am Grauen Stein
51105 Köln
Telefon (02 21) 8 06-30 90
Fax (02 21) 8 06-30 93
www.managementsystems.de
tuev-ms@de.tuv.com

Hermann J. Thomann
Zum Innovationsführer werden –
Mehr Effizienz in der Produktentwicklung

Die Fähigkeit marktgerechte, innovative Produkte zu entwickeln, ist für produzierende Unternehmen in Deutschland – besonders für mittelständische Unternehmen – zu einem der wesentlichen Erfolgsfaktoren geworden. Hohe Arbeitskosten, hohe Steuersätze, aber auch qualifizierte Mitarbeiter und Know-how sind Standortfaktoren, die für eine aktive Ressourcennutzung des »brain-capital« in Deutschland sprechen.

»brain-capital« nutzen

In diesem Beitrag stelle ich Tools der TÜV Rheinland Group vor, mit denen sich die Effektivität und die Effizienz der Produktentwicklung verbessern lassen.

Was trägt zum Markterfolg neuer Produkte bei?

Markterfolg neuer Produkte

- Innovation, die neue Nachfrage erzeugt
- Produkte, die wirtschaftlicher arbeiten oder kostengünstiger sind als die Vorgängerprodukte
- Produkte, die einem Markttrend (Mode) entsprechen
- Geeigneter Markteintritts-Zeitpunkt
- Unter Marktpreis (target costing) herstellbar

Die Erfüllung der Marktanforderungen erfordert bei allen Faktoren ein enges Zusammenwirken der Organisationseinheiten

Enges Zusammenwirken

- Marketing/Vertrieb
- Entwicklung/Konstruktion
- AV/Produktion/Einkauf

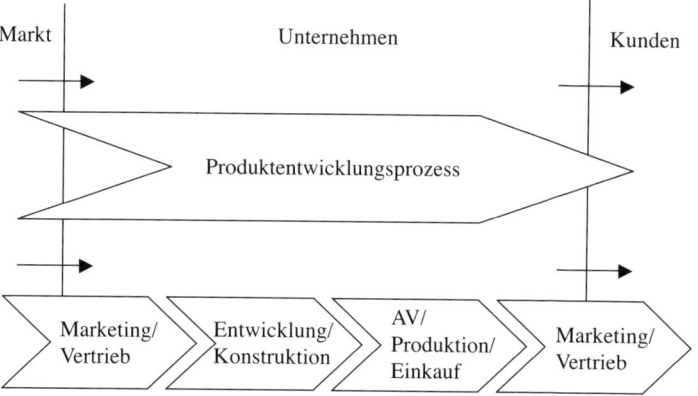

Abteilungs-übergreifender Produktentwicklungs-Prozess

Markt | Unternehmen | Kunden

Produktentwicklungsprozess

Marketing/Vertrieb | Entwicklung/Konstruktion | AV/Produktion/Einkauf | Marketing/Vertrieb

Die Möglichkeiten der Entwicklung/Konstruktion zur Beeinflussung des Markterfolges liegen im Wesentlichen in der
- Umsetzung der Kundenerwartungen
- Optimierung der Schnittstellen
- Effizienzsteigerung des eigenen Prozesses

Markt und Wettbewerb Der *Markt und der Wettbewerb* sind nur bedingt bzw. in geringem Maße durch einen einzelnen Produzenten beeinflussbar. Beispiele wären Beeinflussung durch Importquoten/Handelsbarrieren, technische Normen (z. B. DVD-Formate/Video-Formate) und Durchbruchs-Innovationen (z. B. Gasentladungslampe).

Unternehmens-spezifische Randbedingungen Die *unternehmensspezifischen Randbedingungen* kann jedes Unternehmen in weit größerem Umfang verändern, um die Produktentwicklung erfolgreicher zu machen. Die Unternehmensberatung TÜV Management Systems GmbH in Köln (TÜV Rheinland Group) hat dafür eine ergebnisorientierte Lösung entwickelt. Dabei wurden die zahlreichen Erfahrungswerte aus Projekten mit Industrie- und Konsumgüter-Herstellern mehrerer TÜV Rheinland Geschäftsbereiche – auch international – in neutraler, anonymisierter Form berücksichtigt und sind in die praxisnahe methodische Unterstützung eingeflossen.

Das Vorgehensmodell der TÜV Rheinland Group

Zur Einschätzung der Potenziale werden die vorhandenen Entwicklungsprojekte unabhängig bewertet. Anzahl, Status, Budgets,

Ressourcen und Termine der Projekte strukturiert dargestellt und priorisiert. Dazu dient TREC©, der unabhängige TÜV Rheinland Entwicklungs-Check. Das Ergebnis ist eine tabellarische Übersicht mit den relevanten Projektdaten und eine TÜV-Prognose zur Wahrscheinlichkeit der Erreichung der wesentlichen Entwicklungsziele Laufzeit und Budget.

Auszug aus TREC©
Ergebnis-Tabelle

Projekt Nr. Name	Entwicklungsziele	Beginn / LZ geplantes Ende	Budget Ressourcen	Status per 31.03.05	Prio.	TÜV Prognose Zielerreichung
12/2004 »Piezoaufnehmer	Schaltzeit 12 msec	B: 15.07.2004 LZ: 12 Mon. E : 15.07.2005	HR: 8 PM FR : 80 T Euro	HR : 5 PM FR : 50 T Euro	2	50 %
13/2004 »3-Wege-ventil«	Wandreibung Wirbelreduzierung	B: 01.08.2004 LZ: 9 Mon. E: 30.04.2005	HR: 7 PM FR: 20 T Euro	HR: 6 PM FR: 18 T Euro	2	10 % (3-monatige Überschreitung wahrscheinlich)
14/2004 »Hydraulic Connector«	Handhabungszeit verkürzen Wechsel < 5 min.	B: 01.10.2004 LZ: 12 Mon. E: 30.09.2005	HR: 40 PM FR: 200 T Euro	HR: 20 PM FR: 180 T Euro	1	90 %

Prio = vorrangig bei Entwicklungsengpässen   B = Beginn   LZ = Laufzeit
HR = Human Ressourcen   E = Ende   FR = Finanz Ressourcen (auch Sachmittel)

Aufgrund der TREC©-Ergebnisse ist das Unternehmen in der Lage zu entscheiden, ob es direkt in die Effizienzsteigerung (und Effektivitätssteigerung) der Produktentwicklung einsteigen oder bestimmte Aspekte/Ursachen vertiefend analysieren will.

Eine kurzfristige Effektivitätssteigerung lässt sich beispielsweise nach der gewichteten Bewertung von Marktgängigkeit und Innovationskraft eines neuen Produktes erzielen. Die unabhängige Überprüfung, Bewertung und Neufestlegung von Abbruchkriterien im Produktentwicklungsprozess kann ebenfalls kurzfristig zur Reduzierung von Blindleistung beitragen. Dies ist Bestandteil von TREM© (TÜV Rheinland-Entwicklungs-Management).

Effektivität steigern, Blindleistung reduzieren

Im Vordergrund der TÜV-Rheinland-Lösung steht aber nicht der Methodeneinsatz, sondern die Methoden und Werkzeuge werden dem Ziel der Entwicklungsverbesserung bzw. Effizienzsteigerung untergeordnet. Beispielsweise wird das Prinzip einer Balanced Scorecard so angepasst, dass es dann als Steuerungs- und Controlling-Instrument für die Produktentwicklung einen hohen Praxisnutzen bekommt. Das Werkzeug ist ebenfalls Bestandteil von TREM©.

Verbesserte Produktentwicklung steht im Vordergrund

Wir verkürzen und optimieren damit den Beratungsprozess zum Nutzen des Kunden. Aus dem klassischen vierstufigen Beratungsansatz

1. Analyse
2. Konzeption
3. Umsetzung
4. Verifizierung

wird durch unsere vorstrukturierte und auf die Produktentwicklung fokussierte Lösung ein Ansatz mit nur zwei Stufen, was mit einer entsprechenden Kosten- und Zeiteinsparung einhergeht:

1. TREC© (TÜV Rheinland Entwicklungs-Check)
2. TREM© (TÜV Rheinland Entwicklungs-Management)

Die zwei Stufen des TÜV-Ansatzes

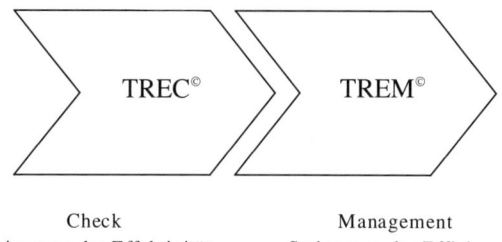

Check
Steigerung der Effektivität

Management
Steigerung der Effizienz

Bei speziellen Fragestellungen können ergänzend zu diesem Vorgehensmodell vertiefende Checks durchgeführt und ergänzende Managementschwerpunkte gesetzt werden.

TRIC© und TRAC©

Beispielhaft seien hier genannt:

– der *Innovations-Check (TRIC©)* mit der Bewertung von Innovationsstärke, Innovations-Kultur, Kreativität, Patentanalyse/-nutzung, Innovationsprozess und ggf. weiterer unternehmensspezifischen Randbedingungen;
– der *Akzeptanz-Check (TRAC©)* mit der Bewertung von Marktakzeptanz, Businessplänen, Prognosen, Feldversuchen, Panels, Schnittstellen, Marketing und Vertrieb sowie Reklamationsauswertungen.

Der gesamte Innovationsprozess ist – in Abhängigkeit vom Zweck des Unternehmens – beispielsweise in folgende sieben Phasen untergliedert:

- Phase 1: Ideenfindung (ggf. nach vorheriger Festlegung von Innovationssuchfeldern)
- Phase 2: Ideenbewertung (Vergleich mit Portfolio-Technik)
- Phase 3: Produktanforderung (VOC, QFD)
- Phase 4: Produkt-Design (vom 1. Entwurf bis (Serien-)Fertigung)
- Phase 5: Markteinführung (vorher Businessplan)
- Phase 6: Evaluierung (Markterfolg, Vergleich Wettbewerb)
- Phase 7: Substitution (Kriterien, Zeitpunkt)

Sieben Phasen

Mit dem *Innovations-Check (TRIC©)* wird im Wesentlichen die Phase 1 »Ideenfindung« bewertet. In einem zweiten Teil geht es dann auch um den gesamten Ablauf, also um die Effizienz des Innovationsprozesses (P1-P7).

Der Innovations-Check

Das Ergebnis eines Innovations-Checks für das Merkmal Innovationsstärke kann beispielsweise so aussehen:

Parameter	2005	2005 vgl. Branche	Eigener Trend 3 Jahre	Innov. Stärken-/Kultur-Äquivalent (1-5)
Entw. Projekte	43	k. A.	positiv	---
Anz. Vorschläge	610	---	positiv	---
Verbess. Projekte	467	k. A.	positiv	---
Keine Umsetzung (Ablehnung)	100	k. A.	negativ	---
Vorschläge / 100 MA	118	Ø 102	positiv	2,55
Anz. Patent-anmeldung	2	Ø 1,6	negativ	2,4
Quote Produkte neu/alt (> 4 J.)	0,35	Ø 0,32	positiv	2,7
Umsatzanteile neu/alt	0,28	---	negativ	---
Deckungs-beiträge neu/alt	0,31	k. A.	positiv	---
Summe Innov. Stärke	---	---	---	2,55 (3,0 = Durchschnitt)

Beispiel für das Ergebnis eines Innovations-Checks

Beim *Akzeptanz-Check (TRAC©)* werden Produktideen bewertet. Kriterien sind dabei:
- Markt und Wettbewerb (erzielbarer Umsatz pro Jahr, Marktwachstum, Zahl der Wettbewerber, Preisqualität)
- Eigene Kompetenz (Know-how, Marktkenntnis)
- Strategisches Potenzial (Know-how-Sprung, Basis für weitere Produkte)
- Wirtschaftliches Risiko (Markteintrittsbarrieren, Aufwand pro Entwicklung, Amortisationszeit)
- Umsetzungsrisiko (Methoden/Verfahren, Vertriebsweg, Entwicklungszeit/Umsetzung)
- Folgen bei Flop (finanziell, Image)

Ergebnis des Akzeptanz-Checks ist eine Darstellung, bei der die bewerteten Produktideen verglichen werden. Auf einen Blick ist erkennbar, welche Produktidee weiter verfolgt werden sollte.

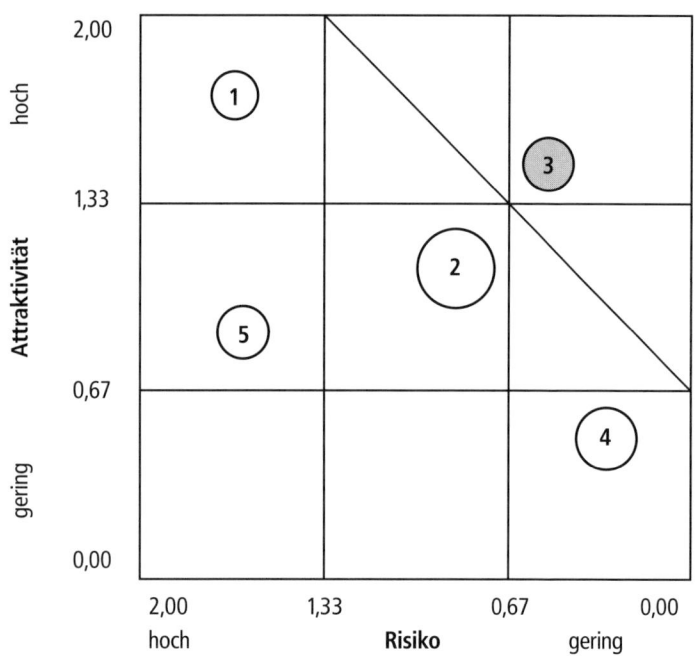

Erzielbare Verbesserungen aus dem TREC©- und TREM©-Ansatz liegen sowohl in der Verkürzung von Entwicklungszeiten (im Mittel um 20 Prozent) als auch in der Einhaltung der Entwicklungsbudgets bzw. Reduzierung der Entwicklungskosten. Dies wird insbesondere erreicht durch neuartige Zielvereinbarungen an den Übergabepunkten (»Quality Gates«-Prinzip) und durch frühzeitiges, simultanes Projektcontrolling, das bei der Produktidee bzw. der Pflichtenheft-Erstellung anfängt. Fehlleistungsaufwand wird dadurch frühzeitig erkannt und abgestellt.

Die Floprate (Produkte, die innerhalb der ersten 12 bzw. 24 Monate vom Markt genommen werden) wird damit ebenfalls signifikant (bis zu 50 Prozent) gesenkt. Einem einmaligen Aufwand von beispielsweise 50.000 Euro für die TREC©- und TREM©-Einführung steht in der Regel ein dreifaches Return on investment (ROI) bereits im zweiten Jahr gegenüber.

Floprate sinkt

Unsere Vorgehensweise unter Nutzung eines Referenzmodelles wird im Folgenden am Beispiel eines Serienfertigers erläutert.

Der Produktentwicklungsprozess – Reifegradbewertung mit Referenzmodell

Ziel jeder Produktentwicklung ist das Erzielen eines ROI in definierter Höhe, nach und für einen definierten Zeitraum. Abhängig von der Wertschöpfungstiefe eines Unternehmens und davon, ob es sich um Einzel-, Klein- oder Großserienfertigung handelt, hat der Produktentwicklungsprozess besondere Ausprägungen.

Ausprägungen des Entwicklungsprozesses für Neuprodukte

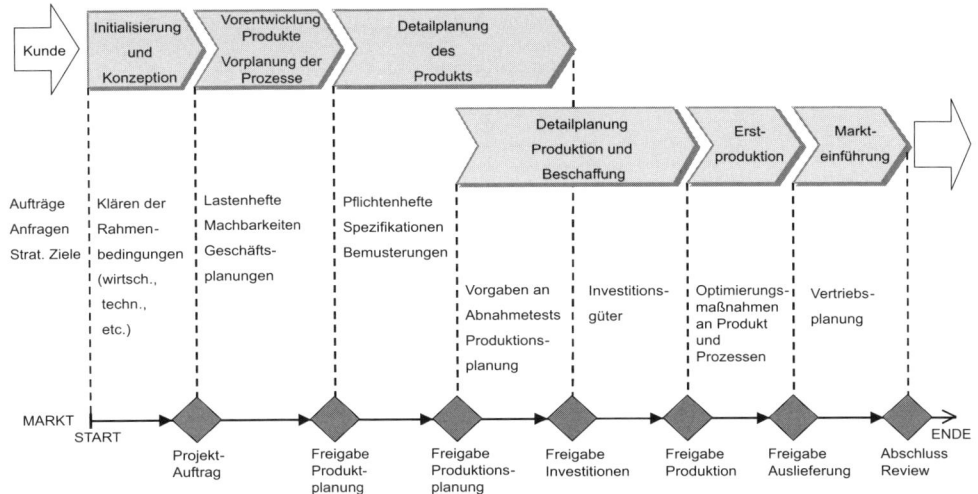

Bedeutung der Rauten

Die Rauten stellen jeweils Überprüfungsschritte dar, die auch immer eine Bewertung der Termin- und Budgeteinhaltung beinhalten. Darüber hinaus fließen dort neue bzw. veränderte Marktbedingungen (Nachfrage, Wettbewerb) durch die Organisationseinheit Marketing/Vertrieb ein.

Betrachtung der Effektivität

Der Abgleich der Themenschwerpunkte der Entwicklungsprojekte mit der Unternehmensstrategie und den Entwicklungszielen führt zur Richtungsbestimmung auf der Entwicklungs-Roadmap (Effektivitätsbetrachtung mit TREC©).

Betrachtung der Effizienz

Bei TREM© werden anschließend die einzelnen Prozessschritte betrachtet und die zugehörigen Messgrößen (key performance indicators = KPI) erfasst und bewertet. Eingangsbewertung und Soll-/Ist-Vergleich der KPIs führt zur Ableitung der Verbesserungspotenziale (Effizienzbetrachtung).

Beispiele für Kennzahlen (KPIs)

Kennzahl	Beschreibung	Einsatzgebiet
Entwicklungsintensität	Aufwand F&E x 100 / Umsatz	Aussagekraft über Forschungstätigkeit und Marktfähigkeit der Neuentwicklungen
Innovationsrate	Umsatz aufgrund eigenentwickelter Neuprodukte x 100 / Gesamtumsatz derselben Periode	Aussagekraft hinsichtlich Umsatzanteil von eigenen Produktneuentwicklungen (z. B. der letzten drei Jahre)
F&E-Aufwand je Innovation/Patent	F&E-Aufwand / Kosten je anfallendem Projektziel	Im externen und internen Vergleich Gradmesser für effizienten Mitteleinsatz
Input-Output-Verhältnis	Gegenüberstellung der F&E-Kosten mit dadurch ermöglichten Einnahmen	Gibt Hinweis auf Effizienz der F&E-Tätigkeit, vergleichbar unter Beachtung der Periodenverschiebung

Bei Wahl geeigneter KPIs können diese mit Benchmark-Daten anderer Anbieter verglichen werden. Damit ist eine Unternehmenspositionierung bezüglich der Entwicklungsaktivitäten möglich.

Weitere Ergebnisse von TREC©

Ergebnisse von TREC© sind neben der bereits genannten Prognose zur Erreichung der wesentlichen Entwicklungs-Ziele auch noch:
- Bewertung der Potenziale nach Soll-/Ist-Vergleich mit Empfehlungen zu:
  - Einstellung nicht aussichtsreicher Projekte
  - Ressourcen-Allocation (Mittel- und Personal-Ansatz)

- Roadmap zur Veränderung der Produktentwicklung
- Bewertung bestimmter Randbedingungen nach Vereinbarung (z. B. Innovationsfähigkeit)

Die Umsetzung der Roadmap wird vom TREM©-Modul effektiv unterstützt. Die Transformation von Marktdaten in die Sprache des Unternehmens wird beispielsweise methodisch durch eine Transformationsmatrix begleitet.

Transformationsmatrix

Input	Einzelschritte	Prüfpunkte	Wer / mit wem	Output	Arbeitstechnik	Fragen zur Diagnose des Reifegrades der Projektorganisation
Kundenauftrag, Kundenwünsche strat. Entwicklungsanforderung						
	Unternehmensstrategie sichten	Langfristige wirtschaftliche Absicherung des Unternehmens formuliert, Ergebnis: Rahmenvorgaben für Konzepte, gemeinsame Sichtweise mit internem Auftraggeber feststellen	Marketing / Unternehmensleitung / Lenkungsgremium	Grundsatzentscheidung zur Weiterbearbeitung und Zuordnung zur Tagesarbeit (Routineentwicklung) oder Themensammlung für strat. Entwicklungsprojekte, Produktlaunch / Relaunch oder beides, Besprechungsprotokoll	Paarweiser Vergleich Strategiebaum	Wie werden neue Ideen im Unternehmen registriert und systematisch behandelt? Werden Scoring-Modelle eingesetzt? Sind die Zuständigkeiten nachvollziehbar? Gibt es ein interdisziplinäres Gremium, dessen Aufgabe jedem bekannt ist?
	Wirtschaftliche Rahmenvorgaben	Erzielbare Absatzpreise, Entwicklungskosten, projektbezogene Investitionen; Fertigungsstandort, Make-or-Buy-Entscheidung, Wiederholcharakter der funktionalen Erweiterungen, Festlegung der Bearbeitungstiefe, Abgrenzungen und des freizugebenden Budgetrahmens	Marketing / Fachabteilung	Arbeitsauftrag für die Klärung der Rahmenvorgaben und Vermarktbarkeitsprüfung	Businesspläne, ROI-Rechnung	Gibt es ein standardisiertes Vorgehen mit festgelegten Beurteilungskriterien? Wie werden unterjährig aufkommende Projektvorbereitungen in der laufenden Unternehmensplanung und Berichterstattung berücksichtigt?
	Kundenwünsche	Markdaten / Kundenwünsche erfassen, Kundenwünsche richtig interpretieren	Marketing / Entwicklung	Vorgaben für Wettbewerbsvergleich – Erfüllungsgrad Kundenwünsche	VOC, Panels, Clinics, Kundenbefragung, TFM	Ist ein regelmäßiger Input über Kundenerwartungen sichergestellt? Wie werden die Daten verifiziert bezüglich der abgeleiteten Entwicklung?

Die Transformationsmatrix wird durch die Kundenanforderungen gespeist, die über verschiedene Wege wie Kundenpanels, Berichte der Applications-Ingenieure usw. ermittelt wurden. Wichtige ergänzende Informationen liefern Berichte über Produktausfälle, Reklamationsbearbeitung und die Wettbewerbsbeobachtung.

Früher als die Reaktion auf Produkte, die der Wettbewerb auf der letzten Messe vorgestellt hat, greift eine proaktive Beobachtung der Schutzrechts- und Patentanmeldungen für die einschlägigen Bereiche.

Die Anmeldungen beim EPA (Europäisches Patentamt) haben für ausländische Hersteller eine deutlich höhere Bedeutung erlangt als die für den singulären deutschen Markt.

Patentanmeldungen 2004 mit Wirkung in der Bundesrepublik Deutschland nach Herkunftsländern.

	DPMA	Europ. Patentamt
Deutschland	48.448	22.587
USA	2.702	31.624
Frankreich	280	7.349
Japan	3.407	18.373
England	100	4.827

Quelle: Jahresbericht 2004 – Deutsches Patent- und Markenamt (DPMA)

FuE ist nicht nur für Großunternehmen interessant
Auch wenn die absoluten Zahlen Deutschlands in Relation zur Größe der Volkswirtschaften der USA und Japans positiv erscheinen, muss dabei auch die Umsetzung von Patenten in marktfähige Produkte berücksichtigt werden. Dies ist eine der erkannten Schwächen in deutschen Unternehmen. FuE wird oft nur für Großunternehmen als machbar angesehen, dabei richtet sich die Forschungsförderung in besonderem Maße an klein- und mittelständische Unternehmen (KMUs). In Verbundprojekten werden mit Hochschulen oder Forschungseinrichtungen die Suche nach neuen Lösungen mit Praxisrelevanz und Vermarktungschancen unterstützt.

TREM©
verbessert Chancen
Das TREM©-Modul setzt hier an. Die Chancennutzung von der Idee bis zur marktfähigen Umsetzung wird durch geeignete Maßnahmen wie Patentauswertung, Verbundprojekte, Entwicklungsnetzwerke entlang der Wertschöpfungskette deutlich gesteigert.

Empfehlungen

Der FuE-Aufwand sollte gerade in KMUs mehr Bedeutung bekommen. Wer Innovationsführer werden möchte, bei dem sollte der FuE-Aufwand pro Jahr durchschnittlich über 5 Prozent der Netto-Eigenleistung liegen. Effektivität und Effizienz der FuE-Aktivitäten sollten etwa alle drei Jahre von einem unabhängigen Expertenteam bewertet werden.

Bewertung durch unabhängige Experten

Während in der Produktion häufig nur noch Optimierungspotenziale von etwa 10 Prozent zu heben sind, reicht die Spanne im Entwicklungsbereich von 20 bis 40 Prozent. Darin eingeschlossen sind Entwicklungs-Investitionen in veraltete Produkte, obwohl bereits kostengünstiger Patentrechte für die Verbesserungen erworben werden können oder Substitute bereits am Markt sind, die in kalkulierbarer Zeit die veralteten Produkte komplett ablösen.

Die Visualisierung der Informationsströme und Bearbeitungszeiten in einzelnen Entwicklungsgruppen führt zu Erkenntnisgewinnen bezüglich Kapazitätsengpässen aber auch zu Kapazitätsspielräumen. Es geht dabei nicht um die Frage, wie rationalisiere ich FuE (weniger Budget und Mitarbeiter), sondern wie gestalte ich FuE effektiver (Früherkennung »richtiger« Schwerpunkte) und effizienter (bei gleichem Budget mehr und schneller durch optimale Prozesse).

Kapazitätsengpässe und -spielräume erkennen

Darüber hinaus ist das Eingehen von Entwicklungspartnerschaften geeignet, schneller und mit geteiltem Kostenaufwand neue Produkte zu entwickeln. Um eine Win-win-Situation zu erreichen, ist eine faire Risiko- und Chancenteilung nötig. Dazu gehören klare vertragliche Vereinbarungen sowie begründetes Vertrauen. TÜV Management Systems, Köln, bietet auch bei der Suche und dem Aufbau von Entwicklungspartnerschaften Unterstützung. Für produzierende Unternehmen und Ingenieurbüros kann der neutrale Partner den Findungsprozess, einschließlich der Vertragsgestaltung, moderieren und erleichtern. Durch die globale Präsenz der TÜV Rheinland Group funktioniert das über die deutschen Grenzen hinaus, beispielsweise auch in Osteuropa oder Asien.

TÜV unterstützt Entwicklungspartnerschaften

Fazit: Was in der Großindustrie praktiziert wird, ist auch in KMUs zu angepassten Kosten machbar: Erfolgreiche Produkte mit einer effektiven und effizienten Produktentwicklung.

Klaus Kobjoll

Klaus Kobjoll (57), einer der bekanntesten und erfolgreichsten Privathoteliers Deutschlands, ist Inhaber und geschäftsführender Gesellschafter der Schindlerhof Klaus Kobjoll GmbH und der Managementseminar-Agentur Glow & Tingle GmbH, beide Nürnberg. Seine Kennzeichen sind umtriebiger Unternehmergeist, Durchsetzungsvermögen, Innovations- und Motivationskraft und solide Wirtschaftsdenke – eine Kombination, die nur selten zu finden ist und zu vielen Auszeichnungen seiner Person und seines Unternehmens geführt hat.

Glow & Tingle bietet Management-Seminare an, die vom Unternehmer Klaus Kobjoll für Unternehmer und Leitende entwickelt wurden. Ihre Inhalte sind praxiserprobt und sollen dazu beitragen, den Alltag eines Unternehmens hinter und vor den Kulissen im Sinne von Kunden, Mitarbeitern und dem Unternehmen selbst erfolgreich zu gestalten.

Publikation

Klaus Kobjoll u. a.: MAX – Das revolutionäre Motivationskonzept. Zürich: Orell Füssli 2005

Referenzen

- WOCO Kronacher Kunststoffwerk GmbH
- FAUDE Automatisierungstechnik
- Schwaben-Progress AG

Beratungsschwerpunkte und Seminarthemen

Ziel ist ein reibungsloser und dennoch emotional gesteuerter Unternehmensablauf. Themen von Klaus Kobjoll und seinem Team sind:

- Total Quality Management
- Mitarbeiterzufriedenheit
- Kundenorientierung

Glow & Tingle Unternehmensberatung GmbH
Steinacher Straße 6–8
90427 Nürnberg-Boxdorf
Telefon (09 11) 93 02-635
Fax (09 11) 93 02-639
www.kobjoll.de
markus.wiesmann@kobjoll.de

Klaus Kobjoll
Der MitarbeiterAktienindeX MAX: So bringen kreative Köpfe das Kapital zum Tanzen

Fast 90 Prozent der Mitarbeiter in deutschen Unternehmen sind nicht mit ganzem Herzen bei der Arbeit: 70 Prozent verspüren nur eine geringe emotionale Bindung zum Arbeitgeber und machen Dienst nach Vorschrift. 18 Prozent verspüren keine emotionale Bindung und haben bereits innerlich gekündigt.

Mangelndes Engagement

Dies sind erschreckende Zahlen aus einer Befragung des Gallup Instituts. Gallup schätzt den jährlichen gesamtwirtschaftlichen Schaden durch fehlendes Engagement am Arbeitsplatz in Deutschland auf bis zu 260 Milliarden Euro. Das entspricht in etwa dem Bundeshaushalt für das Jahr 2006.

Hohe Kosten

Als wichtigsten Grund für das fehlende Engagement am Arbeitsplatz nennt Gallup schlechtes Management. So gaben die Befragten an,

Der Grund: schlechtes Management

– dass sie eine Position ausfüllen, die ihnen nicht liegt,
– dass sie Lob und Anerkennung für gute Arbeit vermissen,
– dass die Vorgesetzten sich nicht für sie als Mensch interessieren,
– dass die Chefs selten andere Meinungen gelten lassen
– und dass es niemanden im Unternehmen gibt, der die persönliche Entwicklung fördert.

Das sind erschreckende Nachrichten. Die *gute* Nachricht lautet: Schlechtes Management lässt sich vermeiden.

Das Wort »managen« geht zurück auf das italienische Wort *managgiare* »handhaben, bewerkstelligen«. Es hat denselben Ursprung wie das Wort *Manege* »Handhabung; Schulreiten; Reitbahn«. Aber es geht gerade nicht um Dressur und Gehorsam. Der moderne Mensch reagiert auf Abrichtung mit Dienst nach Vorschrift oder innerlicher Kündigung.

Mitarbeiter lassen sich nicht gerne als Produktionsfaktor oder menschliche Ressource behandeln. Sie möchten als Individuen betrachtet und anerkannt werden.

Mitarbeiter suchen Wertschätzung auf rationaler und emotionaler Ebene. IQ und EQ sind keine sich ausschließenden Gegensätze. Sie müssen koexistieren, sie sind komplementär.

Glow & Tingle bietet mit dem MitarbeiterAktienindeX MAX ein neues unternehmerisches Instrument an, das den Verstand und das Gefühl anspricht. Dabei setzt der MAX auf drei Aspekte:
1. die sinnstiftende Führungskraft,
2. den einmaligen Mitarbeiter
3. und gemeinsame organisatorische Innovation.

Sinnstiftende Führungskraft meint die Betonung der geistigen Führung anstelle des Managements bis ins kleinste Detail. In einer oft undurchschaubaren Welt kann die Führungskraft als Orientierungspunkt dienen, der dem privaten und beruflichen Leben der Mitarbeiter einen Sinn gibt.

Einmaliger Mitarbeiter heißt: Menschen sind verschieden und damit auch ihre Motivationen. So sollten Angestellte und Manager mehr über Motivations- und weniger über Anforderungsprofile sprechen.

Organisatorische Innovation bedeutet Bedingungen schaffen, die Leistungsfähigkeit und Kreativität zulassen und fördern.

Wie wir beim Schindlerhof angefangen haben

Als Gründungsunternehmer in der Hotellerie – einer kapitalintensiven Branche – war mir bei meinem lächerlich geringen Eigenkapital von Anfang an eines klar: Wir werden es nicht schaffen, emotionale Erlebnisse – sprich: Servicequalität – beim Kunden über starke Reize von außen erlebbar zu machen. Also nicht über Schwimmbäder, Wellnessbereiche oder Lobbys, in denen Gäste sich verlaufen, begehbare Kleiderschränke oder mit Antiquitäten eingerichtete Zimmer. Wir – ein kleines Hotel in einem Vorort von Nürnberg – werden emotionale Erlebnisse nur über »heimliche Berührungen«, über Human Touch, erlebbar machen können.

Da alle Unternehmen nach Differenzierungsstrategien suchen, wurde uns sehr schnell klar, dass es nur zwei Dinge gibt, die nicht kopierbar sind: Das sind zum einen die *Beziehungen eines Unternehmens zu seinen Mitarbeitern* und daraus zum anderen resultierend die *Beziehungen der Mitarbeiter zu ihren Kunden.* **Was nicht kopierbar ist**

> **Mitarbeiter sind nur dann in der Lage, gute Beziehungen zu ihren Kunden aufzubauen, wenn sie selbst lichterloh brennen, wenn sie voll identifiziert sind mit den Werten, mit den Zielen ihres Unternehmens.**

Deshalb müssen zunächst zwingend gute Beziehungen zwischen der Unternehmensleitung und den Mitarbeitern aufgebaut werden. In Anbetracht der bereits erwähnten Gallup Studie reicht es nicht mehr aus, einen repräsentativen Querschnitt durch die Bevölkerung in einem Unternehmen zu beschäftigen – denn in einem solchen Fall gingen sehr schnell die Lichter aus! Ganz im Gegenteil: wir müssen alles daran setzen, eben die 12 Prozent – vielleicht sind es auch 20 – Hochmotivierten herauszufiltern. **Hochmotivierte Mitarbeiter finden**

In diesem Punkt war der Schindlerhof schon immer Vorreiter: Bereits 1984 haben wir einen sehr engmaschigen Einstellungsfilter kreiert, der aus neun Einzelfiltern besteht. In der Regel dauert es somit zwei bis drei Monate, bis jemand überhaupt anfängt, für uns zu arbeiten. Es braucht eben seine Zeit, bis wir uns gegenseitig so weit beschnuppert haben, dass wirklich beide Partner fest davon überzeugt sind, die richtige Entscheidung zu treffen. **Engmaschiger Einstellungsfilter**

Jemand der wirklich zu uns passt, der eingestimmt wird, muss natürlich immer auch ein Feedback bekommen, das Antworten gibt auf Fragen wie beispielsweise:
– Wie ist meine Leistung?
– Wo stehe ich gegenwärtig?

- Habe ich mich verbessert?
- Gibt es irgendwo Lücken, die ich rasch schließen muss?
- Kurz: Wo sind meine Stärken, wo meine Schwächen?

Auf dem Weg zu einem neuen Instrument

Inspiration aus drei Richtungen

Um dieses Feedback differenziert und systematisch zu erhalten, wollten wir ein entsprechendes Instrument schaffen. Die Inspiration für den MitarbeiterAktienindeX kam aus drei Richtungen:

1. Wir glauben fest daran, dass bei rund fünf Millionen Arbeitslosen in Deutschland auch ein angestellter Mitarbeiter, ein angestellter Unternehmer sehr gut beraten ist, ständig alles zu tun, um seinen Wert für das Unternehmen, aber auch für den Arbeitsmarkt zu steigern. Jeder sollte sich regelmäßig mit der Frage beschäftigen: »Wie ist mein Wert da draußen im Mitarbeitermarkt?«

2. Ein weiterer Gedanke, der uns bei unserer Entwicklung von MAX beflügelte, stammte von Professor Malik von der Universität St. Gallen, der da sagt: »Firmen, die aufhören, zu innovieren, geraten auf die schiefe Bahn.« Die Idee dahinter: Wir müssen sehr mutig etwas ganz Neues entwickeln und nicht, wie so viele das tun, alten Wein in neue Schläuche füllen!

3. Schließlich beeindruckte uns ein Zitat von Karl Friedrich von Weizsäcker, dem Bruder unseres Ex-Bundespräsidenten, einem Physiker und Philosophen, der einmal sagte: »Es ist eine der asketischsten Grunderfahrungen der Menschheit, dass gerade die Arbeit des Einzelnen, des Individuums, und seine unbewusste Ausstrahlung die Gesellschaft verändert«.

Monatlich ein »Blick in den Spiegel«

Wir wollten ein Instrument schaffen, mit dessen Hilfe sich die Mitarbeiter quasi einmal monatlich im Spiegel betrachten können, ihre Stärken und Schwächen erkennen, ihren Wert im Arbeitsmarkt sehen und damit in die Lage versetzt werden, an sich selbst zu arbeiten, weil sie ja dann – letztendlich unbewusst ausstrahlend – auch ihr Team, das Unternehmen und schließlich ihr gesamtes Umfeld verändern und verbessern helfen! Wir sind der festen Überzeugung, dass ihnen dieses Instrument dabei hilft, sich nicht eines Tages in das Heer der Arbeitslosen einreihen zu müssen.

Als diese Gedanken in der Luft lagen, kam noch ein Schlagwort hinzu, das in Deutschland überall zu lesen war, die »Ich-AG«. Daraus, so dachten wir, könnte man doch eine »Ich-Aktie« ableiten. Die Idee bestand darin, nach bestimmten Kriterien auf eine spielerische Art und Weise den »Aktienwert« eines Mitarbeiters monatlich anzupassen, je nachdem, wie eben seine Leistung, seine Performance in verschiedenen Gebieten ist.

Die Idee der »Ich-Aktie«

Uns war von vornherein klar, dass wir ein sehr heikles Thema behandelten: Menschen mit einem Aktienwert gleichzusetzen und sie dann regelrecht abstürzen oder eben auch aufsteigen zu lassen! Daher versicherten wir uns an dieser Stelle der Spitzenwissenschaft und schlossen über die Zusammenarbeit mit ihr eine Art »Vollkaskoversicherung mit Selbstbeteiligung« ab. In diesem Fall ist es uns gelungen, mit der Fachhochschule Würzburg-Schweinfurt und mit Prof. Dr. Ulrich Scheiper eine Fakultät und einen Experten zu gewinnen, die unsere Gedanken mit Freude aufgenommen und mit viel Begeisterung praxisfähig umgesetzt haben.

Kooperation mit der Wissenschaft

Wir mussten zunächst einen Namen finden, denn der Begriff »Ich-Aktie« riss niemanden zu Begeisterungsstürmen hin. In einem unserer Meetings mit Prof. Scheiper hatten wir dann die zündende Idee: Das Ganze soll MAX heißen. MAX, der Mitarbeiter-AktienindeX.

Ein guter Name wird gefunden

Der MitarbeiterAktienindeX

Beim MitarbeiterAktienindeX lässt der Begriff Aktie bewusst Assoziationen zum Finanzmarkt zu. Ähnlich wie bei einer Neuemission am Kapitalmarkt erhält jeder Mitarbeiter an seinem ersten Arbeitstag einen Aktien-Nennwert in Höhe von 1.000 »Pixel«. Wir haben die Werteinheit aber absichtlich auf den Kunstnamen Pixel getauft und nicht mit Euro oder Schweizer Franken versehen. Dadurch steht nicht zwangsläufig der monetäre Wert, sondern eher der spielerische Charakter im Vordergrund.

Der spielerische Charakter steht im Vordergrund

Der spätere Kursverlauf wird monatlich neu errechnet und spiegelt dann den aktuellen Kurs des »Players«, also des Mitarbeiters bzw. der Mitarbeiterin wider. Auch diesen Begriff wählten wir, um die spielerische Komponente hervorzuheben. Doch wie an jeder Börse kann der Kurs steigen oder auch fallen. Dabei sind die möglichen Wertveränderungen – wiederum gewollt – sehr moderat gehalten, sodass im schlimmsten Fall ein Team-Mitglied von seinem Ausgabekurs nach einem Jahr höchstens auf etwa 850 Pixel abfallen kann. Im besten Fall können etwas mehr als 1.200 Pixel erreicht werden. Denn die ausgegebene Parole heißt *Motivation* und keineswegs das Gegenteil davon.

PIX – der »Player Index«

Aspekte, die in die Bewertung einfließen Im Schindlerhof werden folgende Aspekte bei der Aktienwertermittlung bzw. -veränderung berücksichtigt:

1. Aktive Arbeit mit einem Zeitplansystem – manuell oder elektronisch
2. Abschreibung – jeder Player wird moderat wie ein Anlagegut »abgeschrieben«
3. Mitarbeit am kontinuierlichen Verbesserungsprozess – dem Vorschlagswesen
4. Persönliche, subjektive Fehlerquote
5. Ergebnisse aus den regelmäßigen Beurteilungsgesprächen, die zweimal pro Jahr stattfinden
6. Krankheitstage – Krankenhausaufenthalte und Betriebsunfälle sind ausgenommen
7. Pünktlichkeit
8. Pixelprämie bei Erreichung gesondert vereinbarter Ziele
9. Freiwillige Mitarbeit an Projekten – Projektarbeit findet grundsätzlich in der Freizeit statt
10. Raucher oder Nichtraucher?
11. BMI – Body Mass Index
12. Verstoß gegen Spielregeln – hausinterne Regeln –, die jedem Player bestens bekannt sind
13. Weiterbildung
14. Betriebsjubiläen – für wertvolle Erfahrung gibt es Extrapixel

Pro Monat und Mitarbeiter nur fünf Minuten Die zum Einsatz kommenden Einflussfaktoren und deren Gewichtung können in jedem Unternehmen unterschiedlich sein. Das ist auch gut so, denn jede Branche ist anders strukturiert. Mittlerweile ist die monatliche Aktienwertermittlung per eigens entwickelter Software systematisiert und nimmt pro Player und Monat nur etwa fünf Minuten in Anspruch.

Anfangs wurde das System in Excel-Mappen verwaltet. Es stellte sich aber schnell heraus, dass diese Tabellenkalkulationssoftware langfristig nicht geeignet ist, um effektiv und ohne große Zeitverluste mit der Mitarbeiteraktie zu arbeiten.

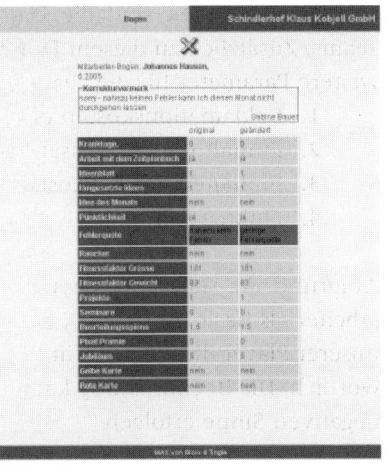

Der Bewertungsbogen

Die Player erhalten mit dem Instrument der monatlichen Aktienwertermittlung individuell die Möglichkeit, ihren Kurswert zu erfahren und entsprechend zu beeinflussen.

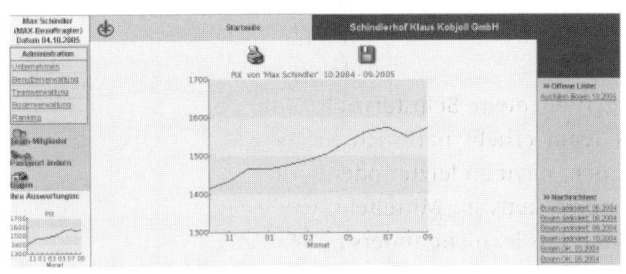

**Kurvenverlauf
Player Index PIX**

Die Daten jedes Einzelnen werden nicht veröffentlicht. Lediglich der jeweilige Team-Leader hat Zugang zu den Kurswerten seiner Team-Mitglieder, um sie entsprechend in den TIX, den »Team Index« einfließen zu lassen.

TIX – der »Team Index«

Da bei uns im Schindlerhof der Teamgeist höchste Priorität besitzt, ist es keineswegs damit getan, ausschließlich die individuellen Werte dem entsprechenden Player zuzuordnen und es damit gut sein zu lassen. Hier kommt der Team Index TIX ins Spiel.

**Teamgeist besitzt
Priorität**

Grundlage des TIX sind die Player Indices des entsprechenden Teams. Zusätzlich zu diesem Durchschnittswert werden noch vier weitere Parameter für die Team Indices berücksichtigt:

1. Reklamationskosten des jeweiligen Teams
2. Einhaltung der Umsatzziele
3. Einhalten der Zielkosten
4. Fluktuation

Aufgrund der Tatsache, dass die Durchschnittswerte aller Mitarbeiter als Basis für den TIX herangezogen werden, ist nun jeder unserer Player direkt auch für den Kurswert seines Teams verantwortlich. Die Beeinflussung kann sowohl im positiven als auch im negativen Sinne erfolgen.

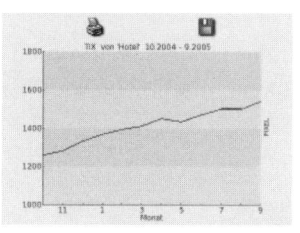

Die Team Indices werden im Schindlerhof monatlich an allen Weißwandtafeln im Vergleich kommuniziert. Sollte also ein Team weniger gut dastehen, nur weil ein einzelnes Mitglied nicht ausreichend an sich arbeitet, hat dies zwangsläufig zur Folge, dass dieser Player von seinen engsten Kollegen zu mehr Selbstdisziplin und Aktivität ermuntert wird. Jedes Team erhebt natürlich für sich – als Gemeinschaft – den Anspruch, nicht an letzter oder vorletzter Position zu stehen, sondern mindestens im Mittelfeld, wenn nicht an der Spitze mitzumischen. Das ist nicht anders als bei einem Sportteam auch.

Mit einem spielerischen Instrument wie dem MAX wird also auf diese Weise eine Gruppendynamik entwickelt, die unseren hedonistischen Anspruch an unsere Arbeit – sie als Lust statt als Last zu empfinden – konsequent unterstützt!

CIX – der »Community Index«

Die Team Indices werden schließlich einem Aktienpool – dem Community Index (CIX) – zugeführt. Er wird wie der TIX errechnet. Auch für den CIX greifen noch weitere Parameter. Beispiele sind Reklamationskosten für den Gesamtbetrieb, die keinem Team zugewiesen werden können, der Wareneinsatz und die Teamkosten.

Dieser Index, der ebenfalls monatlich veröffentlicht wird, gilt für das gesamte Unternehmen und dokumentiert seine von Individualisten geprägte Leistungsfähigkeit in ihrer ganzen Perfektion.

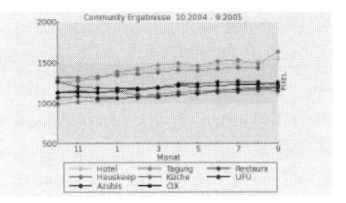

Kurvenverlauf
Community Index CIX

Premiere im Schindlerhof

Nachdem die Hausaufgaben an der Fachhochschule Würzburg-Schweinfurt fertig gestellt waren, haben wir uns im Schindlerhof im November 2002 in einer Startup-Präsentation vom Gelingen der Umsetzung überzeugen können. Sofort entschied sich unsere Führungscrew für die Einführung des MAX ab Jahresbeginn 2003.

Wir wussten, dass die damalige Version ein am Reißbrett entstandenes, theoretisches Konstrukt darstellte. Auch wenn alle Parameter sorgfältig errechnet und gewichtet wurden: Der Live-Betrieb sieht immer anders aus. Da gibt es plötzlich viele Abweichungen, die im Vorfeld gar nicht berücksichtigt werden konnten.

Daher waren wir froh, Markus Wiesmann für ein Praxissemester bei uns zu gewinnen. Herr Wiesmann hatte als Student neben Prof. Dr. Scheiper federführend an der Entwicklung des MAX mitgearbeitet. Die Aufgaben für das sechsmonatige Praxissemester lauteten: Implementierung von MAX, Schulung der Mitarbeiter auf das System, Systempflege und alles Weitere, was dazu gehörte und sich im Laufe der Zeit ergab. MAX musste für den Hotelalltag praxisfähig gemacht werden. Kein einfacher Job, aber heute können wir sagen, dass wir eine runde Sache im Einsatz haben.

MAX alltagstauglich gemacht

Inzwischen vermarkten wir MAX nicht nur in der Hotellerie, sondern auch branchenübergreifend. Eine Reihe von Unternehmen – sowohl aus der Produktion als auch aus dem Dienstleistungssektor – setzen MAX ein, wobei das System stets auf die jeweiligen Bedürfnisse ausgerichtet wird. Die Mitarbeiter dieser Unternehmen wissen zeitnah, wo sie stehen und auf welche Themen sie ihre besondere Aufmerksamkeit lenken müssen. Der Mitarbeiter-AktienindeX führt dazu, dass die Menschen mit leuchtenden Augen bei der Sache sind – und bleiben.

Heute branchenübergreifende Vermarktung

Peter Kruse

Prof. Dr. Peter Kruse ist Honorarprofessor für Allgemeine und Organisations-
psychologie an der Universität Bremen und geschäftsführender
Gesellschafter des Methoden- und Beratungsunternehmens nextpractice in
Bremen. Er ist seit Jahren bei renommierten, international tätigen
Managementinstituten und Unternehmen als Trainer, Coach und Berater
tätig. Sein Arbeitsschwerpunkt liegt in der Anwendung und praxisnahen
Übertragung von Selbstorganisationskonzepten auf die Gestaltung betrieb-
licher Veränderungsprozesse.

Publikation

- Peter Kruse: next practice. Erfolgreiches Management von Instabilität.
  Veränderung durch Vernetzung. Offenbach: GABAL 2004.

Auszeichnungen

- 2002: Meeting Business Award
- 2003: Teaching Award des Schweizer Zentrums für Unternehmensführung
- 2004: Weiterbildungs-Award MUWIT, SPD-Innovationspreis

Referenzen

DeTelmmobilien, Deutsche Bank, Deutsche Post, E.ON, Hewlett-Packard,
heine, Lilly Pharma, MAN, O2, Otto Group, RWE, ThyssenKrupp, Volkswagen

Beratungsschwerpunkte

- Veränderungsgestaltung
- Kulturentwicklung
- Strategieberatung
- Großgruppenmoderation
- Mitarbeiterbefragung
- Marktforschung

nextpractice GmbH
Am Speicher XI / 6
28217 Bremen
Telefon (04 21) 3 35 58 80
Fax (04 21) 3 35 58 30
www.nextpractice.de

Peter Kruse
Führen heißt vernetzen –
Veränderungen erfolgreich gestalten

Veränderung ist allgegenwärtig. Angesichts der wachsenden technischen und wirtschaftlichen Vernetzung nimmt die Komplexität und Dynamik des alltäglichen Lebens rasant zu. Dabei steht die Notwendigkeit, sich auf grundlegende Veränderungen einzulassen, in deutlichem Widerspruch zu den Beharrungstendenzen der Menschen. Veränderungsbereitschaft ist nicht selbstverständlich.

Veränderungen – Bedrohung oder Chance?

Viele sehen sich bedroht, statt die Chancen zu erkennen, die in der Veränderung liegen. Bisher befolgte Karriere-Kriterien gelten nicht mehr. Die Fähigkeit, mit Unsicherheit umzugehen, und die Bereitschaft, liebgewordene Stabilität aufzugeben, sind entscheidende Erfolgsfaktoren. Die Situation erfordert neue Kompetenzen in der Führung und neue Formen der Kooperation. Es reicht nicht mehr, Ziele zu definieren und für deren Umsetzung zu garantieren. Die Rolle von Führungskräften befindet sich in einem tief greifenden Prozess der Neuorientierung. Die Moderation eigendynamischer Netzwerke und der Umgang mit Instabilität werden immer wichtiger.

Erfolg der Netzwerkökonomie

In einer vernetzten Marktwirtschaft wächst die Komplexität und Dynamik über Rückkoppelungseffekte mit großer Reichweite und unvorhersehbaren Effekten. Veränderungen bei einem Netzpartner können direkt und indirekt Auswirkungen auf alle anderen haben. Das Beispiel Internet zeigt, wie sich das Machtgefüge von Wissen und Handeln in der Vernetzung verändert. In der Vernetzung stehen Informationen nahezu unbegrenzt zur Verfügung. Kunden werden selbstbewusster und einflussreicher.

Von best practice zu next practice

Orientierung am best practice reicht nicht

Das bloße Verbessern des Bestehenden stößt an seine Grenzen. Die Ausrichtung auf bereits erreichte Leistungsstandards (Benchmarking) reicht nicht mehr aus. Es geht nicht nur um Funktionsoptimierung (best practice), sondern um Prozessmusterwechsel (next practice), um den Übergang vom trivialen Lernen hin zum nichttrivialen Lernen.

Beispiel: Hochsprung

Ein Beispiel aus dem Sport kann das verdeutlichen. Jahrzehntelang versuchten Hochspringer, mit Fuß und Hand einer Körperhälfte voran sich bäuchlings über die Latte zu winden. Trotz kontinuierlicher Verbesserungsversuche war irgendwann die Obergrenze erreicht. Steigerung über Optimierung war nicht mehr möglich. Bei der Olympiade 1968 öffnete dann der Amerikaner Dick Fosbury neue Leistungshorizonte. Er sprang nach einem bis dato unbekannten Muster – er drehte sich kurz vor der Latte überraschenderweise um und glitt rücklings über die Latte. Der Fosbury-Flop war geboren.

Vom Straddle zum Fosbury-Flop

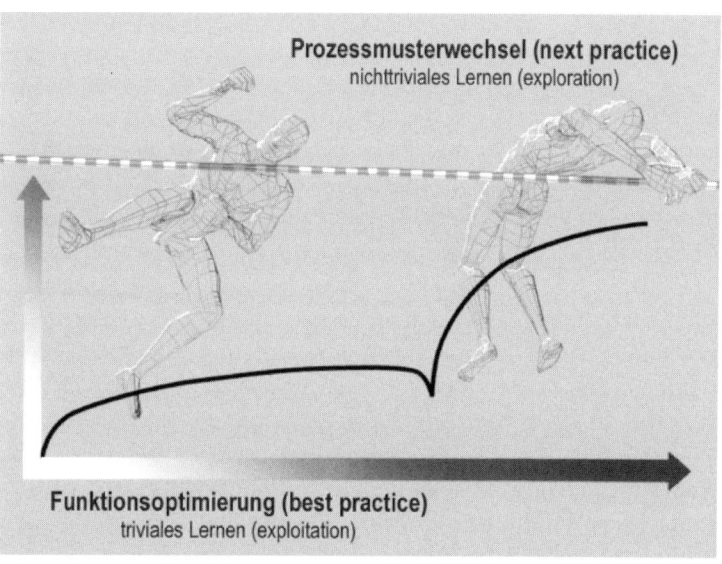

Prozessmusterwechsel (next practice)
nichttriviales Lernen (exploration)

Funktionsoptimierung (best practice)
triviales Lernen (exploitation)

Prozessmusterwechsel folgen dem Modell des Phasenübergangs in dynamischen Systemen. Der Übergang benötigt zunächst eine kreative *Störung*, denn stabile Zustände sind selbsterhaltend.

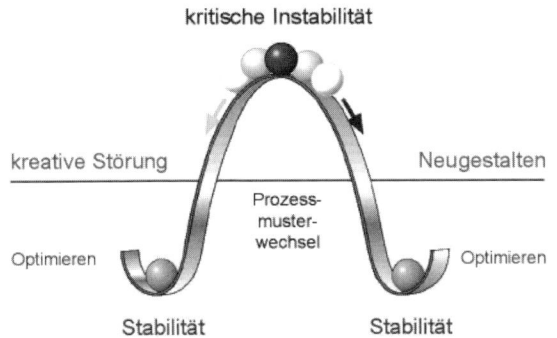

Über Störungen alte Stabilitäten aufbrechen

Das gilt besonders für menschliche Lernprozesse. Nichttriviales Lernen, das Aufbrechen liebgewordener Muster fällt dem Gehirn nicht leicht. Erfolgreich zu sein, birgt daher immer bereits die Gefahr des zukünftigen Misserfolgs.

Ohne Instabilität entsteht keine Änderungsbereitschaft und damit auch keine Chance zur Neuordnung. In der Instabilität aber gilt das Prinzip »kleine Ursache, große Wirkung« – der Schmetterlingseffekt. Systeme reagieren sehr sensibel, Entwicklungen sind nicht mehr vorhersagbar.

Schmetterlingseffekt

Es lohnt sich jedoch, das Wagnis einzugehen, denn in einem sich ändernden Umfeld ist das Risiko der Stabilität immer größer als das Risiko der Instabilität. In der komplexen Dynamik der neuen Netzwerk-Ökonomie wird die strategische Gestaltung derartiger Übergänge zur zentralen Herausforderung für Führungskräfte.

Wird ein bestehendes Muster aufgebrochen, führt dies notgedrungen immer zuerst in eine krisenhafte Situation. Die Bereitschaft, sich auf den Schmerz der Veränderung einzulassen, ist eine unverzichtbare Voraussetzung für Innovation. Es ist sinnvoll, die Neuorientierung anzugehen, bevor die Umfeldgegebenheiten eine Änderung erzwingen. Gerät das alte System unter Druck, wird es stetig schwerer, die Kosten des Überganges zu tragen. Nur allzu leicht kann dann aus der Krise eine Katastrophe werden.

Änderungen früh angehen

Ignoranz und Ohnmacht Leider ist die Sensibilität für die Notwendigkeit des Wandels in Unternehmen und Institutionen häufig nur schwach ausgeprägt. Die ersten Signale der Irritation werden ignoriert. Nicht selten wird die Vergangenheit beschworen, man feiert alte Erfolge. Werden die Signale dann stärker, kommt es zu ersten Selbstabwertungstendenzen und externen Schuldzuweisungen. Zahlen werden schöngerechnet. Man fühlt sich ohnmächtig. Aggressionen entstehen.

Krise und Ernüchterung Häufig findet sich erst auf dem Tiefpunkt die Kraft zur Erneuerung. Die Probleme sind dann offenkundig. Erst in der Ernüchterung haben neue Ideen plötzlich Konjunktur. Wünsche werden wach. Visionen entstehen. Dieses »Alkoholiker-Modell« der Veränderung schöpft die Energie erst aus dem »Tal der Tränen«. Viel sinnvoller wäre ein eigeninitiativer, durch glaubwürdig vorgelebte Veränderungsbereitschaft und Neugier getragener Wandel.

Ungeahnte Chancen Prozessmusterwechsel sind zwar immer eine Krise, eröffnen aber auch die Chance für ungeahnte Effektivitätssteigerungen. Wer sich darauf einlässt, wird beispielsweise schnell erkennen, dass Kosteneinsparungen nicht zwangsläufig mit Qualitätseinbußen einhergehen. Qualitätseinbußen entstehen nur, wenn man an die Grenzen alter Muster kommt. Nur, wenn die Sättigungsphase der Optimierung des Bestehenden erreicht ist, gilt der Widerspruch von Kostenreduktion und Leistungssteigerung.

Neue Leistungsgrenzen Wenn sich die Beteiligten offen auf die Möglichkeit einer grundlegenden Neuorientierung einlassen, wenn sich die kollektive Intelligenz von Erhalt auf Innovation richtet, sind Leistungsgrenzen neu definierbar. Prozessmusterwechsel erlauben ungewöhnliche Sprünge. Voraussetzung ist allerdings, dass aus Betroffenen Beteiligte werden. Das Neue kann nicht von außerhalb kommen.

Drei Grundprinzipien Drei Grundprinzipien sind zu beachten, wenn sich Innovationskraft im Unternehmen voll entfalten soll:
1. Führung und Mitarbeiter brauchen ein gemeinsames Verständnis für das Management von grundlegenden Veränderungsprozessen (Basiskonsens).
2. Führung definiert Rahmenbedingungen und trifft Entscheidungen. Die Ideen zur Erneuerung aber werden im offenen Dialog entwickelt (Involvierung).

3. Informationen über Rahmenbedingungen, Entscheidungswege und Leistungsunterschiede werden im Prozess rückhaltlos offengelegt (Transparenz).

Faszination als treibende Kraft

Management von Stabilität und Management von Instabilität unterscheiden sich grundsätzlich: Wenn die Märkte sich vorhersagbar verhalten und die eigene Organisation relativ *einfach* strukturiert ist, kann die Führung das Unternehmen schlicht nach dem *Ursache-Wirkungs-Schema* steuern. Gewinnt die Organisation dann zum Beispiel über Wachstum an *Komplexität*, werden Regelungsmechanismen nach dem Modell von *Zielvereinbarung und Leistungsüberprüfung* eingebaut.

Management von Stabilität

Dieser klassische Management-Regelkreis funktioniert aber nicht mehr, wenn die Marktdynamik kritische Grenzen übersteigt, zunehmend *instabil* und damit unvorhersagbar wird. In der Instabilität ist keine planvolle Optimierung mehr möglich. Das Heil liegt in einer unspezifischen Erhöhung der Anpassungsfähigkeit und Innovationskraft. Ist der Organisationsgrad bei instabilem Umfeld noch einigermaßen einfach, ist durchaus das Prinzip *»Versuch und Irrtum«* angemessen. Schlichtes Ausprobieren ist ein legitimer Weg der Erneuerung, wie sich von der Erfindung des Penicillin bis zur Erfindung des Teebeutels zeigt. Allerdings widerspricht diese Sichtweise deutlich dem tradierten Steuerungsanspruch von Führung. Das Management muss lernen, sich jenseits von Zielvereinbarung und Controlling auf Prozesse und Unsicherheiten einzulassen.

Management von Instabilität

Handlungsstrategien im Überblick

	Handlungsstrategie		Handlungsstrategie	
	Steuerung	Regelung	Versuch und Irrtum	Selbst-organisation
Systemzustand	stabil	stabil	instabil	instabil
Organisation	einfach	komplex	einfach	komplex
Funktionsweise	Ursache - Wirkung	Soll - Ist - Abgleich	Such-bewegung	Muster-wechsel
	Management von Stabilität (exploitation)		Management von Instabilität (exploration)	

Steigt neben der Instabilität auch noch die Komplexität, gelten die Prinzipien der *Selbstorganisation*. Punktuelles Reagieren wird zu risikoreich. Eigendynamik und Selbstverantwortung sind dann die zentralen Erfolgsfaktoren. Vertrauen auf die eigene Intuition, die sensible Wahrnehmung aktueller Gegebenheiten und das bewegliche Sich-Einlassen auf jede noch so kleine Veränderung sind gefordert. Der Kurs entsteht erst in der Bewegung. Langfristige Ziele kann es nicht geben.

Faszination und Neugier Um in einer solchen Situation der Unsicherheit die notwendige Bereitschaft zur Veränderung entstehen zu lassen und eine gemeinsame Grundausrichtung zu gewährleisten, braucht es eine tragfähige Vision. Das Management hat die Aufgabe, gegen die verständliche Verunsicherung Faszination und Neugier zu setzen. Das Management von Instabilität lebt von emotionaler Resonanz bei allen Beteiligten und von der Glaubwürdigkeit der Führung.

Segeln an bekannten Küsten Das Management von *Stabilität* entspricht dem Segeln an bekannten Küsten. Verfügt die Führungskraft über das richtige Planungswissen, ist sie in der Lage, die eigene Position zu bestimmen, dann ist der Erfolg vorhersagbar. *Steuern* und *Regeln* bestimmen das Handeln in der Stabilität.

Aufbruch ins Unbekannte Das Management von *Instabilität* hingegen entspricht dem Aufbruch zu unbekannten Kontinenten. Es ist vergleichbar mit der Situation von Christopher Columbus. Columbus wusste zwar, dass er auf dem 28. Breitengrad segelte. Er wusste aber nicht, ob er so auch Land erreichen würde. Die Bewegung war für ihn das einzig bestimmbare Ziel – der kürzere Weg nach Indien seine treibende Faszination. Erreicht hat er Indien bekanntlich nicht. Aber er hat das Tor zu einer neuen Welt geöffnet. Instabilitäts-Manager wie Columbus sind mit gänzlich anderen Führungsanforderungen konfrontiert als Kapitäne auf bekannten Routen.

Prinzipien einer Kultur des Wandels

Handlungs-empfehlungen Die Erkenntnisse der Selbstorganisations- und Chaostheorie legen der Führungskraft in Instabilitätsphasen einige konkrete Handlungsempfehlungen nahe: Störung ist Voraussetzung für gelingende Veränderung. Stabilität macht handlungsfähig, Instabilität macht kreativ. Strategisches Change Management ist daher die bewusste Balance von Stabilität und Instabilität im Unternehmen. Führung hat die Aufgabe, immer wieder frühzeitig zu destabilisieren, möglichst bevor die Umfeldsituation eine Änderung erzwingt. Führung hat die Aufgabe, Faszination und Aufbruchstimmung durch glaubwürdig vorgelebte Veränderungsbereitschaft lebendig zu halten. Strategisches Change Management setzt hohe persönliche Instabilitätstoleranz voraus.

Wissen vernetzen, Querdenken fördern

Change Manager sind keine charismatischen Vordenker, die eine »richtige« Lösung verkaufen. Die Lösung kann nur über eine Moderation der Intelligenz aller Beteiligten entstehen. Es gilt, die Vernetzung des Expertenwissens und aktives Querdenken im Unternehmen zu fördern. In einer Kultur der Veränderung haben kreative Störer herausragende Karrierechancen, und die Übernahme von Risiko wird besonders gewürdigt. Change Manager sind bereit, die Kosten der Veränderung zu tragen. Sie kalkulieren im Übergang Leistungseinbußen ein und vermeiden es, ihre eigene Verunsicherung zu schnell durch steuernde Eingriffe zu verringern.

Transparenz schaffen, Leistung messen

Change Manager sorgen für maximale Transparenz. Sie decken taktische Spiele auf und akzeptieren kein voreiliges Commitment. Sie schaffen ein Klima, in dem die Messung von Leistung, die Standardisierung und das Controlling der Prozesse zur Selbstverständlichkeit wird.

Positives kommunizieren

Change Manager sind sich des Zusammenhanges von Instabilität und Sensibilität bewusst. Kommunikation ist das Rückgrat eines jeden Veränderungsprozesses. In der Veränderung kann eine einzelne Aussage große Wirkung haben (Schmetterlingseffekt). Die Führung hat die Aufgabe, unkontrollierte Gerüchtebildung durch offensive, interne wie externe Publikation von Geschehnissen und Entwicklungen entgegenzuwirken. Change Manager vermeiden »problem talk«. Sie wissen um das Risiko der selbsterfüllenden Prophezeihung, der herbeigeredeten Katastrophe. Der Fokus ihrer Kommunikation liegt auf dem Gestalten von Lösungen und auf dem positiven Marketing aufscheinender erster Erfolge.

Wer in unsicherem Umfeld den Mut hat, neue Wege zu gehen, dem bieten sich ungewöhnliche Chancen. Die gegenwärtige Situation ist aussichtsreicher als viele glauben. Innovation und kreative Neugestaltung ist nachgewiesenermaßen in der Lage, den scheinbaren Widerspruch von Kostendruck und Qualitätsanspruch zu lösen.

Check-up zur Erfolgssicherung

Fragen zur
Vorbereitung und
Reflexion

Der folgende Fragenkatalog verbindet die aus der Perspektive der Selbstorganisationstheorie skizzierten Erfolgsprinzipien einer Kultur des Wandels im Sinne eines kurzen *Change-Process*-Check-up. Die Fragen können den Gestaltern und Begleitern eines Veränderungsprozesses dazu dienen, sich optimal auf den anstehenden Veränderungsprozess vorzubereiten. Darüber hinaus tragen sie zur Reflexion der Ausgangssituation eines Unternehmens bei.

- Reicht für die anstehenden Veränderungen die Optimierung bestehender Funktionalitäten aus *(best practice)* oder ist tatsächlich ein kreativer Sprung im Sinne eines Prozessmusterwechsels erforderlich *(next practice)*?
- Haben Sie eine Vision, die hinreichend faszinierend und glaubwürdig ist, um die für einen Prozessmusterwechsel notwendige Phase der Instabilität gemeinsam zu bestehen?
- Können Sie auch ohne weitere Vorbereitung einem Mitarbeiter persönlich überzeugend erklären, warum sich das Unternehmen gerade zum jetzigen Zeitpunkt verändern soll?
- Was können Sie tun, um sicherzustellen, dass Ihre Führungsmannschaft geschlossen hinter dem geplanten Veränderungsprozess steht und bereit ist, größere Risiken dafür einzugehen?
- Welche Konsequenzen sind vorgesehen, wenn Führungskräfte durch ihr Verhalten während des Veränderungsprozesses zeigen, dass sie die gemeinsam abgestimmte Vision nicht teilen?
- Ist allen Beteiligten klar, dass die Veränderung nicht sofort Erfolge zeigen wird, sondern erst einmal ein Einbruch in der Leistungsfähigkeit des Unternehmens zu erwarten ist?
- Ist im Unternehmen eine hinreichende Fehlertoleranz vorhanden, um neue Ideen auszutesten und nicht gleich

beim ersten Misserfolg enttäuscht zu den alten Mustern zurückzukehren?

- Wissen Sie, wer in Ihrem Unternehmen am meisten am Erhalt des Bestehenden interessiert ist und wie Sie diese Rhythmusgruppe destabilisieren, um die Veränderungsbereitschaft zu erhöhen?
- Ist garantiert, dass einmal getroffene Entscheidungen nicht nachträglich informell unterlaufen werden können und die Umsetzung der Entscheidungen konsequent verfolgt wird?
- Sind die Regeln Ihrer Unternehmenskultur hinreichend transparent, um gegebenenfalls über gezielte Regelbrüche intervenieren oder unterstützend neue Regeln vereinbaren zu können?
- Wie weit ist die Netzwerkbildung im Unternehmen bereits entwickelt, und mit welchen organisatorischen Maßnahmen können Sie die Vernetzungsdichte noch weiter erhöhen?
- Haben Sie ein hinreichendes Potenzial von Avantgardisten, die geeignet sind, sich auf Zukunftsszenarien einzulassen, und die mit spielerischer Kreativität dem Neuen Gestalt geben können?
- Woran werden Sie merken, dass Sie den von Ihnen angestrebten Wunschzustand erreicht haben, und welche Rahmenbedingungen gelten für den Weg dorthin?
- Haben Sie bereits Methoden installiert und in der Praxis erprobt, die es Ihnen erlauben, den Veränderungsprozess sowohl mit Blick auf *Hard Facts* als auch auf *Soft Facts* sichtbar zu machen?
- Über welche Medien und Informationskanäle können Sie während des Veränderungsprozesses die schnelle Information aller beteiligten Mitarbeiter und Führungskräfte sicherstellen?
- Sind sich die Entscheidungsträger im Unternehmen ihrer kommunikativen Verantwortung bewusst und hinsichtlich ihrer persönlichen sprachlichen Kompetenz hinreichend vorbereitet?
- Berücksichtigt die strategische Planung des Veränderungsprozesses eine angemessene Balance zwischen Stabilität und Instabilität, um Panik und *Burn-out-Syndrome* zu vermeiden?

– Und schließlich: Ist gewährleistet, dass im Unternehmen während des ganzen Veränderungsprozesses ein lebendiger Diskurs über die in der gemeinsamen Arbeit angestrebten Werte stattfindet?

Online-Moderation mit *nextmoderator*

Softwaregestützte Werkzeuge

Manager von Instabilität können nicht auf vorgefertigte Konzepte zurückgreifen. Gefragt ist vielmehr Systemkompetenz, die die Intelligenz aller Beteiligten moderiert. Um das Management in instabilen Phasen und Veränderungsprozessen zu unterstützen, haben wir in unserem Bremer Methoden- und Beratungsunternehmen *nextpractice* softwaregestützte Werkzeuge entwickelt: das computergestützte Interviewverfahren *nextexpertizer* und die Online-Moderationssoftware *nextmoderator*. Als Resultat einer über 15-jährigen Beratungspraxis erfüllen sie die Anforderungen eines auf Selbstorganisationsprinzipien basierenden Change Management. Der Einsatz von *nextmoderator* soll im Folgenden erläutert werden.

Mehrwert der Vernetzung wird erlebbar

Eine wesentliche Voraussetzung für erfolgreiches Management wird künftig die Erhöhung der Vernetzungsdichte im Unternehmen sein. Teamintelligenz reicht in einer sich mit hoher Dynamik ändernden komplexen Umwelt nicht mehr aus. Die freie Vernetzung der Menschen im Unternehmen erhöht die kreative Dynamik und die Fähigkeit zur Verarbeitung von Komplexität im System – es entsteht Netzwerkintelligenz. In diesem Zusammenhang ist *nextmoderator* ein ideales Werkzeug, um den Mehrwert der Vernetzung erlebbar zu machen und die Bereitschaft zum kooperativen Austausch von Erfahrung zu erhöhen: Synergie wird Realität. Zusätzlich schafft *nextmoderator* die Voraussetzung dafür, auch große Gruppen von Menschen frühzeitig in Veränderungsprozesse zu involvieren.

Die Bedienung ist einfach

Die Moderationssoftware *nextmoderator* ermöglicht das vernetzte Arbeiten in Gruppen von prinzipiell unbegrenzter Größe in einem Raum. Die Teilnehmer arbeiten im Netzwerk am Laptop, allein oder in Kleingruppen von drei bis fünf Personen. Ein Moderator führt durch die einzelnen Schritte der Agenda. Jeder Arbeitsschritt wird den Teilnehmern zuerst demonstriert, bevor sie ihn selbst ausführen. Die Bedienung der Software ist so einfach gehalten, dass es keiner besonderen Schulung bedarf und auch Teilnehmer mit geringen PC-Kenntnissen problemlos mitarbeiten können.

Im Brainstorming stehen alle Eingaben allen Teilnehmern sofort zur Verfügung, ohne dass der Absender bekannt wird. Die Ideen stehen im Zentrum, und zwar ohne gruppendynamische Verzerrungen. Jede Idee muss für sich bestehen, unabhängig von ihrer Herkunft. Per Mausklick können Vorschläge von den Teilnehmern bewertet werden, so dass sich schnell konsensfähige Ideen herauskristallisieren. Auf diese Weise entsteht ein intelligentes und in hohem Maße kreatives Netzwerk.

Allein die Ideen zählen

Ein Fallbeispiel für viele
Ein international tätiges Industrieunternehmen versammelt in regelmäßigen Abständen über hundert Führungskräfte, um gemeinsam an der konkreten Umsetzung der von der Geschäftsleitung vorgegebenen Strategie zu arbeiten. In eineinhalb Tagen sollen dabei jeweils die Stärken und Schwächen des Status quo und die aktuellen weiteren Perspektiven analysiert werden. Darauf aufbauend geht es um die Vereinbarung konkreter und umsetzbarer Maßnahmen.

Beispiel: Konferenz der Führungskräfte

Angesichts der Gruppengröße würde eine papierbasierte Moderation etliche Nachteile mit sich bringen. So wäre eine Aufteilung in mehrere Gruppen erforderlich, es würden zusätzliche Räume benötigt, der Wechsel zwischen Plenum und Kleingruppen gestaltete sich aufwändig und zeitraubend. Präsentation und Dokumentation der auf Tafeln entwickelten Ergebnisse wären wie üblich ebenso zeitintensiv wie unkomfortabel in der Weiterverarbeitung. Beim Zusammenstellen der Ergebnisse könnten wichtige Informationen leicht »unter den Tisch« fallen; durch die fehlende Transparenz wären die Ergebnisse zudem nicht für alle nachvollziehbar. Der Mehrwert und der Reiz der großen Gruppe ginge weitgehend verloren.

Klassische Moderation hätte viele Nachteile

Um diese Nachteile zu umgehen, bediente sich das Unternehmen für die Moderation des Werkzeugs *nextmoderator*. Alle Führungskräfte arbeiteten während der ganzen Zeit in nur einem Saal. Hier hatte *nextpractice* ein aus einer entsprechend großen Anzahl Laptops bestehendes lokales Rechnernetzwerk (LAN) mit Beamer und Leinwand installiert. Über die Laptops waren die Teilnehmer

nextmoderator bringt Vorteile

miteinander vernetzt und konnten so ihre Meinungen, Ideen und Bewertungen zu den jeweiligen Themen gleichzeitig und ungefiltert einbringen.

Brainstorming in Echtzeit

Wie in der klassischen Moderation wechseln sich beim Einsatz von *nextmoderator* Phasen der Plenumsarbeit mit Phasen der Kleingruppen- oder Einzelbearbeitung ab. Die Gruppenaufteilungen wurden allerdings nur virtuell im Netzwerk vorgenommen. Während der Brainstormingphasen gaben die Teilnehmer ihre Ideen, Kritikpunkte und Verbesserungsvorschläge direkt und anonym in die Laptops ein. Jede Idee wurde in einer sich stetig aktualisierenden Liste auf einer zentralen Leinwand und auf den Bildschirmen der Teilnehmer angezeigt. Traf die Idee in der Liste auf Zustimmung, konnte sie per Mausklick sogleich positiv bewertet und somit gestärkt werden.

Stimmungsabfragen per TED

Die jeweiligen Arbeitsphasen beim Einsatz von *nextmoderator* können mit TED-Abfragen eingeleitet und beendet werden. Dabei bewerten die Befragten einen Sachverhalt auf einer beliebig gestalteten Skala. Die Beteiligten können direkt von ihrem Platz aus unbeeinflusst durch andere bewerten, und bereits zeitgleich mit dem letzten Mausklick stehen die Ergebnisse für alle sichtbar fest. Auf diese Weise sind in jeder Phase des Prozesses schnelle Stimmungsabfragen möglich.

Im Beispielfall etwa wurde die Tagung mit einigen TED-Abfragen zur generellen Positionsbestimmung eingeleitet. Eine Mehrheit war der Auffassung, das Unternehmen sei vorrangig mit sich selbst beschäftigt, der Kunde stehe nicht ausreichend im Mittelpunkt. Die eigene Haltung lag zwischen abwartend und sprungbereit. Wie die Streuung der Einzelurteile zeigte, waren sich die Beteiligten bei ihren Einschätzungen relativ einig.

Stolpersteine und Erfolgsfaktoren

Beim ausgewählten Beispielunternehmen standen die im *nextpractice*-Vorgehen bewährten Brainstormingfragen nach »Stolpersteinen« und »Erfolgsfaktoren« sowie die Entwicklung von konkreten Verbesserungsvorschlägen im Zentrum. Der *nextpractice*-Moderator bat die Mitarbeiter, sich gedanklich einige Jahre in die Zukunft zu versetzen. »Stellen Sie sich vor, dass Ihr Unternehmen bereits optimal positioniert und strukturiert ist«, regte er an. »Beschreiben Sie nun bitte, welche Faktoren zu dieser Optimierung geführt haben und was dem Erfolg im Weg gestanden hat.« Grundsätzlich hat es sich bewährt, die Frageräume möglichst offen zu gestalten, um an alle relevanten Ideen heranzukommen. Festgelegt wird nur das zu erreichende strategische Zukunftsszenario. Alle relevanten Themen haben auf diese Weise eine große Chance, angesprochen zu werden.

Interaktives Brainstorming im Netz
Bereits nach wenigen Minuten kamen die ersten Erfolgsfaktoren (in grüner Schrift) und die Stolpersteine (in roter Schrift) auf die Bildschirme. Die Mitarbeiter ließen sich durch die Ideen ihrer Kollegen anregen, konkretisierten deren Nennungen, stimmten zu oder fügten neue Ideen an. In den Kleingruppen fand eine rege Diskussion statt. Die Ideen wurden dabei aber nicht im Konsens der Kleingruppe entwickelt. Gab es unterschiedliche Ansichten, so wurden beide Ideen ins Netzwerk eingespeist. Die übersummative Intelligenz des Netzwerkes machte sichtbar, ob eine Idee allgemein für brauchbar gehalten wurde oder nicht.

Intelligenz des Netzwerks genutzt

Nr.	Idee	Total
39	Leistungsträger belohnen, für »Durchschnittskräfte« Anreize schaffen, von Leistungsverweigerern trennen	11
34	offenes konstruktives Klima, »Fehler sind erlaubt«	10
4	Auftragseingänge werden gebührend zelebriert (Auftragseingangs-Partys)	10
13	Einführung einer direkten Projekt-Erfolgsbeteiligung aller MA	10
30	Große Aufgaben mit Partnern bewältigen/nicht alles alleine machen wollen	9
5	Aufbau eines Knowledge-Managements (MA und Projekte) Prioritäten, pragmatische Lösung und Umsetzung	9
24	Vertrieb und Produktion arbeiten eng zusammen und treten gemeinsam beim Kunden auf	8

Ausschnitt aus der Ideenliste mit den Erfolgsfaktoren und Stolpersteinen

Dank der technischen und geistigen Vernetzung begann sofort ein dynamischer Prozess, vergleichbar mit dem Geschehen an der Börse. Neue Ideen entstanden an der Spitze der Liste, wurden von anderen aufgenommen oder verschwanden am Ende der Liste, weil sie keine Zustimmung fanden. Die Mitarbeiter formulierten ihre Meinungen in prägnanten Sätzen, die dann in der Liste erschienen. So wurden schnell mehrere hundert Ideen entwickelt.

Hitliste der besten Ideen Hier zeigt sich die Effektivität beim Einsatz von *nextmoderator:* Da die Ideen immer für alle sofort sichtbar sind, kam es kaum zu Doppelnennungen. Schnell mündete dieser Prozess in eine Hitliste der besten und konsensfähigsten Ideen. Denn Einzelmeinungen sackten schnell in den Tabellenkeller, wohingegen Nennungen, die von vielen geteilt wurden, die Liga anführten. Am Ende des Brainstormings kannten alle Teilnehmer alle Ideen.

Ungenutztes Potenzial wird gehoben
Insgesamt nannten die Workshopteilnehmer mehr Erfolgsfaktoren als Stolpersteine, sahen also mehr ungenutztes Potenzial als Hemmschuhe. Beispielsweise definierte eine Mehrheit konkrete Vorschläge, wie Leistungsträger künftig über Anreiz- und Incentive-Systeme motiviert werden könnten. Kritik kam besonders in Bezug auf Aspekte der firmenbezogenen Kommunikationskultur und die Art der abteilungsübergreifenden Zusammenarbeit auf.

Verdichtung zu Schwerpunktthemen Am Abend clusterte das *nextpractice*-Team die vielen einzelnen Ideen des ersten Tages und verdichtete sie zu 18 Schwerpunktthemen, die den Teilnehmern am nächsten Tag vorgestellt wurden. Hinter jedem Schwerpunktthema waren die zusammengefassten Ideen als Liste zugänglich, sodass der Clusterungsprozess für die Teilnehmer jederzeit leicht nachvollziehbar blieb. Anschließend bewerteten die Teilnehmer die Relevanz der einzelnen Schwerpunktthemen, so dass eine nach Wichtigkeit sortierte Liste entstand.

Ranking der Schwerpunktthemen nach Wichtigkeit

Bewerten Sie die Relevanz der Schwerpunktthemen	
Nr.	Thema
18	Kundenpflege
16	Kunden- / Branchenkenntnisse
3	Kommunikation
15	Vertriebsoptimierung
1	Anerkennung / Wertschätzung

4	Kooperation
17	Image
6	Personalentwicklung, -förderung
12	Verantwortung und ihre Delegation
14	Produktentwicklung und Geschäftsideen
11	Innovation und Wissensmanagement
7	Identität und Kultur
10	Veränderung fördern
2	Motivation
8	Strategie
9	Partnerschaften
13	Prozessoptimierung und Gestaltung

Priorisierte Maßnahmenliste

Während es in der ersten Phase um das Sammeln von Ideen ging, wurden die Teilnehmer in der anschließenden Phase gebeten, umsetzbare Maßnahmen zu entwickeln, um die Performance des Unternehmens weiter zu verbessern. Jede Kleingruppe sollte sich eines der 18 Themenfelder zur Bearbeitung auswählen und hatte als Grundlage die zu Schwerpunktthemen zusammengefassten Erfolgsfaktoren und Stolpersteine der ersten Runde vorliegen – über *nextmoderator* in digitaler Form, komplett mit allen Kommentaren und zusätzlichen Informationen.

Pro Kleingruppe ein Schwerpunktthema

Die Aufgabe lautete, innerhalb einer Stunde in der Kleingruppe einen konkreten und umsetzbaren Verbesserungsvorschlag zu entwickeln. Für diesen Schritt war eine mehrteilige Eingabemaske mit detaillierten Fragestellungen nach Was, Warum und Wie vorbereitet. Nach dieser Arbeitsperiode präsentierte jede Gruppe dem Plenum detailliert ihre Ausarbeitung unter Zuhilfenahme der eingegebenen Daten, zum Teil in Vortragsform, zum Teil als szenisches Spiel. Die Vorschläge reichten vom Aufbau eines speziell besetzten »Business-Consulting-Teams« über die »Identifikation von verborgenen Branchenkenntnissen« bis hin zu einem ausgearbeiteten »regionalen Jobrotationsplan«. Am Ende dieser Präsentation kannten wieder alle Teilnehmer sämtliche erarbeiteten Vorschläge.

Konkrete Vorschläge für Verbesserungen

Die so entstandenen 18 Maßnahmen wurden einzeln von den Kleingruppen per TED nach den Kriterien Nutzen, Aufwand,

Realisierbarkeit, Nachhaltigkeit und Wirkung am Laptop bewertet. Es entstand eine Liste von bewerteten Maßnahmen, die nach den unterschiedlichen Kriterien sortiert werden konnten. Das Unternehmen erarbeitete sich so eine Fülle unmittelbar realisierbarer Maßnahmen, benannte die dafür Verantwortlichen und legte konkrete Zeitpläne fest – und das in kürzester Zeit.

Dokumentation lag sofort vor

Nach Abschluss der Tagung zeigten sich die Vorteile der softwaregestützten Moderation: Alle Ergebnisse lagen sofort als Dokumentation im HTML-Format vor und wurden dem Unternehmen direkt nach der Veranstaltung auf CD-ROM ausgehändigt sowie ins Intranet gestellt.

Zum Hintergrund

Wirkungsvoller Dreischritt

Obwohl das konkrete Veranstaltungsdesign von *nextmoderator* auf die individuellen Wünsche des Kunden zugeschnitten wird, beinhaltet es doch zumeist den wirkungsvollen Dreischritt:

1. Ideenräume öffnen
2. Schwerpunktthemen verdichten
3. Maßnahmen entwickeln und bewerten

Der Ablauf im Überblick

Nachdem die Workshopteilnehmer über einleitende TEDs für die Fragestellung sensibilisiert worden sind, dient ein erstes Brainstorming dazu, den gedanklichen Raum zu öffnen. Die Aufforderung, sich das eigene Unternehmen in der Zukunft als bereits optimal aufgestellt zu imaginieren und Stolpersteine sowie Erfolgsfaktoren zu benennen, regt die Fantasie an und hilft, sich aus dem unmittelbaren Alltag und dessen Einschränkungen zu lösen. Die nächsten Schritte, wie weitere TED-Abfragen oder die iterative thematische Clusterung durch ein externes Expertenteam, verdichten die Arbeitsergebnisse. Auf diesem Wege wird der folgende Konkretisierungsschritt der Maßnahmenentwicklung optimal vorbereitet. Die abschließende Bewertung der Maßnahmen nach Kriterien wie Nutzen, Aufwand, Realisierbarkeit, Nachhaltigkeit und Wirkung führt zu einer konsensfähigen Priorisierung und sorgt so dafür, dass die Maßnahmen mit hoher Wahrscheinlichkeit umgesetzt werden.

Auch in kleineren Gruppen sinnvoll

Die Erfahrungen mit *nextmoderator* haben gezeigt, dass sich selbst der Einsatz in kleineren Gruppen lohnt. Auch bei Strategieworkshops mit 15 bis 20 Teilnehmern erhöht *nextmoderator* die

Effizienz des Ablaufs und die Involvierung aller Beteiligten. TED-Abfragen und Brainstorming-Listen dienen dann oftmals als Grundlagen für weitere Diskussionen. Sie zeigen schnell Meinungen und Sichtweisen auf und helfen den Teilnehmern, sich unabhängig von politischen und taktischen Spielchen auf das Wesentliche zu konzentrieren.

Die Erfolgsgeschichte

Die Entstehung von *nextmoderator* geht zurück auf ein tiefes Unwohlsein mit den Möglichkeiten der klassischen Moderationsmethoden. In der Beratungspraxis zeigte sich, dass sich die üblichen Formen der Moderation mit Packpapier, Karten, Klebepunkten und Flipcharts im Laufe der Zeit stark abgenutzt hatten und bei größeren Gruppen auch deutlich an praktische Grenzen stießen. Schon ab einer Gruppengröße von etwa 20 Personen war der moderative Aufwand zur Aufrechterhaltung von Transparenz und Dokumentation der Arbeitsschritte letztlich nicht mehr befriedigend. Gleichzeitig stieg die Nachfrage an Workshops und Führungskräfte-Tagungen mit einer Teilnehmerzahl von bis zu vielen Hundert Personen deutlich an. Um auf diese Anforderung adäquat reagieren zu können, entschied sich das *nextpractice*-Team frühzeitig für den Einsatz von Computernetzwerken. Auch *nextmoderator* ist inzwischen umfangreich in der Praxis getestet. Als Komplettdienstleistung werden Netzwerk und Moderationssoftware von *nextpractice* für Veranstaltungen bis zu tausend Teilnehmern jederzeit und an jedem Ort zur Verfügung gestellt.

Die Grenzen klassischer Methoden überwunden

Workshops wurden inzwischen für viele Kunden mit unterschiedlichen Moderationsdesigns und Fragestellungen erfolgreich durchgeführt. Wie das Interviewverfahren *nextexpertizer* wurde auch das Moderationswerkzeug *nextmoderator* dabei branchenübergreifend und international eingesetzt. Auftraggeber waren bislang Unternehmen wie *DeTeImmobilien, Deutsche Bank, Deutsche Post, E.ON, Hewlett-Packard, heine, Lilly Pharma, MAN, O2, Otto Group, RWE, ThyssenKrupp, Volkswagen* und viele andere mehr.

Branchenübergreifend und international eingesetzt

Arne Bär

Dipl.- Ing. (FH) Arne Bär (Jahrgang 1966) ist verheiratet und hat drei Kinder. Der Elektrotechniker ist Geschäftsführer der G. Fleischhauer Ing. Büro Bremen GmbH, eine Firma mit 50 Mitarbeitern aus der Gebäudetechnik. Das Unternehmen wurde 2004 zu den besten Arbeitgebern des deutschen Mittelstandes vom INMIT gewählt. Arne Bär ist lizenzierter Trainer für das DISG-Verhaltensmodell und Berater bei tempus-Consulting (Unternehmer beraten Unternehmen). Er führt Seminare zur ganzheitlichen Unternehmensentwicklung durch und berät Unternehmer bei der Umsetzung. Basis der Beratung ist die TEMP-Methode®, die von Prof. Dr. Jörg Knoblauch entwickelt wurde. Über sich selbst sagt er: »Ich bin ein Mann aus der Praxis für die Praxis.«

Auszeichnungen

- – Top-Job 2004: Top-Arbeitgeber im Deutschen Mittelstand
- – Ausbildungs Ass 2005
- – Hauptpreisträger Mittelstandsprogramm 2005
- – Best Pers Award 2005

Beratungsschwerpunkte

- – Unternehmensführung
  - • Strategieentwicklung
  - • Marktbearbeitung und Positionierung
  - • 20 Prozent Einsparung durch Büro-Kaizen
  - • Zielvereinbarungsprozesse mit allen Mitarbeitern
  - • Leitbildentwicklung und Unternehmenskultur
- – Mitarbeiter- und Wertekultur
  - • Motivierte und eigenverantwortlich handelnde Mitarbeiter sind kein Zufall
  - • Wie finde ich die richtigen Mitarbeiter? Wie fördere und halte ich sie?

Vortragsthemen

- – Unternehmenskultur – Wertschöpfung oder Zeitgeist?
- – Spitzenleistung im Wettbewerb – Die 4 Erfolgsfaktoren der TEMP-Methode®

G. Fleischhauer Ing. Büro Bremen
GmbH
Hinterm Sielhof 4–5, 28277 Bremen
Telefon (04 21) 5 76 52-5 17
Fax (04 21) 5 76 52-5 34
www.fleischhauer.de
Arne.Baer@HB.Fleischhauer.de

Arne Bär
Bleiben Sie auf Kurs –
Erfolg durch konsequente Zielvereinbarung

»Nachdem wir das Ziel endgültig aus den Augen verloren hatten, verdoppelten wir unsere Anstrengungen.«　　　*Mark Twain*

Geschwindigkeit und Komplexität sind die Merkmale unserer Gesellschaft, die immer zielloser zu werden scheint. »Weil alles immer schneller wird, kann man sowieso nur noch reagieren« und »Alles ist so komplex, dass einem der wirkliche Durchblick fehlt« – so oder ähnlich denken viele in unseren Betrieben, in der Schule etc. Aber muss das wirklich so sein?

Geschwindigkeit und Komplexität

Dieser Artikel will Ihnen helfen, eine andere Blickrichtung zu bekommen. Zweifelsfrei ist, dass unsere Zeiten hektischer und unsere Aufgaben komplexer geworden sind. Ein Beispiel aus unserer täglichen Praxis soll dies verdeutlichen.

Kurt im Jahr 1985
Kurt sitzt an seinem Schreibtisch und muss sich Gedanken über seine Seminararbeit machen. Er entschließt sich, für die Recherche die lokale Bibliothek aufzusuchen. Dort angekommen, macht er sich umgehend auf Literatursuche. Er findet 23 Bücher in deutsch und englisch sowie 36 Fachartikel, die für seine Seminararbeit relevant sind.

Beispiel

Kurt im Jahr 2005
Kurt – offenbar ein ewiger Student – muss eine Seminararbeit schreiben, aber es ist draußen schönes Wetter. So entschließt er sich, kurzerhand sein Notebook einzupacken und die Recherche in den Park auf die grüne Wiese zu verlagern. Im

Park angekommen, steckt Kurt seine Funkkarte in den Computer, geht drahtlos ins Internet und beginnt mit der Recherche. Er gibt das Thema seiner Arbeit bei der Suchmaschine Google ein und stößt auf 10.600 Treffer. Kurt staunt nicht schlecht und erinnert sich an 1985, wo es gerade mal 23 Bücher waren. Er fragt sich, wie er diese Informationsflut bewältigen soll.

Ja, unsere Welt ist schneller und komplexer geworden! Aber was hat dies mit Zielen zu tun?

Sinnvoll eingesetzte Ziele erleichtern uns die Arbeit in einer immer schnelleren und komplexeren Welt.

Ziele helfen, das Wesentliche zu erkennen

Ziele machen unsere Welt nicht langsamer und weniger komplex, aber sie helfen uns, eine andere Blickrichtung zu bekommen. Sie zwingen uns, das Wesentliche zu erkennen und disziplinieren uns, den Faktor Zeit nicht aus den Augen zu verlieren.

Arten von Zielen

Es gibt die unterschiedlichsten Formen von Zielen. Vom Nahziel bis zum Fernziel, vom Einzelziel bis zum Gruppenziel sind viele Formen von Zielen möglich. Ich möchte in meinem Artikel auf die aus meiner Sicht wesentlichen Ziele in einem Betrieb eingehen.

Vier wichtige Ziele

Für mich lauten diese Ziele:
- Delegationsziele,
- Meetingziele,
- Jahresziele,
- Lebensziele.

Mit kleinen Zielen beginnen

Das Wichtige bei Zielerreichung ist der Weg dorthin. Machen Sie den Weg der kleinen Schritte. Nur wenn Sie konsequent und richtig delegieren, oder Meetings abhalten können, haben Sie die richtige Einstellung zu Jahreszielen. Nur wenn Sie das Setzen und Erreichen von Jahreszielen für sich trainiert haben, gewinnen Sie den Blick für Lebensziele. Nur wenn Sie Ihre Ziele für sich verinnerlicht haben, sind Sie in der Lage, diese Begabung an andere weiterzugeben. Erst dann können Sie mit anderen Ziele vereinbaren. Daher lassen Sie uns zunächst kurz über die kleinen Ziele sprechen.

Delegationsziele

Das Verteilen von Aufgaben bzw. Delegieren gehört zum unternehmerischen Alltag. Wir können nicht alle Aufgaben alleine bewältigen, daher haben wir Mitarbeiter, die uns Aufgaben abnehmen sollen. Erledigen Sie noch Aufgaben, die eigentlich auch ein Mitarbeiter für Sie erledigen könnte?

Alltagsaufgabe Delegation

Denken Sie darüber nach. Ihre Zeit ist begrenzt, die Komplexität Ihrer unternehmerischen Hauptaufgaben steigt fast täglich. Sie müssen sich auf jeden Fall Gedanken um Ihre Firmenstrategie, die Mitarbeiterentwicklung, die Kundensegmentierung und -zufriedenheit, innovative Produkte, die Firmenliquidität, optimale Prozessabläufe etc. machen. Tun Sie dies täglich, einmal wöchentlich, einmal monatlich, einmal jährlich, schon lange nicht mehr? Je seltener Sie sich mit diesen Themen auseinandersetzen, desto schneller und komplexer erscheint Ihnen Ihr Umfeld.

Die Hauptaufgaben im Blick behalten

Schaffen Sie sich Freiräume für unternehmerisches Denken, und fangen Sie an zu delegieren:

Freiräume schaffen

D enken Sie darüber nach, was Sie delegieren können.

E ntscheiden Sie, an wen sie delegieren können.

L isten Sie auf, was genau zu tun ist.

E rklären Sie die Aufgaben genau und verständlich.

G eben Sie ausreichend Unterstützung zu Beginn.

A ufgaben müssen Freiräume für eigene Entscheidungen beinhalten.

T hematisieren Sie die Delegation bei allen, die es angeht.

I ntervenieren Sie nur nach vereinbarten Regeln.

O ffene Kommunikation und Vertrauen fördern den gemeinsamen Erfolg.

N achkontrolle erkennt Stärken und Schwächen des Delegierten.

Ganz wichtig bei der Delegation ist folgende Frage: *Wer* macht *was* bis *wann wie* und *warum?*

Eine wichtige Frage

- *Wer:* Sie können eine Aufgabe nur an jemanden delegieren, der die Aufgabe auch bewältigen kann.
- *Was:* Nur wenn Sie genau beschreiben, was erledigt werden soll, können Ihre Erwartungen erfüllt werden.
- Bis *wann:* Aufgaben brauchen Zeitvorgaben, sonst besteht die Gefahr, dass sie nie erledigt werden.

- *Wie:* Braucht jemand für die Erledigung Ihrer Aufgaben noch Unterstützung, so erklären Sie hier, wie er die Aufgaben lösen kann.
- *Warum:* Wenn Sie nicht wirklich einen Grund dafür haben, warum die Aufgabe wirklich erledigt werden muss, dann lassen Sie es doch einfach. Wir befassen uns mit so viel unwichtigen Dingen am Tag, nur weil wir vergessen haben, darüber nachzudenken, ob wir das *wirklich* tun müssen.

Also denken Sie vor jeder Delegation scharf nach – dann ist die Aufgabe schon zur Hälfte erledigt.

Meetingziele

Die gleichen Regeln Für Meetings gilt dasselbe wie für die Delegationsziele. Der einzige Unterschied ist, dass nun mehrere Personen eingebunden sind. Wir sprechen jetzt von Gruppenzielen.

Sinn und Zweck eines Meetings sollte es sein,
- über wichtige Aufgaben zu informieren,
- Probleme zu lösen,
- Entscheidungen vorzubereiten und zu treffen.

Meetings sind nicht die praktische Alternative zur Arbeit.

Vorher Klarheit schaffen Denken Sie auch bei der Einberufung eines Meetings immer daran, dass Sie klar wissen müssen: *Wer* macht *was* bis *wann wie* und *warum?*
- *Wer:* Wen genau brauche ich in diesem Meeting?
- *Was:* Was gibt es zu besprechen, das nicht auch anders gelöst werden könnte, beispielsweise per Rundbrief, Telefonkonferenz etc.
- Bis *wann:* Alles braucht die Zeit, die man zur Verfügung hat. Erstellen Sie eine Agenda mit Zeitfenstern für jeden Tagesordnungspunkt, wenn Sie nicht unermüdlich bis in die Nacht »quatschen« möchten.
- *Wie:* Erstellen Sie eine Agenda, in der genau festgelegt ist, über was gesprochen werden soll. Geben Sie die Agenda vorher allen Teilnehmern mit der Bitte, sich auf die einzelnen Punkte vorzubereiten.
- *Warum:* Ist dieses Meeting wirklich wichtig?

Jahresziele

Kennen Sie noch Ihre unternehmerischen Hauptaufgaben? Was können Sie binnen eines Jahres erreichen, um innovative Produkte, strategische Ausrichtung, Kundenzufriedenheitsanalysen etc. zu entwickeln und zu realisieren? Was können Ihre Mitarbeiter dazu beitragen, dass Ihr Unternehmen noch schneller, kundenfreundlicher, organisatorisch besser etc. läuft? Das Vereinbaren von Jahreszielen mit Mitarbeitern kann ein Motor für die rasante Entwicklung eines gesamten Unternehmens werden, wenn man es richtig einführt. Es kann auch in einer frustrierten Einzelaktion enden, wenn man es zu schnell und nicht richtig anpackt.

Motor für die Unternehmensentwicklung

Ich widme den Jahreszielen weiter unten ein eigenes Kapitel, um Ihnen bei der Einführung dieses wichtigen Führungswerkzeuges zu helfen.

Lebensziele

Was möchten Sie, dass man über Sie sagt, wenn Sie von dieser Welt gehen? Wie soll Ihr Leben gewesen sein? Was wollen Sie erreicht haben? Wen wollen Sie geprägt haben? Mit diesen Fragen ist ein Thema angesprochen, das so wichtig ist, dass es ganze Bücher füllt. Ich möchte nicht tiefer auf die Fragen eingehen. Ich möchte Sie aber ermutigen, sich einen Tag in Ihrem nächsten Urlaub zu spendieren, um diese Fragen zu bedenken. Ich kann Ihnen aus eigener Erfahrung sagen: Wenn Sie für sich selbst die wichtigen Dinge im Leben erkannt haben und diese zielstrebig verfolgen, dann ist die Welt um Sie herum gar nicht mehr so schnell und so komplex. Eine innere Gelassenheit stellt sich ein.

Die wichtigen Ziele klären

Ich empfehle Ihnen in diesem Zusammenhang das Buch *Dem Leben Richtung geben* von Jörg Knoblauch (Frankfurt: Campus 2003). Gönnen Sie sich dieses Buch während Ihres nächsten Urlaubs.

TIPP

Kriterien für Ziele

Alle bislang beschriebenen Ziele haben vier Dinge gemeinsam:

Vier Gemeinsamkeiten

1. Sie müssen messbar sein: *Was* soll gemacht werden?
2. Sie müssen machbar sein: *Wer* soll es *wie* erreichen?
3. Sie brauchen einen Termin: Bis *wann* soll es erreicht werden?
4. Sie brauchen einen Grund: *Warum* soll es erreicht werden?

Wann immer Sie über Ziele sprechen, müssen diese Kriterien erfüllt sein! Erfüllen Sie eines dieser Kriterien nicht, verlieren die Ziele an Macht. Sie helfen Ihnen nicht weiter, da sie entweder halbherzig oder gar nicht erreicht werden.

Jahreszielvereinbarungen mit allen Mitarbeitern

Die idealen Mitarbeiter

Stellen Sie sich vor, alle Mitarbeiter sind in den Zielvereinbarungsprozess eingebunden. Gemeinsam mit ihren Vorgesetzten entwickeln sie Ziele, um besser am Arbeitsplatz zu werden. Sie entwickeln neue Produkte, optimieren ihre Geschäftsabläufe, verbessern die Kundenzufriedenheit etc. Ihre Mitarbeiter entwickeln sich zu Mitunternehmern und nehmen Ihnen einen Teil Ihrer Aufgaben ab. Dabei sind alle Mitarbeiter auch noch hochmotiviert und erreichen ihre Ziele mit Freude.

Ein schöner Traum? Vielleicht. Er kann sogar zu einem großen Teil in Erfüllung gehen, wenn man richtig vorgeht. Ich möchte Ihnen einige Denkanstöße geben, wie Sie geschickt den Zielvereinbarungsprozess in Ihrem Unternehmen starten können.

Mitarbeiter reagieren unterschiedlich auf Ziele

Gemeinsamkeiten trotz Individualität

Es gibt eine Fülle von Studien, die sich mit dem Verhalten von Menschen beschäftigen. Schon die alten Griechen haben Theorien entworfen, welche bis hin zur Neuzeit weiter entwickelt und empirisch nachgewiesen wurden. Wichtig zu wissen ist, dass jeder Mensch sein individuelles Verhalten besitzt und dass es Gemeinsamkeiten in der Wahrnehmung des Umfeldes und der Reaktion darauf gibt. Wenn Sie sich näher mit dieser Thematik beschäftigen möchten, empfehle ich Ihnen die Website des auf entsprechende Managementsysteme spezialisierten Unternehmens *persolog* (www.persolog.com). Dort finden Sie hilfreiche Informationen zum Thema Verhalten.

Auf die Unterschiede der Mitarbeiter eingehen

Ich möchte dafür sensibilisieren, dass unterschiedliche Mitarbeiter unterschiedlich auf den Zielvereinbarungsprozess reagieren. Sollten Sie jetzt also den Zielvereinbarungsprozess für alle Mitarbeiter auf gleichem Weg einführen, sollten Sie sich nicht wundern, wenn einige Mitarbeiter Ihnen nicht folgen können oder wollen. Sie brauchen die richtige Ansprache für jeden einzelnen Mitarbeiter.

» Damit es gerecht zugeht, erhalten Sie alle die gleiche Prüfungsaufgabe: Klettern Sie auf diesen Baum! «

Zielvorgabe oder Zielvereinbarung?
Der Grat zwischen Zielvereinbarungen und Zielvorgaben ist nur sehr schmal. Überlegen Sie sich genau, ob Sie Ziele vorgeben möchten oder Ziele mit Ihren Mitarbeitern vereinbaren wollen.

Ein schmaler Grat

Zielvorgaben sind in der Regel schneller einzuführen. Sie sagen Ihren Führungskräften, was Sie von ihnen erwarten, und Ihre Führungskräfte geben diesen Druck an ihre Mitarbeiter weiter. Damit jeder auch wirklich sein Ziel erreicht, wird entweder der Druck erhöht oder Sie versuchen, durch hohe finanzielle Anreize die Motivation anzuregen.

Zielvorgaben lassen sich schnell einführen

In der Regel laufen Zielvorgaben recht erfreulich an. Die Erfolge verpuffen aber meist schon im ersten Jahr nach der Einführung. Gerade in größeren Konzernen sind diese Erfahrungen gemacht worden. Je nachdem, ob mehr mit Druck oder mehr mit Geld gearbeitet wird, ändert sich auch das Miteinander zwischen Ihren Mitarbeitern:

Bald stellen sich Nachteile ein

- Bei Druck steigt die Angst – ich kenne viele Mitarbeiter, die mit dem Wort »Ziele« negative Gedanken verbinden.
- Wird mit Geld gearbeitet, wachsen Neid und Missgunst.

In beiden Fällen geht es längst nicht mehr um das Ziel selbst, sondern jeder achtet darauf, in seinem Umfeld zu bestehen. Nicht selten hört man von Mitarbeitern, die in solchen Betrieben arbeiten: »Unsere Ziele sind eine Farce.« Was ist passiert? Ein ganzes Jahr spürt der Mitarbeiter den Druck seines Vorgesetzten:

Ziele als Farce

Du machst das, was dein Vorgesetzter will, so wie er es will – und zwar bis zum Jahresende. Sonst gibt es mächtig Druck, oder du bekommst spürbar weniger Geld.

Zielvereinbarungen brauchen Zeit
Im Gegensatz zu Zielvorgaben brauchen Zielvereinbarungen eine längerfristige Einführung. Danach funktionieren sie jedoch viel stetiger und effektiver als Zielvorgaben. Bei den Zielvereinbarungen geht es darum, dass Vorgesetzter und Mitarbeiter bei der gemeinsamen Zielfindung auf Augenhöhe sind.

Dazu bedienen wir uns des Werkzeugs der »Mitarbeitertreppe«. Sie macht deutlich, dass Sie, bevor Sie mit Ihren Mitarbeitern Ziele vereinbaren, einige Voraussetzungen schaffen müssen.

Die »Mitarbeitertreppe«

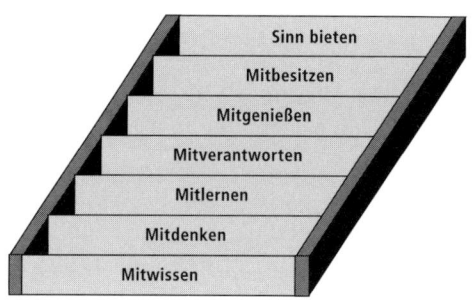

Erste Stufe
Am Anfang steht die Information. Sie ist die *erste Stufe* unserer Treppe. Nur wenn ein Mitarbeiter über alles, was für ihn relevant ist, informiert wird, kann er anfangen, mitzudenken. Kennen Ihre Mitarbeiter Ihre Firmenvision, Ihre Strategie, die wirtschaftlichen Kennzahlen Ihres Unternehmens etc.?

Zweite Stufe
Wenn Ihr Mitarbeiter diese Dinge kennt, kann er gar nicht anders, als darüber nachzudenken! Es wird ihn beschäftigen. Dies ist die *zweite Stufe* der Treppe, das Mitdenken. Nun sitzen Mitarbeiter in der Pause zusammen und diskutieren mit anderen über das, was sie von ihrem Unternehmen kennen.

Dritte Stufe
Dabei wird es immer wieder Punkte geben, die sie nicht verstehen. Oder aber der Mitarbeiter denkt: »Wenn ich dieses oder jenes könnte bzw. besser könnte, dann würde das Unternehmen davon profitieren.« Wir befinden uns nun auf der *dritten Stufe* der Treppe und damit beim Mitlernen. Mitarbeiter fangen an, dazuzulernen,

um Dinge besser zu verstehen oder zu verbessern. Allerdings wird es auch einige geben, die dies nicht wollen. Mit diesen Mitarbeitern werden Sie langfristig nie Ziele vereinbaren können. Viele dieser Mitarbeiter verlassen auf der dritten Stufe das Unternehmen.

Die *vierte Stufe* der Mitarbeitertreppe heißt Mitverantworten. Jetzt sind wir im Zielvereinbarungsprozess. Die Mitarbeiter wissen, was das Unternehmen will und wo die Schwachpunkte sind. Sie haben sich darüber Gedanken gemacht und begonnen dazuzulernen. Damit haben sie sich für das Erreichen ihres Zieles qualifiziert. Kann jetzt der Vorgesetzte wirklich Verantwortung abgeben, steigt die Motivation des Mitarbeiters. Er erkennt, dass er ein wichtiger Teil des Ganzen ist. Bei seinem Ziel schwingt über das ganze Jahr mit: **Vierte Stufe**

Ich mache das, was ich erkannt habe, so wie ich es erlernt habe, weil ich damit zum Ganzen beitragen kann bzw. weil ich zeigen kann, was ich gelernt habe bzw. weil ich meine Arbeitsplatzsituation verbessere etc.

Die entscheidende Rolle, die über den Erfolg oder Misserfolg auf der vierten Stufe entscheidet, kommt dabei den Führungskräften zuteil. Nur wenn die Führungskräfte in der Lage sind, einen Teil der Verantwortung abzugeben und eine realistische Einschätzung der Ziele gegeben ist, wird das System funktionieren.

Sowohl die Führungskräfte als auch ihre Mitarbeiter müssen sich an das Führen durch Ziele gewöhnen und ihre Erfahrungen machen. Haben Sie das Gefühl, der Zielvereinbarungsprozess läuft (etwa nach zwei Jahren), kommt die *fünfte Stufe* der Mitarbeitertreppe, das Mitgenießen. Jetzt können Sie anfangen, die Zielerreichung Ihrer Mitarbeiter zu belohnen. Wenn Ihr Mitarbeiter sein Ziel erreicht, wird es sich auch für die Firma auszahlen. Es ist nur fair, wenn der Mitarbeiter daran beteiligt wird. Auf die *sechste* und *siebte Stufe* möchte ich hier nicht weiter eingehen. **Fünfte bis siebte Stufe**

Zielvereinbarungen fangen bei Ihnen selbst an und brauchen Zeit, um Wirkung zu entfalten. Haben Sie es geschafft, 80 Prozent Ihrer Mitarbeiter dauerhaft in den Zielvereinbarungsprozess zu führen, stellen sich erstaunliche Dinge ein. In einer komplexen und schnellen Welt bekommen Sie wieder einen scharfen Blick für das Wesentliche! **Fazit**

Ralph Linde

Ralph Linde ist Geschäftsführer der Audi Akademie GmbH und Leiter der Kompetenzentwicklung der AUDI AG. In seinem Zuständigkeitsbereich liegen die technische und überfachliche Weiterbildung, die Personalentwicklung, die Organisationsentwicklung und das Ideenmanagement der AUDI AG. Die Audi Akademie GmbH ist in ihrer ganzen Themenbreite seit 1993 auch für den freien Markt offen. Vor allem in den Bereichen Führungskräfteentwicklung und Organisationsentwicklung berät die Audi Akademie GmbH Unternehmen außerhalb des Audi Konzerns. Der Anteil betrug im Jahr 2005 etwa 45 Prozent des Gesamtumsatzes.

Referenzen

- Infineon technologies
- VW Coaching
- BPW Bergische Achsen
- Jungheinrich
- MTU Aero Engines
- Bertelsmann Stiftung
- Hauck & Aufhäuser Privatbankiers
- EADS Defence & Security

Beratungsschwerpunkte

- Führungskräfteentwicklung
- Organisationsentwicklung

Audi Akademie GmbH
Egerlandstraße 7
85053 Ingolstadt
Telefon (08 41) 9 66 02-2 21
Fax (08 41) 9 66 02-2 52
www.audi-akademie.de
akademie.michl@audi.de

Ralph Linde
Wie lebendige Systeme funktionieren –
Mit Teams Selbstläufer für Erfolg schaffen

»A camel is a horse designed by a committee«, meinte Winston Churchill. Was auch immer Churchill dazu veranlasst haben mag, schlecht über Kamele zu denken, wissen wir nicht. Offensichtlich wollte er mit diesem Ausspruch weniger das Tier, als die Menschen schmähen, die es sich angeblich ausgedacht haben. Churchill wollte den Zweifel äußern, dass eine Gruppe von Menschen stets bessere Ergebnisse zu Tage fördert als ein Einzelner.

Zweifel an der Überlegenheit von Teams

Dies ist ein Zweifel, der trotz seiner vielfach nachgewiesenen Unrichtigkeit in so manchem Unternehmen, in so mancher Partei und in jedem kleinen Verein immer noch eine große Bedeutung für den Alltag hat. Ein Zweifel, der meist von jenen geäußert und gelebt wird, die lieber Kraft ihrer Expertenmeinung entscheiden, als auf die Kreativität vieler Köpfe zu setzen. Ein Zweifel, der etwas mit der Kultur zu tun hat, in der wir zusammenarbeiten und zusammenwirken. Ein Zweifel, der überall dort vorhanden ist, wo Menschen einen Zusammenhang bilden – selbst dort, wo Teamarbeit die von allen vereinbarte Grundlage der Zusammenarbeit ist.

Wir haben offensichtlich einen Hang dazu, Erfolge auf einzelne Menschen zu projizieren, auf Helden, die im richtigen Augenblick die richtige Idee hatten und sie erfolgreich umsetzten. Dass hinter jeder wirklich guten Idee in der Regel viele Menschen stehen und hinter jedem Erfolg ein Team, ist uns zwar bewusst, aber wir

Menschen brauchen Helden

haben Freude daran, eine Symbolfigur zu feiern. Der Sieg im Team ist immer unspektakulärer als die Heldentat eines vermeintlich Einzelnen. So klingt es außergewöhnlich, wenn beispielsweise ein Fußballtrainer nach einem gewonnenen Spiel sagt, »es fällt mir schwer, die Leistung eines einzelnen Spielers herauszuheben«. Und was in der Glorifizierung funktioniert, hat auch in der Verteufelung Bestand. Wir verbinden Erfolg und Niederlage gern mit dem Etikett einer einzelnen Person – egal, ob sie einen Krieg angezettelt oder einen Elfmeter verschossen hat.

Der Intelligenz der Gruppe vertrauen

Diese Kultur findet sich so ähnlich auch in unseren Unternehmen wieder. »Der Erfolg hat einen Namen«, heißt es. Man sagt zwar auch: »Erfolg hat viele Väter«, aber die kennt man meistens nicht. Das macht das Arbeiten im Team nicht leichter, aber auch nicht unmöglich. In einem guten Team darf man auch persönliche Erfolge haben. Die individuelle Anerkennung der eigenen Leistung ist eine wichtige Triebfeder jeder Motivation. Eine Kultur, die auf erfolgreiche Teams setzt, beachtet beides: das Engagement des Einzelnen und die Resultate des Teams. Vor allem aber setzt sie auf den Erfolg des Kollektivs und schenkt damit der Intelligenz einer Gruppe ihr Vertrauen.

Die Rolle der Unternehmenskultur für die Mobilisierung von Teams

Wachsende Komplexität erfordert Kreativität, Intelligenz und Flexibilität

Die Kultur von Unternehmen ist in den letzten Jahren in den Fokus der Beschäftigung mit Veränderungspotenzialen gerückt, und sie spielt gerade bei der Frage nach erfolgreichen Teams eine wichtige Rolle. Da die technischen Möglichkeiten allen Unternehmen ähnliche Voraussetzungen bieten, rückt der Mensch mit seiner Kreativität, mit seiner Fähigkeit, intelligente Systeme zu entwerfen und zu organisieren, stärker in den Blickpunkt. Die wachsende Komplexität der Bedingungen verlangt immer mehr die Fähigkeit, sich in kürzer werdenden Abständen auf Veränderungen einzustellen. »Wir haben unsere Welt so radikal verändert, dass wir gezwungen sind uns selbst zu ändern, um in ihr existieren zu können«, so der Mathematiker und Begründer der Kybernetik, Norbert Wiener.

Wir haben unsere Welt so sehr verändert, dass ein Einzelner kaum mehr fähig ist, die richtigen Weichenstellungen für eine erfolgreiche Zukunft von Systemen vorzunehmen. Das geht nur unter

Einbezug der Intelligenz des Systems – und die sitzt zwar immer auch in der Unternehmensspitze, vor allem aber sitzt sie mittendrin bei den Mitarbeitern. Unternehmenskultur ist der Rahmen für die Umsetzung wirklicher Beteiligung und von Teamarbeit.

Über die Kultur in Unternehmen ist in den letzten Jahren viel geschrieben worden, und jedes Unternehmen, das auf sich hält, hat so etwas wie ein Führungsleitbild, eine Philosophie formuliert. Nicht, weil es schick ist, so etwas zu haben, sondern weil es das gemeinschaftliche Miteinander leichter macht, wenn die Eckdaten der gemeinsamen Kultur beschrieben sind. Allzu häufig stimmen formulierte Unternehmenswerte jedoch nicht mit den gelebten überein. Einerseits, weil Tugenden eben Tugenden sind, die selbst der Bemühteste nicht immer einhalten kann, und andererseits, weil es im realen Arbeitsleben nicht nur das Interesse des Unternehmens gibt, sondern die unzähligen Interessen Einzelner. Erst dieses Zusammenspiel von gemeinsamen und einzelnen Interessen bildet die Kultur eines Unternehmens.

Praxis stimmt mit Leitbild oft nicht überein

Kultur ist »nichts Sichtbares, sondern das unsichtbare Band, das die Dinge zusammenhält« (F. A. Albrecht). Kultur ist die Art, miteinander und mit der Umgebung umzugehen. Man kann sie nicht greifen, aber spüren. Man kann sie schwer erklären, aber leicht sehen. Sie ist ein unsichtbarer Tanz zu lautloser Musik, ein Tanz, dessen Takt jedem Tänzer bekannt ist, eine Melodie, die man mitsummen kann, ohne die Noten zu kennen.

Kultur – ein Tanz zu lautloser Musik

Auch soziologische Versuche, das Phänomen Kultur zu beschreiben, machen das Thema nicht griffiger. Kultur wird hier als ein überindividuelles, soziales Phänomen gesehen. Kultur wird erlernt und umfasst sämtliche Regeln, Normen und Verhaltenskodizes einer sozialen Gruppe. Kultur ist jenes Instrument, mit dem eine Gesellschaft die Anpassung an die Umwelt bewerkstelligt.

Das klingt wichtig, und in der Tat hat die Art und Weise, wie wir etwas miteinander tun, viel mit dem Ergebnis unseres Handelns zu tun. Nur durch eine starke gemeinsame Kultur kann ein Team hungrig, verschworen, motiviert oder angriffslustig sein. Nur durch gemeinsam getragene Normen kann man sich darauf verlassen, dass Kollegen und Mitmenschen ungefähr das tun, was man erwartet und zwar unabhängig davon, ob man es gut oder

Gemeinsam getragene Normen

schlecht findet. Sich gegenseitig aussprechen zu lassen, ist ebenso Kultur, wie es nicht zu tun. Sich offen und kritisch zu äußern ist ebenso ein Bestandteil von Kultur, wie zu schweigen.

Die Kultur reicht bis in den kleinsten Winkel

An den letztgenannten Beispielen wird deutlich, dass das, was als Ganzes schwer zu beschreiben und definieren ist, doch in jeder kleinen Situation eines Unternehmens gut zu beobachten ist. Weil die Kultur eines Unternehmens meistens durchgängig ist, kann man in jedem Teil das Ganze erkennen. Wie jede kleine Rose eines Blumenkohls dieselbe Struktur aufweist wie der gesamte Kohl, so äußert sich in jeder Besprechung im Unternehmen die Kultur des Ganzen. Um Kulturphänomene zu beobachten und daraus auf die Unternehmenskultur zu schließen, reicht die Analyse einiger Ausschnitte, denn Kultur reproduziert sich in jedem kleinen Winkel. Wenn beispielsweise »Mitarbeiter Menschen sind, die sich immer kurz fassen müssen« (W. Brudzinski), dann kann das auf die Effektivität des Unternehmens hindeuten oder darauf, dass ihre Meinung nicht sehr gefragt ist. Wenn »Vorgesetzte Menschen sind, die sich um mehrere Stunden verspäten können, ohne dass man sie vermisst« (Jerry Lewis), dann kann das auf ein hohes Maß an Selbstorganisation schließen lassen oder auf mangelnde Wertschätzung den Wartenden gegenüber.

Teamarbeit ist mehr als Arbeitsteilung

Teams funktionieren häufig nicht

Ich bin in den vielen Jahren als Unternehmer und Berater nie einem Unternehmen begegnet, das nicht von sich behauptet hätte: »Unsere Art zusammenzuarbeiten, ist teamorientiert«. Und genauso häufig wie diese Behauptung ist bei jeder Analyse eben jener Teamfähigkeit herausgekommen, dass es nicht so funktioniert, wie es funktionieren könnte.

Unterschiedliche Grade an Autonomie

Im Team zu arbeiten, wird oft als arbeitsteiliges Arbeiten verstanden. Jeder hat seine Aufgabe, alles geht Hand in Hand. Noch etwas weiter gehen die Unternehmen, die einem Team eine Verantwortung übertragen, und die mit der Arbeit im Team einen Entscheidungsspielraum verbinden. In dieser Form der Teamarbeit entscheidet das Team ohne Einbeziehung eines Vorgesetzten, wie es seine Arbeit weiterentwickeln und verbessern kann. Es entscheidet, wer welche Aufgabe übernimmt, welche Idee Effektivitätssteigerungen verspricht und wer die Idee umsetzen soll. Dieser Grad an Autonomie eines Teams hat viel mit der Motivation seiner Mitglieder zu tun und setzt auf die Leistungsfähigkeit sich selbst steuernder Teams.

Natürlich hat die Form, wie Teamarbeit in Unternehmen verstanden und organisiert wird, einen bedeutsamen Einfluss auf ihre Effektivität. Neben diesen formalen Gesichtspunkten kommt es jedoch entscheidend darauf an, welche kulturellen Normen im Unternehmen gelebt werden und ob diese echte Teamarbeit unterstützen.

Kultur beeinflusst den Teamerfolg

Stellen Sie doch ganz einfach einmal die Frage: »Worüber denke ich eigentlich den ganzen Tag nach?« oder »Was bestimmt mein Handeln?« Drehen sich Ihre Gedanken um die Erfüllung von Vorgesetztenwünschen, um das politische Durchlavieren in Ihrem Themengebiet oder vielleicht tatsächlich um die beste Sachlösung ihrer Aufgabenstellung? Denken Sie daran, Ihr Wissen besser für sich zu behalten, um es im entscheidenden Moment für den persönlichen Glanz zu nutzen oder stellen Sie es schnell all denen zur Verfügung, die es brauchen können?

Ihr Denken im System hängt eng zusammen mit den Verhaltensweisen, die in Ihrem System belohnt oder bestraft werden. Jeder kennt die Erfolgsmechanismen des Unternehmens, in dem er arbeitet. Ein System, das die Helden der Arbeit belohnt, wird sie ernten. Wer Feuerwehreinsätze und persönliches Heldentum feiert, wird genau das bekommen. Ein System, in dem sich Teilen und Beteiligen nicht lohnt, ist auf die Leistung Einzelner angewiesen und verschenkt das größte Potenzial. Die Köpfe und Herzen der Mitarbeiter, die in ihm arbeiten.

Welches Verhalten wird belohnt?

Kulturwandel – aber wie?

Meistens sind die Bemühungen, eine »neue« Unternehmenskultur zu entwickeln, aus der Erkenntnis entstanden, dass es mit der alten nicht weitergeht, dass die bisherige Art und Weise zusammenzuarbeiten nicht mehr funktioniert, weil die wirtschaftlichen Daten des Unternehmens schlechter werden. Erst wenn sich die Umweltbedingungen schneller wandeln als die Möglichkeiten,

Auslöser für den Kulturwandel

darauf zu reagieren, versucht man, die Kultur zu verändern. Und unsere Welt wandelt sich in ungeheuerer Geschwindigkeit! Sind wir es noch gewohnt, uns Tage im voraus mit Freunden zum Abendessen zu verabreden, finden sich unsere Kinder fünf Minuten vor der Verabredung über SMS zusammen. Da wird der Bus in die grobe Richtung genommen, da ist das Zielgebiet und die Aktivität nur in schwammigen Umrissen bekannt.

Schneller und flexibler werden

Sind die komplexer werdenden Technologien, der ständig steigende Produktivitätsdruck, die immer schnelllebigeren Bedürfnisse unserer Kunden, die Möglichkeit über unglaublich viel Wissen via Internet zu verfügen, die immer schwieriger zu prognostizierenden Märkte oder die Chancen und Risiken der Globalisierung nicht auch gute Gründe dafür, sich erst knapp vor einem Termin zu verabreden? Zwingt uns nicht die zunehmende Vernetzung der Welt, schneller und flexibler als bisher nach neuen Lösungen zu suchen? Brauchen wir zur Suche nach eben jenen neuen Lösungen nicht die größtmögliche Beteiligung aller im System? Meist können wir auch zur Lösung neuer Probleme oder zur Entwicklung neuer Strategien nicht mehr Ressourcen einsetzen als jene, die wir schon haben. Aber wir können unsere entscheidende Ressource effektiver nutzen: die Intelligenz unseres Unternehmens.

Die alten Regeln gelten oft weiter

Trotz eines erheblichen Veränderungsdrucks führten Versuche, die Unternehmenskultur zu ändern, oft zu dem Ergebnis, dass alles beim Alten bleibt, weil die normative Kraft der gelebten Verhaltensweisen stärker ist, als die wohlformulierten Visionen. Und weil Kultur ja unsichtbar ist, gelten die alten Regeln weiter: Es wird belohnt und bestraft wie eh und je. Ob in der Kunst oder in der Gesellschaft, ob in Behörden oder in Unternehmen – die Veränderung einer bestehenden, gewachsenen Kultur ist ein kompliziertes Unterfangen. Die in der Kultur enthaltenen bewussten und unbewussten Normen und Werte geben Sicherheit.

Veränderungen erzeugen Unsicherheit

Bewusste Veränderungen der Kultur machen den Menschen Angst, weil sie Unsicherheit und Irritation erzeugen. Deswegen ist das Verändern von Kultur auch so schwer, weil Kultur sich meist lange bewährt hat, weil sie das Zusammenleben so verlässlich macht. Es ist doch beruhigend zu wissen, dass im Restaurant wahrscheinlich kein anderer Gast von Ihrem Essen probieren möchte oder dass Ihr Vorgesetzter Sie wahrscheinlich nicht schlagen wird, wenn er mit Ihrer Leistung nicht zufrieden ist. Kultur ist so unsichtbar wie verlässlich, egal welchen Zweck sie verfolgt – und sei es die Tatsache, dass ein Ganove den anderen nicht verpfeift.

Veränderungsprozesse in der Natur

Neue Herausforderungen, die einen Wandel in der Unternehmenskultur bedingen, sind gerade deshalb, weil sie auf keine gewohnten Verhaltensmuster treffen, häufig mit Angst und Unsicherheit verknüpft. Da geht es Teams genauso wie jedem einzelnen Menschen. Wenn ein erfolgreiches Verhaltensmuster auf einmal nicht mehr funktioniert, entsteht das Gefühl von Irritation. Man fühlt sich plötzlich unsicher, weil man auf kein bereits bekanntes Verhalten zurückgreifen kann.

Angst und Irritation

Dabei sind sich verändernde Umweltbedingungen und die Fähigkeit, darauf zu reagieren, für jeden Organismus eine Grundbedingung für Erfolg. Ein Fisch, der in einem Aquarium ohne natürliche Feinde, in gereinigtem Wasser und mit ausgewogenem Futter lebt, hat in der freien Natur keine Überlebenschance. Sein Lebensraum ist in einem perfekten Gleichgewicht, und jede Störung dieses Gleichgewichts ist für ihn eine lebensbedrohliche Veränderung. Dagegen ist ein natürliches System ständig dem Druck zur Anpassung ausgesetzt. Es trainiert täglich den Umgang mit neuen Problemen. Und jede bewältigte Bedrohung stärkt die Überlebensfähigkeit. Auch ein Unternehmen muss mit der wachsenden Vielfalt seines Umfeldes umgehen können.

Für natürliche Systeme ist Anpassungsdruck normal

In der Natur gibt es wahre Künstler im Umgang mit Veränderung. Haben Sie schon einmal versucht, eine Ameisenstraße zu stören? Dann wissen Sie, mit wie viel Geschick das vielbeinige Team der kleinen Krabbler jedwede Bemühung, sie umzulenken, zunichte macht. Die Ameisen brechen nicht etwa in Panik aus, wenn man ihnen zu Leibe rückt. Sie lösen jedes Problem mit Beharrlichkeit und immer neuen Versuchen, das Hindernis zu überwinden. Sie organisieren sich selbst mit der Hilfe einiger ganz einfacher Regeln und einer duftstofffreien Kommunikation. Interessanterweise sind selbst Tiere, die nicht einmal durch Geräusche oder Duftstoffe kommunizieren können, in der Lage, durch einfache Regeln Problemsituationen zu meistern.

Beispiel: Ameisenstraße

Ein Schwarm Heringe braucht nur drei Regeln, um sich jeder Situation anzupassen:

1. Schwimm weg, wenn etwas bedrohliches auftaucht.
2. Schwimm hin, wenn etwas zu Essen auftaucht.
3. Halte immer denselben Abstand zu allen Fischen, die dich umgeben.

Natürlich hat der Vergleich zwischen menschlichem Zusammenarbeiten und tierischem Überleben seine Grenzen, aber das zumindest kann man von den Schwärmen abschauen: Teams brauchen Regeln, vor allem dann, wenn sie selbstständig mit neuen Herausforderungen zurechtkommen sollen.

Eine weitere Parallele drängt sich auf, wenn man Schwärme beim Lösen von Problemen beobachtet. Sie verfallen nicht in Hektik, wenn ihr Gleichgewicht gestört wird. Für sie ist es eine alltägliche Übung, mit Irritationen fertig zu werden. Dies ist eine Fähigkeit, die uns Menschen oft abgeht. Wir versuchen, Irritationen zu verhindern. Weil Irritation zu Instabilität führt und nur in der Instabilität neue Verhaltensweisen entstehen, sind sie der Quell jeder Form der Neuorientierung.

Etwas Neues auszuprobieren fällt uns immer erst dann ein, wenn ein altes Muster nicht mehr funktioniert. Das gilt für jeden Einzelnen, aber auch für Gruppen und Teams. Deshalb ist es entgegen der Meinung vieler Führungskräfte oft hilfreich, nicht die Lösung zu kennen, sondern im Gegenteil ein Team durch Nicht-Wissen der Lösung zu irritieren. Erst dann, wenn man *nicht* sagt, wo es langgeht, besinnen sich Teams auf die eigene Fähigkeit, neue Lösungen zu entwickeln. Der Weg dorthin führt über ein unbequemes Gefühl der Instabilität. Aber nur über diesen Zustand findet sich eine neue Lösung.

Regelkreis der Veränderung

Traditionelle Veränderungsansätze erscheinen nur noch bedingt tauglich, den neuen Herausforderungen einer komplexen und vor allem dynamischen Umwelt effektiv zu begegnen. Sie gehen meist davon aus, dass die Welt vorhersehbar ist und dementsprechend Veränderungsprozesse kontrolliert in der Tradition des Social

Engineering gemanaged werden können: Die Intelligenz sitzt in der Unternehmensspitze und weiß, wo es langgeht. Auf Basis eines soliden Strategieprozesses und von Benchmarks werden die richtigen Antworten auf die Herausforderungen des Unternehmens gefunden, die dann nur auf den Rest des Unternehmens »heruntergebrochen« werden müssen. Hierbei auftretende Kollateralschäden wie Konflikte und Widerstandsphänomene werden durch erprobte Instrumente der Moderation in Grenzen gehalten.

Grundmodell traditioneller Veränderungsansätze

Vorhersehbarkeit der Welt

- Sich verlassen – Schöpfen aus Erfahrungen (»der Chef weiß, wo es langgeht«)
- Sicherheit – Definition von Zielen
- Planen – Anstoßen von Strategieprozessen
- Kopieren – Durchführung von Benchmarks
- …

Social Engineering

- Veränderung ist vorhersehbar und kontrollierbar
- Intelligenz sitzt in der Unternehmensspitze
- Kaskadierte Umsetzung: Vorgehensweise wird beschlossen und wird dann über die Hierarchieebenen abwärts ausgeführt.

Dieses Vorgehensmodell der kaskadierten Umsetzung ist in seinen Spielarten weitgehend bekannt und hat einen erheblichen Anteil dazu beigetragen, dass insbesondere Kulturveränderungsprojekten in der Vergangenheit wenig Erfolg beschieden war.

Bei der Gestaltung und Veränderung der Unternehmenskultur geht es darum, zwei Prozesse miteinander zu verbinden:

- – Einerseits geht es um die Irritation des Systems und das **System irritieren** Aufbrechen alter Normen, um Veränderungsimpulse auszulösen und Selbstorganisation zu ermöglichen.
- – Auf der anderen Seite geht es um die Schaffung eines **Angst nehmen** neuen Rahmens, um Angst zu nehmen und Leistungspotenziale wirksam zu machen.

Es geht um Irritation der bisherigen Kultur und das Finden eines neuen Gleichgewichts.

Regelkreis der Veränderung

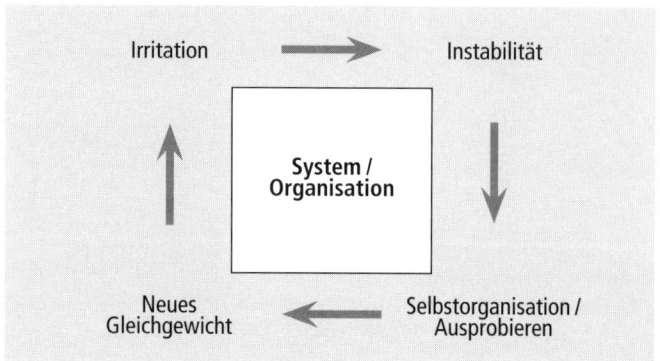

Die besondere Herausforderung für Führungskräfte in derartigen Veränderungsprozessen liegt vor allem darin, mit der Dynamik zwischen der Aufrechterhaltung geregelter Prozesse mit hohem Output und dem gleichzeitigen Zulassen von ungeregelten, selbstorganisierten und kreativ-chaotischen Prozessen umzugehen.

Geregelter und ungeregelter Prozess in Veränderungsprojekten

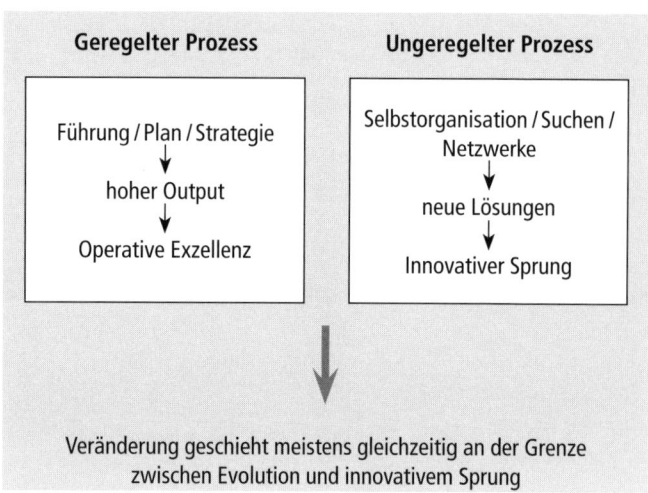

Die Rolle der Führungskraft

Sagen, wo es langgeht Unsere Vorstellung von den Aufgaben einer Führungskraft ist traditionell weniger davon geprägt, andere zu lassen, als davon, anderen zu sagen, wo es langgeht. Und tatsächlich entspricht diese einfache Form der Zuschreibung – zu wissen, welches Ziel man miteinander verfolgt und eine Idee von den Wegen zu haben, die dorthin führen – den Aufgaben von Führung. Diese wichtige und richtungsweisende Funktion von Führung gibt Halt und Orientierung für den einzelnen Mitarbeiter wie für Teams.

Nun setzt diese Fähigkeit, eine Richtung anzuzeigen, auch das Wissen über die notwendigen zukünftigen Entwicklungen voraus. Wer schließt sich in unwegsamem Gelände schon gerne einem Führer an, der nicht über genaue Ortskenntnisse und verschiedene Wegalternativen verfügt? Immer dann, wenn Ziele sichtbar und Alternativen bekannt sind, immer dann, wenn die zu erschließende Welt vorhersagbar ist, macht es Sinn, jemandem zu folgen, der den Weg kennt. Aber was ist, wenn man ein so komplexes Problem zu lösen hat, dass ein Einzelner die Dimensionen und die Auswirkungen verschiedener Handlungsweisen kaum überblicken kann, wenn weder Kompass noch Karte genau sind?

Dem Führer folgen, wenn er den Weg kennt

In solchen Prozessen, wo Lösungen für Probleme gefunden werden müssen, die noch nicht bekannt sind, ist Selbstorganisation der Schlüssel zum Erfolg. Dabei sind nur einige wenige Regeln von besonderer Bedeutung:
– Geben Sie Ziele, einen Rahmen und Regeln vor.
– Lassen Sie Lösungen zu.
– Entscheiden Sie alles, was mit Macht zu tun hat.

Selbstorganisation bei neuen Wegen

Was in Selbstorganisation *nicht* entschieden werden kann, sind Machtfragen und Verteilungskämpfe. Dazu braucht es Instanzen.

Ein Beispiel aus der Praxis

Beim Nachdenken über Beispiele, die die Kraft und die Innovationsfähigkeit von Teams unter Beweis stellen, ist mir einer meiner schönsten Beratungsprozesse eingefallen. Schön deshalb, weil ich selten einen so lustvollen und so außergewöhnlichen Prozess begleitet habe. Am Ende hat der Mut zur Selbstorganisation die Erwartungen aller Beteiligten weit übertroffen.

Lustvoll und außergewöhnlich

Wenn Sie in einem großen Unternehmen arbeiten und in einer Führungsposition tätig sind, dann haben Sie sicher schon einmal an einem Managementtreffen Ihres Unternehmens teilgenommen.

Sie haben sich Reden angehört, in Workshops gesessen, Karten geschrieben und sich viel vorgenommen. Am Ende war es eine durchwachsene Veranstaltung, von der man vor allem die Kontakte in den Pausen sehr genossen hat.

Auf die Kraft von Teams setzen So ging es auch einem unserer Kunden, der von seinem Vorstand den Auftrag erhalten hatte, ein solches Treffen zu veranstalten, der aber etwas Neues wollte: Spaß sollte es machen, neue Impulse bringen, Inhalte mit Lust füllen, motivieren und in die Zukunft schauen. Diese Anfrage war der Beginn einer ganzen Reihe von komplexen Veranstaltungen, die im Grundprinzip auf die Kraft von Teams setzten und vor allem völlig selbstorganisiert abliefen.

Alle Veranstaltungen hatten ein Prinzip, das für Selbstorganisation unverzichtbar ist: Es war nicht vorgeschrieben, was am Ende herauskommen sollte. Getreu dem Schwarmprinzip gab es einige Regeln. Das Hauptthema war vorgegeben, es musste aus vorhandenen Budgets finanziert werden und jeder Betroffene sollte seinen Teil zum Erfolg beitragen. Das bedeutete auch ein Risiko, weil ohne Kontrolle der genauen Inhalte eben das herauskommen musste, was gerade wichtig war und was die zuständigen Teams für wichtig hielten.

»Chaos und Ordnung in unseren Prozessen« Der Vorstand des beauftragenden Unternehmens ließ sich darauf ein, als einzigen Input von seiner Seite eine zwanzigminütige Rede am Ende von zwei völlig selbstorganisierten Tagen zu halten. Eine Eventagentur, die man gewöhnlicherweise zum Erfolg solcher Veranstaltungen braucht, durfte nicht beauftragt werden. Das Thema der Veranstaltung war »Wie muss das Verhältnis von Ordnung und Chaos in unseren Prozessen aussehen, damit wir erfolgreich sind?«. Die Teilnehmer kamen aus der Produktion des Unternehmens. Es waren 250 Manager.

25 Themen aus vielen Disziplinen Wie gingen wir vor? Zunächst wurde ein Team damit beauftragt, aus seiner Sicht zu formulieren, welche Aspekte man unter der gegebenen Themenstellung beleuchten sollte. Das Team entschied sich bewusst für nahe liegende Perspektiven und für eine ganze Reihe von Überschriften, die Impulse aus anderen Welten geben sollten. In das Intranet des Unternehmens wurden 25 Themen eingestellt, die mit dem Ziel der Veranstaltung zu tun hatten. Die Grundprinzipien von Prozessen und ihrer Ordnung zu verstehen und Ableitungen für die eigenen Prozesse zu generieren, sollte an Beispielen aus den Naturwissenschaften, aus der Organisationstheorie, aus den Musikwissenschaften, aus Sozialwissenschaften, aus Benchmarkvergleichen, aus der Psychologie, aus den Religionswissenschaften und aus vielen anderen Bereichen bewerkstelligt werden. Die Teilnehmer der Veranstaltung wurden aufgerufen, sich den Themen zuzuordnen und einen Event zu organisieren, in dem gelernt, gestritten und abgeleitet werden konnte.

Die Gruppen hatten sich nach einigen Stunden zugeordnet – und die Skepsis unseres Auftraggebers wuchs von Tag zu Tag:

Skepsis des Auftraggebers wuchs

- Was werden die Teams aus der völlig freien Themenstellung machen?
- Werden sie die Themen vermitteln können?
- Werden wir 25 Powerpointpräsentationen sehen?
- Werden die Kollegen die Themen ernsthaft angehen?
- Wird das Ganze ein Erfolg?

Die Verantwortlichen mussten *verlernen*, sich auf inhaltliche Sicherheit und auf professionelle Unterhaltung zu verlassen, und sie mussten auf die Kreativität der beauftragten Teams setzen. Ihr Mut wurde belohnt. Ein übergeordnetes Team stimmte mit den Sprechern der einzelnen Thementeams die Organisationsfragen ab. Dabei ging es um Aspekte wie beispielsweise die Fragen, wie viel Zeit sie benötigten, ob sie ihr Thema in einem der zwanzig zur Verfügung stehenden Räume darstellen wollten oder im Plenum und wie oft ihre Darstellung am Tag durchgeführt werden konnte. Am Ende sollten alle Teilnehmer zumindest die meisten Darbietungen gesehen oder erlebt haben, das heißt, jede Veranstaltung durfte nur zwei Durchführende haben, damit die anderen acht Gruppenmitglieder im Wechsel alles andere sehen konnten. Ein Team wurde sogar damit beauftragt, Chaos zu produzieren, damit die Manager vor Ort den Umgang mit Störungen in Prozessen erleben und lösen konnten.

Praktische Aspekte

Die beiden Tage übertrafen alle Erwartungen:

Verblüffende Ergebnisse

- Die Gruppen bauten Boxen in Zimmergröße, in denen Teilnehmer in einem Experiment ihr Empfinden in chaotischen, unsicheren Situationen überprüfen konnten.
- Sie entwickelten komplexe Planspiele, um Chaos berechenbarer zu machen.

- Sie bauten physikalische und chemische Experimente auf, um die Ordnung im Chaos verstehbar zu machen.
- Sie diskutierten mit Geistlichen über den Sinn von Chaos in unserem Leben.
- Sie bauten auf Fuzzylogik basierende technische Prozesse auf, um Ableitungen auf ihre eigenen Prozesse zu verdeutlichen.
- Sie ließen sich von anderen Unternehmen erklären, welche Lösungen sie für berechenbare Prozesse einsetzten.
- Sie spielten Theater, machten Musik und vieles mehr.

Eventmanager hätten es nie geschafft

Es entstand ein breiter, kreativer und nützlicher Reigen an Veranstaltungen, die sich kein Team von Eventmanagern und schon gar kein Einzelner hätte einfallen lassen können. Sie betätigten sich als Pädagogen, als Forscher, als Übersetzer und natürlich auch als Konsumenten. Und was dabei besonders hervorzuheben ist: Sie bereiteten alles neben ihrem Tagesgeschäft vor. Es gab keine Zeitkontingente für die kreative Arbeit.

Die Kraft von Teams wurde deutlich

Dieses Beispiel veranschaulicht, wie viel Kraft und Innovation in Teams steckt. Es zeigt, wie effektiv und umsetzungsorientiert Teams arbeiten können, wenn sie neben einigen Regeln alle Freiheiten haben, etwas zu gestalten. Alle Themen und ihre Aussagen passten zusammen. Alle Teilnehmer entwickelten Hypothesen und Vorschläge, die zur Weiterentwicklung des Bereichs nützlich waren. Alle gingen mit ihren Themen verantwortlich und im Sinne des Unternehmens um. Die Teams waren deswegen erfolgreich, weil sie sich selbst klare Ziele setzten und es schafften, einen gemeinsamen Arbeitsprozess zu etablieren, in dem jedes Teammitglied sein Beitrag zum gemeinsamen Erfolg bewusst war.

Der Nutzen von Teams bei Fusionsprojekten

Meist werden bestehende Regeln übergestülpt

Ein weniger spielerisches und an Aktualität zunehmendes Beispiel für die kreative Nutzung von Veränderungspotenzialen durch Teams sind die zunehmenden Fusionsprozesse in unserer Wirtschaft. In der Regel führt man in solchen Prozessen etwas zusammen, was nicht unbedingt zusammengehört. Die meisten Fusionen sind so gestaltet, dass das »übernehmende« Unternehmen seine Prozesse, seine Strukturen und Vorgehensweisen auf das

»übernommene« Unternehmen überträgt – ähnlich wie auch die Wiedervereinigung der beiden deutschen Staaten nach den Regeln des erfolgreicheren Staates abgelaufen ist.

Dabei vergibt man die Chance, aus zwei Systemen ein noch viel besseres zu machen, als es jedes für sich vor der Fusion gewesen ist. Mehr als in den meisten anderen Veränderungsprozessen liegt in einer Fusion die Chance, etwas wirklich Neues zuzulassen. Die in der Vereinigung zu ordnenden Aufgaben hätten in einem neuen System noch keine Regeln, keine Bezugsrahmen, eben noch keine Muster für Erfolg.

Chancen werden vertan

Das Gleichgewicht beider Fusionspartner ist ohnehin gestört, Instabilität wird ohnehin empfunden. Und jetzt käme es darauf an, den kreativen Prozess nicht durch das Überstülpen eines vorhandenen Regelwerks zu beschneiden. Übernähme man nicht die Regeln eines Unternehmens, wäre im besten Sinne die größtmögliche Irritation vorhanden, um mit der Intelligenz beider Systeme etwas wirklich Neues und Erfolgreiches zu gestalten. Eigentlich wäre das die Stunde der Teams.

Das ZARI-Modell zur aufgabenorientierten Teamentwicklung

Aus meinen Erfahrungen mit unterschiedlichsten Veränderungsprojekten lassen sich einige generelle Grundregeln für die Arbeit in und mit Teams ableiten, welche die Selbstorganisation von Teams unterstützen und die Zusammenarbeit erleichtern. Hierbei ist zu beachten, dass Teams komplexe und empfindliche soziale Gebilde sind und ihre Leistungsüberlegenheit nicht gleich mit ihrer Gründung zeigen können.

Erfolge brauchen Regeln und Zeit

Die Grundregeln sind für den Teamprozess nötig, um eine effektive Selbstorganisation zu ermöglichen. Wenn die komplexen und vernetzten Arbeitsprozesse in einem Team nicht funktionieren, kommt es früher oder später zu Reibungsverlusten in der Teamarbeit und in der Folge zu emotionalen Spannungen. Ein leistungsfähiges Team entwickelt sich erst, nachdem es seine Ziele geklärt, die Arbeitsprozesse definiert, die Rollen geklärt und die persönlichen Beziehungen vertieft hat (vgl. Gergs & Mosner 2005). Diese Gedanken sind im ZARI-Modell zusammengeführt.

Regeln vermeiden Spannungen

Das ZARI-Modell zur aufgabenorientierten Teamentwicklung setzt sich aus vier zentralen Gestaltungsebenen zusammen, die hierarchisch geordnet sind. Es basiert auf dem von Gergs & Mosner entwickelten GPRI-Modell (Goals, Processes, Responsibilities & Social Interaction) der aufgabenorientierten Teamentwicklung.

Vier Schritte Nach diesem Modell müssen in einem ersten Schritt der Teamentwicklung die **Z**iele der Zusammenarbeit geklärt werden. In einem zweiten Schritt geht es dann um eine klare Definition der **A**rbeits-, Kommunikations- und Entscheidungsprozesse im Team. Im dritten Schritt folgt die »eineindeutige« Definition von **R**ollen und Verantwortlichkeiten. Und erst zuletzt gilt es, den Umgang miteinander und die dabei ablaufenden Kommunikations- und sozialen **I**nteraktionsprozesse zu thematisieren.

Hierdurch unterscheidet es sich deutlich von klassischen Ansätzen der Teamentwicklung, die darauf basieren, vor allem die Kommu-

Das ZARI-Modell

Ziele

- Wozu setzt das Unternehmen das Team konkret ein?
- Welchen Nutzen soll das Team konkret bringen?
- Was wird vom Einzelnen erwartet?
- Welche Ziele in Bezug auf Zusammenarbeit mit anderen Teams gibt es?
- Was sind die Erfolgskriterien für das Team? Wann ist es erfolgreich?

Arbeitsprozesse und Standardkommunikation

- Was muss zur Erledigung der Aufgaben getan werden?
- Wie werden einzelne Arbeitsschritte und Arbeitspakete konkret ausgeführt?
- Wer redet mit wem über was bis wann?
- Welche Strukturen zur Regelkommunikation geben wir uns?

Rollen und Verantwortungsverteilung

- Wer ist für was verantwortlich (Ein-Personen-Prinzip)?
- Wer übernimmt wofür Verantwortung?
- Wer trifft welche Entscheidungen?

Interaktionsform und Kommunikationsspielregeln

- Welchen Stil des Umgangs miteinander braucht das Team?
- Welche »Spielregeln« werden dazu benötigt?
- Wie und womit werden die Beziehungen zwischen den Teammitgliedern gestaltet?

nikationsprozesse bis hin zur psychologischen Tiefenstruktur von Teams zu klären und dabei die Eingebundenheit des Teams in übergeordnete Zielsetzungen und Prozesse nur ungenügend berücksichtigen.

Das ZARI-Modell bietet einen Orientierungsrahmen bzw. einen Kompass für die Architektur von Teamentwicklungsprozessen. Das Modell mit seinen Merkmalen erfolgreicher Teamarbeit liefert Orientierungspunkte, um dem Teamentwicklungsprozess eine gedankliche Linie zu geben. Dabei werden die vier Elementarkategorien Ziel, Arbeitsprozess, Rollen und soziale Interaktion in ihrer Ganzheitlichkeit und ihren systemischen Wechselwirkungen betrachtet und ausgehend von der Zieldefinition systematisch aufeinander abgestimmt.

Kompass für den Teamerfolg

Für viele Veränderungsprozesse, die wir begleitet und beraten haben, war Selbstorganisation die Lösung für komplexe Problemstellungen. Das zu wissen, bringt Menschen in Verantwortung und kann all diejenigen entlasten, die sich Manager nennen und sich trauen zu *vertrauen*. Es geht nichts über Teams. Ein dreifaches Hoch dem Kollektiv!

Es geht nichts über Teams

Literatur

Gergs, H.-J. und M. Mosner (2005): Teamentwicklung auf den Kopf gestellt – Das GPRI-Modell. In: Pohlmann, M. (Hg.): Beratung und Weiterbildung. München/ Wien: Oldenbourg Verlag.

Ralph Warnatz

Ralph Warnatz (Jahrgang 1965) ist geschäftsführender Gesellschafter der Motiv Management Partner GmbH & Co. KG. Seit 1993 forscht und schult der diplomierte Sportwissenschaftler an und über die Leistungsfähigkeit des Einzelnen, von Teams und von Unternehmen in ihrem Auftritt nach innen und außen. Trotz des großen Erfolges ist Ralph Warnatz ganz Mensch geblieben und leitet seine Seminare und Vorträge mit großer Fachkompetenz, höchster Begeisterungsfähigkeit und unnachahmlicher Sympathie.

Referenzen

Zu seinen Kunden gehören unter anderem ABT Sportsline, Deutsche Bahn AG, Bilfinger Berger AG, Deutsche Telekom AG, Hewlett Packard GmbH, KUKA Roboter GmbH, MAN Roland Druckmaschinen AG, Molkerei Alois Müller GmbH & Co. (Müller Milch), Thyssen Krupp Automotive AG, Skandia Akademie u. v. m.

Beratungsschwerpunkte

- Individual Performance (Souveränität zeigen – Führen und Überzeugen)
  - Persönlichkeit und Vitalität
  - Führungskraft und Erfolgsstrategien
  - Kommunikation und Rhetorik
- Team Performance (Energien freisetzen – Wirken und Bewegen)
  - Identifikation und Motivation
  - Teamarbeit und Teamkommunikation
  - Changemanagement und Kreativitätsmanagement

Motiv Management Partner GmbH & Co. KG
Ramsbergstr. 19
86156 Augsburg
Telefon (08 21) 4 44 62-0
Fax (08 21) 4 44 62-22
info@motiv-management.de

Ralph Warnatz
Führen, fördern, gewinnen –
Wie Sie Ihr Team erfolgreich coachen

»Was gibt es Neues zum Thema Führung? Welche neuen Methoden muss ich anwenden, um eine gute Führungskraft zu werden?« Das sind die Fragen, die ich als Managementtrainer oft
höre. Meine Antwort darauf ist kurz: »Es gibt nichts Neues.«
Denn das, was eine Führungskraft erfolgreich sein lässt, hat sich
meines Erachtens im Zeitablauf kaum verändert. Während Dienstleistungen, Arbeitsmittel und Prozesse einem stetigen Wandel un-
terliegen, bleiben die Anforderungen an eine gute Führungskraft
im Kern weitestgehend gleich – völlig unabhängig von Zeit, Ort
oder Kultur. Das liegt daran, dass Führen immer mit Menschen zu
tun hat und diese sich in ihrem Wesen kaum verändert haben.

Die Erfolgsfaktoren wandeln sich nicht

Um zu verdeutlichen, auf welche grundsätzlichen Kernkompetenzen
es bei einer Führungskraft ankommt, vergleiche ich die Leistung
eines Managers gerne mit der eines Coachs im Sport. Zweierlei
wird dabei schnell klar: Die Leistungsfähigkeit einer Führungskraft
zeigt sich in erster Linie nicht direkt, sondern indirekt in der
Stärke und Leistung der Mannschaft. Gut ist also nicht ein Chef,
der zwölf Stunden am Stück für sich allein arbeiten kann. Gut ist
vielmehr einer, der die einzelnen Mitarbeiter seines Teams individuell fördert, entwickelt und zielorientiert auf Leistung trimmt,
sodass gemeinsam das übergeordnete Unternehmensziel erreicht
werden kann. In diesem Bild wird auch unmittelbar deutlich, dass
sich die Führungskraft, bevor das Spiel beginnen kann, sehr gründlich vorbereiten muss.

Ein guter Manager ist wie ein Coach

Sie muss

– die Spielregeln beherrschen.

– die Mannschaft aufstellen und dazu die Stärken und Schwächen der einzelnen Spieler kennen.

– die Werte, das Etappenziel und die Strategie vorgeben.

Das heißt, sie muss sich vor Spielanpfiff sehr gründlich mit den Kernelementen beschäftigen.

Leider trifft man immer wieder auf Manager, die dafür keine Zeit haben wollen. Sie seien im Stress und müssten gleich loslegen, ist die Begründung. Statt vor dem Start genau zu analysieren, wo sie mit ihrem Unternehmen und ihrer Belegschaft stehen, laufen sie gleich drauf los. Wenn sie dann nicht weit kommen, fragen sie nach neuen Managementmethoden. Meines Erachtens ist das der falsche Weg. Wissen allein macht keine Führungspersönlichkeit aus. Es kommt ganz wesentlich auf die Charaktereigenschaften, die Sensibilität sowie die soziale und kommunikative Kompetenz einer Person an.

Hierzu ein Beispiel aus meiner Trainertätigkeit: Im Rahmen einer Ausbildungsreihe für besonders förderungswürdige Nachwuchskräfte sollte ich ein Seminar geben. Es war die letzte Unterrichtseinheit vor der Abschlussprüfung. Unglücklicherweise hatte ich kurz vorher in einem Selbstversuch getestet, wie lange ich mich sportlich einseitig belasten kann. Das Ergebnis: Ungefähr drei Wochen, dann fährt es mir grausam in die Lendenwirbelsäule. Dies geschah nun ausgerechnet auf dem Weg zu besagtem Seminar. Unter extremen Schmerzen und in gebückter Haltung absolvierte ich den Tag. Interessant war, dass mir keiner der Teilnehmer seine Hilfe angeboten hat, obwohl es viele Gelegenheiten dazu gegeben hätte. Erst am Abend fragte mich eine Dame, ob sie mir beim Tragen der Unterlagen behilflich sein könne. Als wir abschließend noch zusammen saßen, wurde ich von den Nachwuchskräften gefragt, was sie für die Prüfung wohl alles wissen müssten, um sich als spätere Führungskräfte zu qualifizieren. »Sie müssten ein Gefühl für Menschen entwickeln. Das aber steht nicht in Nachschlagewerken«, war meine Antwort. Ich war überzeugt, dass ungeachtet aller Prüfungsergebnisse nur eine zukünftige Führungskraft am Tisch saß: die junge Frau, die mir geholfen hatte.

Sie können alles Wissen für Manager in sich tragen – wenn Sie kein Gespür für die Mannschaft entwickeln, sind Sie ein schlechter Coach. Dann können Sie Ihr Team nicht entwickeln und auch nicht zum Sieg führen.

Auf das Gespür kommt es an

Doch Gespür allein reicht nicht. Sie müssen als Coach auch die Grundlagen für das Training legen. Dazu muss klar sein:
- Was soll gespielt werden?
- Wo steht die Mannschaft?
- Und wo soll sie hin?

Die Spielregeln festlegen – Schritt 1: Werte definieren

Ein Sportler, der auf das Siegertreppchen will, muss zunächst für sich die geeignete Sportart wählen. Jemand, der Individualist ist und den unmittelbaren Vergleich mit seinen Wettbewerbern liebt, sollte nicht dem Volleyballteam beitreten, sondern sich lieber als Leichtathlet engagieren. Wenn klar ist, in welcher Sportart man sich beweisen möchte, stellt sich als nächstes die Frage, mit welchen Mitteln man arbeiten möchte. Oder anders ausgedrückt: Was sind die moralischen Grundwerte, die bei Training und Wettkampf zu wahren sind? Ist beispielsweise Freude am Sport das oberste Gebot, oder stehen eiserne Disziplin und der unbedingte Sieg im Vordergrund?

Das geeignete Betätigungsfeld wählen

Wenn sich Unternehmen die Frage nach den zu wahrenden Werten stellen, geht es um die Firmenkultur oder neudeutsch um die »Corporate Identity«. Was ist unter dem Begriff zu verstehen? Für mich hat ein Unternehmen Kultur, wenn sich in den Handlungen aller Mitarbeiter und in allen Produkten und Dienstleistungen gemeinsam gelebte Werte und Überzeugungen zeigen. Hierzu ist nötig, dass jeder diese Werte kennt und akzeptiert. Es reicht nicht, wenn die Firmenphilosophie mit all ihren Ansprüchen in goldenen Lettern nur an den Wänden des Unternehmens prangt. Werte müssen aktiv gelebt werden.

Die Werte müssen aktiv gelebt werden

In kleinen Betrieben wird das Erarbeiten einer Firmenphilosophie oftmals nicht für notwendig gehalten. Ein Fehler, wie ich meine. Denn wie soll ein Mitarbeiter wissen, wie er sich in verschiedenen Situationen seines Arbeitsalltags zu verhalten hat? Das wird ins-

Firmenphilosophie auch in kleinen Firmen wichtig

besondere dann wichtig, wenn Unvorhergesehenes passiert oder spontan irgendwelche Krisen zu bewältigen sind.

Beispiel: Verkäufer und Produkte passen nicht zusammen Ich hatte mal einen Vertriebsmitarbeiter in einem Seminar, der mir erzählte, er könne einfach die Produkte seines Unternehmens nicht verkaufen. Auf meine Frage, woran das denn liege, antwortete er: »Es sind nicht die Besten.« Damit war der Fall schon gelöst. Der Mann brauchte kein Verkaufstraining und auch keinen Rhetorikkurs, sondern einen neuen Arbeitgeber. Denn ganz offensichtlich passte die Ausrichtung des Unternehmens im Markt nicht zu den Werten dieses Verkäufers. Deshalb würde er auch nie 100 Prozent Leistung bringen können oder zu einem Vertriebsgenie werden. Denn dazu müsste er permanent gegen seine tiefsten Überzeugungen arbeiten. Was dieser Verkäufer brauchte, war ein Unternehmen, das ausschließlich Premiumprodukte offeriert. Das Beispiel soll zeigen: Nur wenn ein Unternehmen seine Werte offen und deutlich kommuniziert, kann es auch Mitarbeiter finden, die sich damit identifizieren. Auch im Geschäftsleben gilt der Spruch: »Gleich und gleich gesellt sich gern«.

Schaffen Sie Klarheit! Identifizieren Sie die Werte Ihres Unternehmens und bringen Sie diese auch kontinuierlich in Ihrem eigenen Verhalten zum Ausdruck. Unternehmen, die eine klare Wertehierarchie besitzen, ziehen langfristig automatisch Mitarbeiter an, die gut zu ihnen passen.

Übung 1: Die Werte Ihrer Mitarbeiter bestimmen

Die eigenen Werte bedenken Fragen Sie Ihre Mitarbeiter nach deren Werten. Sie können dazu die abgedruckte Liste als Anhaltspunkt austeilen. Jeder soll für sich die zehn wichtigsten Werte benennen und aufschreiben. Entscheidend ist, dass Sie als Führungskraft die Ergebnisse vertraulich behandeln. Keiner der Teilnehmer sollte die eigenen Wertvorstellungen vor den anderen rechtfertigen müssen.

Werte von A bis Z

Quelle: Barbara Schott:
»Andere Wege wagen«, 1994

Achtung	Aktivität	Altruismus
Anerkennung	Ausgeglichenheit	Bildung
Charisma	Demokratie	Distanz
Disziplin	Ehre	Ehrlichkeit
Einfluss	Erfolg	Familie
Freiheit	Freude	Freundschaft

Frieden	Gastlichkeit	Gerechtigkeit
Geschmack	Geselligkeit	Gesundheit
Glaube	Gleichheit	Glück
Gute Laune	Harmonie	Heiterkeit
Herkunft	Höflichkeit	Identität
Individualismus	Kameradschaft	Klugheit
Kompetenz	Kreativität	Lässigkeit
Liebe	Macht	Menschlichkeit
Mitgefühl	Mut	Nachkommen
Nachsicht	Nähe	Objektivität
Offenheit	Ordnung	Persönlichkeit
Pflichtbewusstsein	Phantasie	Pragmatismus
Pünktlichkeit	Rechtmäßigkeit	Redegewandtheit
Reichtum	Ruhe	Ruhm
Selbstverwirklichung	Sexualität	Sicherheit
Sparsamkeit	Stärke	Tapferkeit
Toleranz	Treue	Überlegenheit
Überzeugung	Umweltschutz	Unabhängigkeit
Verantwortung	Vergnügen	Vernunft
Vertrauen	Wahrheit	Wechsel
Weisheit	Weitblick	Zärtlichkeit
Zeitlosigkeit	Zugehörigkeit	

Meine zehn persönlichen Werte

In einem zweiten Schritt sollen Ihre Mitarbeiter aus der individuellen 10-Punkte-Liste die für sie wichtigsten vier Werte auswählen und diese in eine Rangfolge von eins bis vier bringen. Was ist das Ergebnis? Die Klarheit des einzelnen über seine Werte. Passen diese zur Kultur Ihres Unternehmens?

Die vier wichtigsten Werte auswählen

Meine vier wichtigsten persönlichen Werte

```
┌─────────────────┐   ┌─────────────────┐
│                 │   │                 │
│                 │   │                 │
└─────────────────┘   └─────────────────┘

┌─────────────────┐   ┌─────────────────┐
│                 │   │                 │
│                 │   │                 │
└─────────────────┘   └─────────────────┘
```

Stimmen Theorie und Praxis überein?

Übung 2: Die Werte Ihres Unternehmens bestimmen

Nun führen Sie den Test für das gesamte Unternehmen durch. Gibt es bereits eine Firmenphilosophie, fragen Sie sich und Ihre Mitarbeiter, auf welchen grundlegenden Überzeugungen diese basiert. Auch hier sollten die Ergebnisse vier Hauptwerte nicht übersteigen. Als nächstes diskutieren Sie innerhalb des Betriebes, welches beobachtbare Verhalten sich aus den festgestellten Werten ableiten lässt. Stimmt die Theorie mit der bisherigen Firmenpraxis überein?

Basis für ein Leitbild erarbeiten

Besteht noch kein Leitbild, sollten Sie zusammen mit Ihrer Belegschaft folgende Fragen klären:

- Welche Werte bestimmen den Umgang mit unseren Kunden?
- Welche Werte sind die Grundlage unserer Zusammenarbeit?
- Welche Werte stehen hinter unserer Arbeitsqualität?
- Welche Werte bestimmen unseren Führungsstil?

Definieren Sie aus diesen erarbeiteten Ergebnissen, welche Verhaltensgrundsätze sich daraus ergeben und formulieren Sie in einfachen, verständlichen Sätzen Ihre Unternehmensphilosophie.

Die Spielregeln festlegen – Schritt 2: Ziele setzen

Das Ziel klar definieren

Kein Spiel lässt sich gewinnen, wenn das Ziel nicht definiert ist. Beim Fußball gilt es, dem Gegner so viele Bälle wie möglich ins Tor zu schießen und gleichzeitig zu verhindern, dass der Gegner den Ball ins eigene Tor trifft. Bei Unternehmen ist das Ziel meist nicht so klar definiert. Existiert die Lufthansa, um Passagiere in die Welt zu fliegen und DaimlerChrysler, um Autoträume wahr werden zu lassen? Vielleicht. Ganz allgemein gesprochen ist das Hauptziel eines jeden Unternehmens aber, Gewinn zu erzielen und eine akzeptable Eigenkapitalrendite zu erwirtschaften – und das mit der Tätigkeit, die es am besten kann. Sei das nun das Organisieren von Flügen oder das Bauen von Autos.

Die Aufgabe einer Führungskraft ist es, den Mitarbeitern das übergeordnete Ziel so zu verdeutlichen, dass sie die Bedeutung verstehen und auch den eigenen Vorteil darin sehen. Zum Beispiel: Macht das Unternehmen Gewinn, bleiben die Jobs erhalten und es besteht die Möglichkeit, Karriere zu machen.

Die Ziele verdeutlichen

Das allein reicht aber nicht. Kein Mitarbeiter kann allein die Eigenkapitalrendite steigern. Es müssen Teilziele definiert werden. Jeder Mitarbeiter muss wissen, wie er mit seiner Arbeit zum Erreichen des Hauptziels beitragen kann. Das festzulegen und zu erläutern, ist Ihre Aufgabe als Manager – egal auf welcher Hierarchieebene Sie gerade stehen. Denn nur wenn ein Mitarbeiter den Gesamtzusammenhang kennt und versteht, kann er in seinem jeweiligen Job auch eigenverantwortlich handeln.

Teilziele festlegen und erläutern

Schaffen Sie bei allen Projekten in Ihrem Unternehmen Transparenz. Nur wenn die Mitarbeiter Ihre Ziele kennen, können sie auch eigenverantwortlich in Ihrem Sinne und zum Wohle des gesamten Betriebes handeln. Den Einwand, viele Zusammenhänge und Zielsetzungen seien viel zu komplex, um sie der Belegschaft im Einzelnen zu erläutern, lasse ich nicht gelten. Davon auszugehen, dass die eigenen Mitarbeiter dümmer sind als man selbst, spricht für ziemliche Arroganz. Nach meiner Erfahrung ist der Grund dafür, dass die Mitarbeiter nicht wissen, wohin die Reise gehen soll, eher das Unvermögen der Führungsspitze, komplexe Zusammenhänge nachvollziehbar erklären zu können. Wenn Sachverhalte komplexer werden, bedeutet das nicht gleichzeitig, dass sie auch komplizierter werden. Erscheint es einem so, ist das häufig ein Zeichen dafür, dass man selbst den Durchblick verloren hat.

TIPP

Übung 3: Klarheit über die Ziele verschaffen
Angenommen, wir kommen morgen in Ihre Firma und fragen Ihre Mitarbeiter beim Arbeitsantritt separat:
   – Was ist das Hauptziel dieses Unternehmens?
   – Welches ist heute im Rahmen dessen das wichtigste, gemeinsame Teilziel?
   – Was werden Sie als einzelner Mitarbeiter konkret tun, um heute zu dessen Erreichung beizutragen?

Fragen an Ihre Mitarbeiter

Was glauben Sie als Chef: Wie viele und welche Antworten würden wir bei diesem Test bekommen? Schreiben Sie Ihre Einschätzung für sich auf und führen Sie diesen Test einmal wirklich durch. Sie werden erstaunt sein, wie viele Unklarheiten es gibt.

Die Spielregeln festlegen – Schritt 3: Aufstellung nehmen

Verschiedene Talente, eine Mannschaft

Ebenso wie ein Fußballtrainer nicht ausschließlich Stürmer auf den Platz schickt, braucht jede Führungskraft eine Mannschaft, die aus verschiedenartigen Talenten und Persönlichkeiten besteht. Auch wenn die Aufgaben innerhalb eines Teams sehr unterschiedlich sein können, dienen sie alle einem übergeordneten Ziel. Wichtig ist, dass die einzelnen Spieler die gemeinsame Strategie und die grundlegenden Werte kennen.

Einigen Führungskräften fällt es schwer, ein schlagkräftiges Team auf die Beine zu stellen. Manchmal liegt das daran, dass sie glauben, alles selbst machen zu müssen und einfach nicht delegieren können. Manchmal liegt die Schwierigkeit darin, die geeignete Person für eine bestimmte Aufgabe zu finden. Verschiedenartige Funktionen bedürfen auch unterschiedlicher Persönlichkeitsstrukturen, um optimal ausgeführt zu werden.

Nicht nur nach ähnlichen Typen suchen

Manager neigen meiner Erfahrung nach häufig dazu, nach Mitarbeitern zu suchen, die ihnen ähnlich oder vom Denken oder Verhalten her vertraut sind. Wenn aber beispielsweise eine Person extrovertiert ist und sich lauter Mitarbeiter und Geschäftspartner vom gleichen Typ sucht, gibt das eine Katastrophe. Sinnvoller wäre es, einige introvertiertere Menschen mit ins Team zu holen.

Das Dreamteam gezielt aufbauen

Allerdings ziehen sich diese Gegensätze nicht zwangsläufig an. Falls es kein gemeinsames Wertesystem und kein gemeinsames Ziel gibt, gehen sich diese unterschiedlichen Persönlichkeiten eher auf die Nerven. Ein Buchhaltertyp und ein kreativer Geist werden nicht gleich Busenfreunde. Aber beide werden in einem Unternehmen gebraucht. Wenn Sie als Führungskraft jeden davon an der richtigen Stelle einsetzen und die Zusammenarbeit fördern, kann genau diese Konstellation zum ersehnten Dreamteam werden.

Nutzen Sie die Unterschiedlichkeit Ihrer Mitarbeiter.

Jerry Krause, Generaldirektor der Chicago Bulls, hat einmal gesagt: »Wenn Sie zwei Leute haben, die das gleiche denken, feuern Sie einen der beiden. Wozu brauchen Sie unnötige Wiederholungen?« Das ist kein Aufruf zum Stellenabbau. Vielmehr möchte ich Sie als Führungskraft ermutigen, die Unterschiedlichkeit Ihrer Mitarbeiter als Chance wahrzunehmen und sie zu fördern. Sie als Coach müssen dem Einzelnen die Möglichkeit geben, mit seiner individuellen Persönlichkeit seine Aufgabe bestmöglich zu erfüllen. Und Sie müssen die Mannschaft als Ganzes auf das gemeinsame Ziel und die gemeinsamen Werte einschwören. Dann kann das Spiel beginnen.

Keine unnötigen Wiederholungen

Die Klarheit und Berechenbarkeit des Trainers

Um eine Mannschaft oder ein Unternehmen erfolgreich zu führen, bedarf es keines speziellen Persönlichkeitstyps. Ich habe in meiner langjährigen Tätigkeit sowohl autoritäre, empathische, extrovertierte, introvertierte sowie extrem strukturierte und kreative Menschen als hervorragende Führungskräfte erlebt. So unterschiedlich sie auch waren – zwei Eigenschaften hatten sie alle:

Zwei zentrale Eigenschaften

1. Ihre Führung entsprach ihrem persönlichen Typ, das heißt, sie waren sich selbst treu und lebten ihre eigene Überzeugung. Sie waren keine Schauspieler.
2. Diese Führungspersönlichkeiten waren im positiven Sinne berechenbar.

Am schlimmsten für Mitarbeiter ist ein Chef, bei dem man nie genau weiß, woran man ist. Mich hat die Aussage eines Bankvorstands überzeugt. Er sagte: »Bei der Bearbeitung einer Kreditanfrage müssen meine Mitarbeiter nur eines wissen – und zwar: wie ich denke!«. Das ist wahr. Denn würde der Chef seine Entscheidung mal nach dem Alter des Kreditantragstellers, mal nach dessen Einkommen und mal nach dessen Bekanntheitsgrad oder der beruflichen Stellung treffen, könnte der Sachbearbeiter den Fall nicht eigenständig bearbeiten. Er müsste Rücksprache mit seinem Chef halten und die Entscheidung an ihn zurückdelegieren.

Wissen, woran man ist

Lassen Sie Ihr Umfeld an den Grundlagen Ihrer Entscheidung teilhaben und bleiben Sie dabei berechenbar und konstant. Nur so haben Ihre Mitarbeiter auch in schwierigen Situationen die Chance, sich gemäß Ihrer Vorstellungen zu verhalten.

Die Vorbildfunktion des Trainers

Vorleben, was man von anderen verlangt

Oft werde ich in Führungskräfteseminaren gefragt, mit welchen Tricks man Menschen dahin bringen kann, wo man sie gerne hätte. Oder anders gesprochen: Wie kann man als Führungskraft Mitarbeiter beeinflussen? Meine Antwort: Ganz einfach. Sie müssen das, was Sie von anderen verlangen, selbst verkörpern und als Vorbild vorangehen. Ihre innere Überzeugung muss stimmen.

Der Motivationstrainer Nikolaus B. Enkelmann hat dazu mal einen Vergleich formuliert: Wenn jemand 18 Jahre alt ist, gerade den Führerschein hat und sein eigenes Auto noch nicht hundertprozentig beherrscht, ist es dann wahrscheinlich, dass er sich in das Auto des Nachbarn setzt und damit davonfährt? Wohl kaum. Viel mehr wird er sich in sein eigenes Auto setzen und damit so oft wie nur möglich fahren, um zu üben. Erst wenn man den eigenen Wagen perfekt unter Kontrolle hat, ist es auch wahrscheinlich, dass man den Wagen des Nachbarn problemlos fahren kann.

Nur, wer selbst motiviert ist, kann andere mitreißen

Übertragen auf Ihre Firma bedeutet das: Wenn Sie Optimismus und Freundlichkeit verlangen, sich selbst aber elend fühlen und nur nach außen aufgesetzt den »Grinsekuchen« geben, werden Sie Ihre Mitarbeiter kaum animieren können. Nur wenn Sie selbst innerlich überzeugt und motiviert sind, wird es Ihnen auch gelingen, Ihre Mitarbeiter mitzureißen. Dafür gibt es viele Beispiele: Wie lange und wie gut können Sie Menschen beruhigen, wenn Sie selbst in heller Aufregung sind? Vermutlich gar nicht. Im Gegenteil, Sie würden zur Verunsicherung noch beitragen, weil zu spüren ist, dass Sie nicht ehrlich sind und nicht an das glauben, was Sie sagen. So ein Verhalten kostet Vertrauen.

Bei sich selbst beginnen

Für eine kurze Zeit mag es vielleicht gelingen, Menschen zu etwas zu bewegen, was man selbst nicht bieten kann. Langfristig funktioniert das meiner Erfahrung nach jedoch nicht. Bevor Sie sich also in die Meisterschaft der Fremdmotivation begeben, müssen Sie die Meisterschaft der Eigenmotivation bereits gewonnen haben. Letztlich kann man mit Veränderungen immer nur bei sich selbst beginnen. Das Schlimmste, was eine Führungskraft machen kann, ist nach außen hin etwas zu versprechen und von den Mitarbeitern ein Verhalten einzufordern, das sie selbst als Chef nicht zu leisten im Stande ist.

Wenn Sie Menschen in eine bestimmte Richtung bewegen wollen, gehen Sie als Vorbild voran. Bleiben Sie sich selbst treu. Falls Sie schauspielern müssen, sollten Sie sich in einen internen Dialog begeben und an sich arbeiten. Denken Sie immer daran, dass Ehrlichkeit sich selbst gegenüber und auch gegenüber anderen die Grundlage für Vertrauen ist. Und Vertrauen wiederum ist die Basis jeder erfolgreichen Beziehung. Das gilt im Privaten genauso wie im Geschäftsbereich.

TIPP

Übung 4: Vor schwierigen Gesprächen die Kernbotschaft notieren
Wenn Sie vor einem schwierigen Gespräch stehen, in dem es darum geht, andere zu motivieren und zu einem bestimmten Verhalten anzuleiten, machen Sie den Selbstversuch: Notieren Sie sich die Kernbotschaft auf einem Blatt und fragen Sie sich dann ganz ehrlich, wie Sie selbst dazu stehen.

Botschaften an den Mitarbeiter	Wie denke ich darüber
Mehrarbeit sichert den Arbeitsplatz.	Sinnvoller als Mehrarbeit wäre es, das Richtige zu tun. Aber was das sein soll, weiß ich selbst noch nicht genau.
Wir müssen überzeugt den neuen Weg einschlagen.	Ich bin mir selbst nicht ganz sicher, ob das funktioniert.

Beispiel

Wie ist der Grad der Übereinstimmung Ihrer Botschaft mit Ihrer innersten Überzeugung? Bei einer hundertprozentigen Deckung sind Sie bestens vorbereitet. Geben Sie Gas! Falls aber die Übereinstimmung geringer sein sollte, forschen Sie nach, woran das liegt! Was ist zu tun, was müsste sich verändern, damit Sie Ihre Botschaft kongruent kommunizieren könnten? Müsste sich Ihre Einstellung ändern, oder wollen Sie eigentlich etwas ganz anderes sagen?

Vorsicht bei fehlender Übereinstimmung

Die Autorität des Trainers

Wie viel formale Autorität hatte Nelson Mandela während seiner Inhaftierung? Wie viel formale Autorität hatte Mahatma Gandhi, als er von Südafrika nach Indien zurückkehrte? Die Antwort lautet wohl auf beide Fragen: Keine. Dennoch waren beide Männer unbestritten Führungspersönlichkeiten, die Autorität besaßen. Und

Führungskraft auch ohne formale Autorität

zwar solche, die von innen kommt und natürlich ist. Wenn man den Leuten erst sagen oder über Statussymbole mitteilen muss, dass man der Chef ist, hat man die Schlacht schon verloren. Was wäre wohl gewesen, hätte Mandela gedacht: »Ich muss warten, bis ich entlassen werde. Dann kann ich führen und werde schon Autorität erlangen.« Wie weit wäre Gandhi gekommen, wenn er gejammert hätte: »Ich bin nur einer von 350 Millionen Indern, da kann man nichts machen.« Ich bin überzeugt, die Keimzelle der Autorität ist, wie diese Beispiele verdeutlichen, die innere Einstellung einer Person. Wenn Sie durch Ihre Persönlichkeit überzeugen, wird es Ihnen auch leicht fallen, mit Autorität Ihr Team zu führen.

Übung 5: Die Einstellung zur Macht reflektieren

Verständnis von Macht reflektieren
Ich habe zunächst bewusst den Begriff »Autorität« verwendet. Man könnte auch von Macht sprechen. Mit diesem Wort haben einige Menschen jedoch Probleme. Was ist Ihre innere Einstellung zur Macht? Haben Sie Vorbehalte? Fragen Sie sich, was Sie unter dem Begriff verstehen! Falls Macht für Sie eher negativ besetzt ist, bedenken Sie, dass Sie Ihr Verhalten und Ihren Führungsstil im Rahmen Ihrer persönlichen Werte und Charaktereigenschaften selbst gestalten können.

Das Netzwerk des Trainers

Ein Forum aufbauen
Um Autorität verkörpern zu können, ist ein Forum oder Netzwerk notwendig. Wäre Gandhi mit positiver innerer Einstellung im Stillen in Indien in den Hungerstreik getreten und niemand hätte etwas davon erfahren, wäre er schlicht verhungert, und gar nichts hätte sich bewegt. Aber die Welt nahm Notiz von ihm und seinem Anliegen. Auch als Führungskraft im Unternehmen brauchen Sie manchmal die Öffentlichkeit. Das bedeutet, dass Sie sich ein Netzwerk oder eine Ihnen wohl gesonnene Fangemeinde aufbauen müssen.

Jeder ist von anderen abhängig
Wie wichtig das ist, scheint vielen Managern nicht klar zu sein. In einer Zeit, in der Individualität und Eigennutzen im Vordergrund stehen, vergessen viele oft, dass jeder – auch die Führungsspitze – vom Wohlwollen anderer Menschen abhängig ist. Und was viel schlimmer ist: Den wenigsten ist bewusst, wie Netzwerke funktio-

nieren. Um es gleich vorwegzunehmen: Sie funktionieren nicht, wenn jeder nur ans Profitieren denkt. Wenn Sie sich einer Vereinigung wie zum Beispiel den Wirtschaftsjunioren anschließen und sich lediglich darauf konzentrieren, was Ihnen diese Mitgliedschaft bringt, werden Sie nicht weit kommen. Meines Erachtens muss Ihre erste Frage lauten: »Was kann ich leisten?« Netzwerke funktionieren durch ein Wechselspiel von Geben und Nehmen. Beziehungen leben davon, dass alle Beteiligten mehr tun, als eigentlich von ihnen erwartet werden kann. Sie müssen positiv überraschen! Dann können Sie Menschen für sich gewinnen.

Natürlich heißt das nicht, dass Sie als Manager beim Aufbau Ihres Netzwerkes nicht strategisch denken sollten. Im Gegenteil. Sie sollten sich sehr genau überlegen, wem Sie Ihre Zeit widmen und wem Sie einen zusätzlichen Nutzen bieten möchten. Denn schließlich geht es ja um ein Forum für Ihre Unternehmungen.

Strategisch herangehen

Fragen Sie sich bei der Auswahl Ihrer Kontakte:

TIPP

– Wofür möchte ich bekannt werden?
– Wer kennt dies bereits und wie kann der Eindruck hier verstärkt werden?
– Wen muss ich noch überzeugen?

Um diese Kontakte dann aktiv aufzubauen oder zu pflegen, sollte allerdings die Frage im Vordergrund stehen: Was kann ich bieten und wie kann ich mehr liefern, als von mir erwartet wird?

Fazit

Es hat sich gezeigt, dass sich aus dem Mannschaftssport einige essenzielle Tipps für Manager mit Führungsverantwortung ableiten lassen. Das Wichtigste ist eine sehr gute, intensive Vorbereitung von Training und Wettkampf. Das ist Ihre Aufgabe als Coach: Alle Spieler müssen die Regeln des Spiels kennen und genau wissen, was von ihnen im Einzelnen erwartet wird. Sie brauchen außerdem die Unterstützung einer Fangemeinde bzw. eines Netzwerkes. Wenn Sie als Führungskraft für diese Voraussetzungen sorgen und darüber hinaus mit Klarheit und natürlicher Autorität als Person überzeugen, haben Sie gute Chancen, im Wettbewerb zu siegen – im Sport wie im Unternehmen.

Gute Chancen für einen Sieg

Thorsten Hartmann
Dr. Thorsten Hartmann trat nach Studium Maschinenbau und Promotion
1996 in die Festo AG ein. Nach Funktion als Projektleiter Kanban und Leiter
Prozesslenkung Serienzylinder ist er seit 1999 als Leiter Orderfulfilment ver-
antwortlich für Werk Neidlingen, interne Logistik und Einkauf sowie seit
2001 Prokurist. Daneben ist er seit 2001 Geschäftsführer der Festool
Engineering GmbH. Themenschwerpunkt ist das Toyota-Produktionssystem.
Produktivität, Bestände und Lieferfähigkeiten stehen im Mittelpunkt.

Auszeichnungen
»Fabrik des Jahres 2002/2003« für hervorragende Produktionsprozesse
»Fabrik des Jahres 2005/2006« für das beste Montagesystem
(jeweils vergeben von der Zeitschrift Produktion gemeinsam mit AT Kearney)

Referenzen
- Fissler GmbH (Kochgeschirr)
- Roto Frank Bauelemente AG (Dachflächenfenster)
- Zeiss Hensold AG (Ferngläser, Zielfernrohre)

Beratungsschwerpunkte
- Effizienzsteigerung durch Verschwendungsreduzierung
- Bestände als Gütesiegel für die Prozesse einer Fabrik
- Methoden des Toyota-Produktionssystems
- Integration der Mitarbeiter in die Umsetzung
- Sichtbare, nachhaltige Veränderungen realisieren
- Nutzung des Erfahrungswissen der Beteiligten
- Schulung und Training in der Praxis (Modellfabrik Wissenswerkstatt
  Wertschöpfung, Werk Neidlingen der Festool GmbH)
- Studienreisen nach Japan zu Toyota und anderen Weltklasse-Fabriken

Festool GmbH
Weilheimer Str. 32
73272 Neidlingen
Telefon (0 70 23) 14-0
Fax (0 70 23) 14-2 88
www.festool.com
tht@tts-festool.com

Thorsten Hartmann
Hohe Renditen durch effiziente Produktion – die neue Fabrik als Ergebnistreiber

Was fällt Ihnen ein, wenn Sie an die Stichworte Produktion und Logistik denken? Lieferprobleme? Kostenprobleme am Standort Deutschland? Schlechte Qualität? Hohe Lagerbestände? Dann geht es Ihnen so, wie 90 Prozent aller mittelständischen Betriebe, die wir aus unserer Beratungspraxis kennen. Produktion und Logistik – ein lästiges Übel!

Oft ein lästiges Übel

So war es auch bei unserem Fallbeispiel, der Firma Festool: Überbestände auf allen Lagerstufen bei gleichzeitigen Schwierigkeiten, die Wunschtermine der Kunden einzuhalten. Steigende Lohnkosten, denen die Produktivität nicht folgen konnte. Und ein Qualitätsniveau, das bestenfalls als Mittelmaß zu bezeichnen war.

Fallbeispiel Festool

Dies war so, bis der zuständige Werkleiter Kontakt bekommen hat zu einer Firma, die im so genannten »Toyota Produktionssystem« denkt und arbeitet. Zunächst waren die vielen Fremdworte und Kürzel für ihn ein Buch mit vielen Siegeln. Aber was er gesehen – und sofort begriffen – hat, war eines: Dieser Firma gelingt es, bei sehr geringen Lagerbeständen dem Markt bzw. den Kunden genau das zu liefern, was diese brauchen. Nicht mehr – aber auch nicht weniger.

Japanisches Produktionssystem

Dies war faszinierend für jemanden, der in einer Welt arbeitet, die geprägt ist von Kundenreklamationen, Terminverschiebungen und -verzögerungen, Teillieferungen, Fehlteilen, Maschinenausfällen,

Engpässen, fehlerhaften Verkaufsprognosen usw. – und das, obwohl enorme Mittel in den Lagerbeständen gebunden sind.

Seitdem – das ist jetzt acht Jahre her – ist bei Festool nichts mehr, wie es einmal war! Und wenig so, wie es an deutschen Universitäten nach wie vor gelehrt wird.

Einfaches Grundprinzip Das Grundprinzip japanischer Produktionsmethoden ist höchst einfach: Ausgangsbasis und Taktgeber für die Produktion ist der tägliche Absatz im Markt. Nicht, was irgendwelche Planungs- und Steuerungsinstrumente vorgeben bzw. theoretisch ermitteln, sondern exakt das, was heute verkauft wird, sollte heute auch produziert werden. Dann gibt es keine unnötigen oder falsche Bestände, und der Markt erhält termingerecht, was er verlangt.

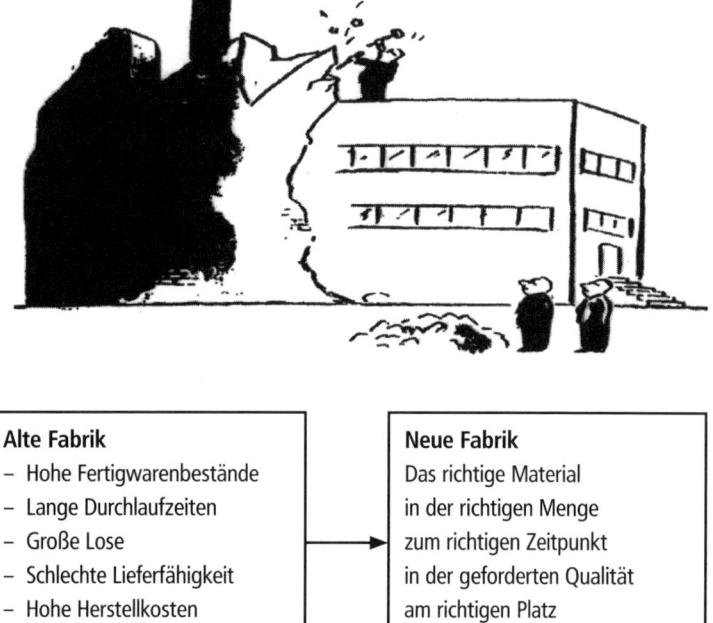

Alte Fabrik	Neue Fabrik
– Hohe Fertigwarenbestände	Das richtige Material
– Lange Durchlaufzeiten	in der richtigen Menge
– Große Lose	zum richtigen Zeitpunkt
– Schlechte Lieferfähigkeit	in der geforderten Qualität
– Hohe Herstellkosten	am richtigen Platz
– Geringe Wertschöpfung	

Schwierige Umsetzung So einfach das Grundprinzip zwar ist, so schwierig gestaltet sich die konkrete Umsetzung: »Ja, aber unsere Maschinen sind doch bei weitem nicht so flexibel, dass ich jeden Tag jedes Teil produzieren kann! Und die Kapazitäten lassen sich doch auch nicht von einem Tag auf den anderen um 50 oder mehr Prozent aufstocken und anschließend wieder abbauen«!

Genau so ist das! Wer es aber trotz der genannten Widrigkeiten schafft, hat einen uneinholbaren strategischen Wettbewerbsvorteil! Für den wird Produktion und Logistik zur »strategischen Waffe«. Vom Kostentreiber und Sündenbock, auf den eingeprügelt wird, zum Ergebnistreiber und Vorzeigebereich.

Vom Sündenbock zum Ergebnistreiber

Das Paradebeispiel für diese Produktionssysteme ist nach wie vor Toyota. Wenn Sie in Japan am Montag Ihren persönlichen Toyota Corolla bestellen, wird Ihnen dieses Auto spätestens am Freitag derselben Woche geliefert. Nicht »ab Lager« – was angesichts der Variantenfülle mit Farbe, Innenausstattung etc. auch völlig unmöglich wäre –, sondern für Sie innerhalb von drei Tagen gefertigt! Bei Gesamtmaterialbeständen für die komplette PKW-Produktion von Toyota von deutlich weniger als einem Tag!

Vorbild Toyota

Über 40 Jahre hat es gedauert, diesen extrem hohen Stand eines Produktionssystems zu realisieren – und Toyota sieht sich noch lange nicht am Ende der Optimierung angelangt. Auf die Frage, was denn die nächsten Ziele sind, wird einfach geantwortet: »30 Prozent der Herstellkosten in drei Jahren senken.«

Hohen Stand erreicht und weiter große Ziele

Unser Werkleiter in Deutschland ist seit acht Jahren dabei, sein Produktionssystem aufzubauen. Die Erfolge:
- Der Kapitalumschlag aller Warenbestände liegt inzwischen bei rund 25 (zum Vergleich: Toyota größer 200!).
- Die Lieferfähigkeit innerhalb von 24 Stunden liegt bei mehr als 98,5 Prozent.
- Die Produktivität hat sich weit mehr als verdoppelt.
- Die Fehlerrate liegt (nach > 2.000 ppm) bei rund 500 ppm (Toyota: etwa 50 ppm).

Natürlich ist er mit diesen Kennzahlen noch nicht zufrieden. Trotzdem hat er inzwischen für seine Branche absolute Spitzenwerte erreicht, um die er vielfach beneidet wird. Nun hat er damit auch noch eine zusätzliche Einnahmequelle erschlossen: Werksbesichtigungen kosten Eintritt. Damit finanziert er zwei Kaizen-Mitarbeiter, die den Veränderungsprozess weiter beschleunigen.

Spitzenwerte in der Branche

Sechs wesentliche Hebel

Was waren nun die Hebel, über die unser Werkleiter zu diesen Ergebnisfortschritten gekommen ist? Es sind sechs an der Zahl:

Engpässe beseitigt

1. Zunächst ging es um die Flexibilisierung des Maschinenparks. Klassische Engpässe wurden mit überschaubaren Investitionen systematisch beseitigt.

2. Die Rüstzeiten an allen Maschinen und Anlagen wurden konsequent nach unten getrieben. Waren bislang Rüstzeiten von zwei Stunden pro Maschine üblich, konnten diese häufig auf unter zwei Minuten gesenkt werden.

3. Lieferantenteile wurden in ein Konsignationslager übernommen, das unweit des Werkes von einem Dienstleister betrieben wird. Von dort wird dreimal täglich angeliefert. Die Verfügbarkeit aller Teile wurde von 80 Prozent auf nahe 100 Prozent gesteigert; die Umlaufbestände haben heute nur noch Stundenreichweite.

4. Arbeitszeitmodelle wurden derart flexibilisiert, dass Kapazitätsschwankungen um 30 Prozent von einem Tag auf den nächsten abgefangen werden können. Innerhalb von vier Wochen können bis zu 60 Prozent Schwankungen aufgefangen werden.

Vorbeugende Instandhaltung

5. Die Verfügbarkeit des Maschinenparks wurde auf über 90 Prozent erhöht durch planmäßige und konsequente vorbeugende Instandhaltung – im Regelfall außerhalb der normalen Produktionszeiten.

6. Die komplette Steuerung des Werkes erfolgt nicht mehr DV-gestützt mit dem vorhandenen Produktionsplanungssystem (PPS), sondern rein auf Basis sogenannter Kanban-Regelkreise. Danach wird nur das produziert, was an anderer Stelle abgeflossen ist: Basierend auf der Nivellierung bei den Fertigwaren bis zur Fertigung der Einzelteile und Abruf von Lieferantenteilen – alles gesteuert über entsprechende Kanban-Karten.

Die Paradigmenwechsel

Radikaler Wechsel

Mit allen sechs Schwerpunktmaßnahmen hat unser Werkleiter mehrere radikale Paradigmenwechsel vollzogen, ohne die die geschilderten Erfolge nicht möglich gewesen wären.

Paradigmenwechsel 1: Von der Fixierung auf Stückkosten zur flexiblen
Verfügbarkeit von Anlagen

Viele Werksleiter sind darauf aus, ihre Maschinen und Anlagen möglichst voll auszulasten, um die Stückkosten zu senken. Das ist ein Problem – hervorgerufen und untermauert durch die klassischen Controllinginstrumente. Die Maschinen müssen laufen, ob es momentan Kunden gibt oder nicht. Hauptsache die Stückkosten stimmen – der logistische Aufwand wird ausgeblendet.

Volle Auslastung der Anlagen?

Dadurch geht aber jede Flexibilität verloren, wenn mehr als zweischichtig gearbeitet wird. Das führt am Ende zu erhöhten Lieferzeiten und kostet Umsatz. Wer weiß schon, wie viel Umsatz damit *nicht* erreicht wird? Aber die Stückkosten liegen mit beliebig vielen Nachkommastellen auf dem Tisch. Tatsächlich handelt es sich dabei aber um eine gefährliche Scheingenauigkeit.

Flexibilität geht verloren

> **Für die Japaner ist die Auslastung nicht der entscheidende Punkt. Entscheidend ist die Verfügbarkeit von Anlagen, und zwar genau dann, wenn sie benötigt werden.**

Paradigmenwechsel 2: Von Push zu Pull

Viele Unternehmen haben sich tolle Computersysteme zur Steuerung ihrer Werke einfallen lassen – bis hin zu Leitständen und Programmen, die versuchen, die Welt genau zu simulieren. Leider sind die Ergebnisse meist sofort wieder überholt.

Theoretisch läuft alles prima. Nur bilden diese Systeme die aktuelle betriebliche Situation und die erwarteten Bedarfe des Marktes leider sehr ungenügend ab. Unberücksichtigt bleiben Maschinenstillstände, Ausschussproduktion, Ausfall einzelner Mitarbeiter, Abweichungen in der Ausführung von den Vorgaben oder unerklärte Marktschwankungen. Alles Störgrößen, die durch zentrale Programme nicht abzubilden oder zu steuern sind. Die Folge: Es wird am echten Bedarf vorbeiproduziert. Entweder braucht man zusätzliche Mitarbeiter, um die tatsächliche Situation in das System einzugeben oder die Anlagen und Maschinen sind so intelligent und direkt angebunden, dass alle Zustände sofort gemeldet werden. Beide Lösungen sind aber äußerst teuer.

Viele Störgrößen werden nicht abgebildet

Scheinbar ist die Produktion großer Mengen durch moderne Lager und Logistiksysteme kein wirkliches Problem. Hochregallager können nach Ein- und Auslagerzeiten simuliert und optimiert werden. Bemannte oder mannlose Bediengeräte sind am Markt verfügbar, Selbstidentifikation der Ware oder Warenträger über Barcode oder schon RFID, maximale Bestandstransparenz, automatisches Ausschleusen durch Meldebestandsverfahren, Transportbahnen durch die Hallen an den Bestimmungsort, autonome Transportsysteme, lasernavigierend – alles ist machbar. Und zum Schluss das Beste: An der Außenfassade eines gescheiten Hochregallagers kann man wunderbar und weithin sichtbar ein großes Firmenlogo platzieren und Werbung für seine Produkte machen. Vielleicht hätte mit diesem Geld auch die Entwicklung neuer Produkte beschleunigt werden können? Oder zeigt sich am Ende nur die Umsetzung der Jugendwünsche nach Modelleisen- oder Carrera-Bahnen in ein Hochregellager? Dies sicher nicht.

Kanban vermeidet hohe Kosten

Wegen der hohen Kosten solcher Lager- und Logistiksysteme hat die japanische Steuerung durch Kanban-Regelkreise unschätzbare Vorzüge:

Es wird genau das produziert, was benötigt wird – und zwar auf jeder einzelnen Fertigungsstufe. Es gibt keine Fehlteile, aber auch keine Überproduktion.

Paradigmenwechsel 3: Von optimalen Losgrößen zur Losgröße 1

BWL: Anlagen sind unflexibel

Viele Fachleute gehen in Deutschland davon aus, dass Maschinen, Vorrichtungen und Anlagen grundsätzlich unflexibel sind. Darauf hat sich die Betriebswirtschaftslehre schon mithilfe von Losgrößenformeln eingerichtet. Darüber wird gar nicht mehr diskutiert. Die optimale Losgröße wird auf Basis wissenschaftlich gelehrter Grundsätze berechnet. Allerdings stammt beispielsweise die Andlersche Losgrößenformel aus einer Welt weit vor unserer Zeit.

Toyota: Losgröße 1

Wenn Sie einen Steuerer bei Toyota nach den optimalen Losgrößen fragen, starrt Sie dieser entsetzt an. Er versteht gar nicht, wovon Sie reden. Das Paradigma bei Toyota heißt: Wirtschaftlich Losgröße 1 produzieren! Alle Maschinen, Anlagen und Vorrichtungen sind so zu gestalten, dass sie binnen Sekunden von einer Variante auf die nächste umgerüstet werden können. Dann brauchen Sie keine Losgrößen-Formel mehr! Und kein PPS, kein Hochregallager usw.

Paradigmenwechsel 4: Von bürokratischen Vorschriften
zu nützlichen Standards

In Mitteleuropa ist kein Bereich so wenig standardisiert wie die eigentliche Wertschöpfung, zum Beispiel das Montieren von Komponenten oder Teilen. Jeder hat einen anderen Ablauf für sich gefunden nach persönlichen Vorlieben. Die Aufgaben sind in der Regel nicht klar abgegrenzt beispielsweise nach Montieren, Rüsten, Materialhandling usw. Im Prinzip macht jeder seinen Job wann und wie er will. Improvisation ist die Regel, Standards sind die Ausnahme – selbst im Zeitalter von ISO 9001, VDA 6.x, ISO/TS 16949 und ISO 14001. Sind Sie eigentlich auch zertifiziert?

Wertschöpfung ist nicht standardisiert

Oft hören wir: »Arbeiten nach Standards können wir unseren Mitarbeitern nicht zumuten«. Häufig wird der Nutzen aus den Standards nicht erkannt, oder es fehlen die Möglichkeiten und Fähigkeiten, diese Standards mit den Mitarbeitern zu entwickeln, umzusetzen und vor allem auch einzuhalten.

Nutzen wird oft nicht erkannt

Viel zu oft wird dieses wichtige Führungsthema durch Entlohnungssysteme »optimiert«. Die Optimierung betrifft allerdings meist eindimensional den Geldbeutel des »Optimierers«. Geht es um Stückzahl-Prämien, wird eben produziert auf Teufel komm raus – ob nun wirklich Bedarf da ist oder nicht. Der Rest geht dann ins Hochregallager. Umrüsten stört auch bloß, weil es Kapazität und damit Prämie frisst. Schließlich kostet der Anlauf auch noch Stückzahlen. Also mache ich die Menge für den nächsten Monat gleich mit, und diese unglückliche Mathematik der Stückkosten gibt mir auch noch Recht!

Falsche Optimierung

Paradigmenwechsel 5: Von hochgradigen Spezialisten zu breit
einsetzbaren Fachleuten

Für jede Maschine einen Experten, für jeden Handgriff einen Fachmann – so sehen das viele in Deutschland. Wehe, wenn jemand mehr machen muss, als das, was in seiner Aufgabenbeschreibung steht! Ich habe schon Anlagen stehen sehen, bloß weil einzelne Mitarbeiter nicht da waren. Sie sind ausgefallen wegen Urlaubs, Krankheit, Jubiläen – aus welchem Grund auch immer.

Die Anlage steht, wenn einer fehlt

Ganz anders bei Toyota: Das Umsetzen von Facharbeitern von einer Aufgabe zur nächsten im Minutenabstand gehört dort zum

Standard. Weite Teile des Personals sind auf vielen Gebieten ausgebildet und deshalb sehr breit einsetzbar – mit entsprechenden Folgen für die Kapazitäten und die Ausbringung. So kann eben genau *das* produziert werden, was benötigt wird!

Beispiel Verkehrssysteme Hierzu sind definierte Standards erforderlich, die Dank einfacher Visualisierung schnell zu erlernen sind. Kennt man sich beispielsweise in Hamburg mit den Verkehrsschildern, der Ampellogik usw. aus, ist eine Autofahrt in München oder Stuttgart problemlos möglich. Aber U-Bahn und S-Bahn-Systeme sind in jeder Metropole anders: Nahzonen, Fernzonen, Halbe oder Ganze Tickets, Stempeln im Waggon oder nicht: Wenn es mal eilig wird, habe ich verloren und fahre lieber mit dem Auto. Man könnte sagen, die komplizierten Nahverkehrssysteme sind typisch deutsch, während die standardisierten Regeln für den Autoverkehr dem japanischen Ansatz entsprechen.

Paradigmenwechsel 6: Von falschen Sicherheiten zur professionellen Beherrschung der Risiken

Teure Sicherheiten Der Gedanke, dass eine komplette Automobilfabrik ins Stocken gerät, weil ein Zuliefer-LKW zwei Stunden zu spät kommt, lässt jedem Werkleiter das Herz stehen. Es wäre ein unvorstellbarer Schaden, wenn Tausende von Mitarbeiter und Millionen von Investitionen stundenlang »stillstehen« würden. Deshalb werden Sicherheiten aufgebaut. So wird in Lagerbestände, Zwischenpuffer, Vorlager oder Maschinen investiert, statt die Prozesse so zu gestalten, dass sie wirklich laufen, wie sie sollen!

Auch hier können wir von den Japanern lernen. Mit der Präzision einer Taschenuhr laufen dort die Prozesse nahezu ohne jeden Ausreißer.

Die professionelle Beherrschung der Risiken schafft wirkliche Sicherheit.

Verpuffende Scheinsicherheiten Sicherheiten in vielen deutschen Unternehmen sind leider zu oft Scheinsicherheiten, die verpuffen, wenn sie wirklich benötigt werden. Dann nämlich sind die Puffer schon verbraucht und werden nicht mehr aufgefüllt. Oder sie sind veraltet und können nicht mehr verwendet werden. Oder der Konstruktionsstand hat sich inzwischen geändert.

Wertströme analysieren und Verschwendung abstellen

Wenn Sie die Produktion zur strategischen Waffe ausbauen wollen, gilt es zunächst, die eigene Situation kritisch zu analysieren. Ein nützliches Instrument ist die Wertstromanalyse. Sie vermittelt einen raschen Überblick über die Leistungsfähigkeit der Produktion und der Abläufe. Es geht dabei nicht etwa um die Vorschubgeschwindigkeit am Bearbeitungszentrum, sondern um die Gesamtsituation. Vergessen Sie ausgefeilte Analysen mit Daten aus der EDV. Gehen Sie in die Wirklichkeit und nehmen Sie sich ein bisschen Zeit mit. Sie werden viel Verschwendung finden.

Die Gesamtsituation untersuchen

Die einzelnen Verschwendungsarten sowie die wichtigsten Fragen, um sie aufzuspüren, haben wir für Sie hier zusammengefasst:

Die Verschwendungsarten

- *Überproduktion*
  - Haben Sie ein Fertigwarenlager?
  - Gibt es ein Verschrottungsbudget?
  - Verkaufen Sie Produkte zu Sonderpreisen?
- *Warten*
  - Warten Ihre Mitarbeiter auf Maschinen?
  - Überwachen Ihre Mitarbeiter laufende Maschinen?
- *Transport*
  - Haben Sie noch Gabelstapler und Hubwagen?
- *Rüsten*
  - Rechnen Sie mit wirtschaftlichen Losgrößen?
- *Bewegung*
  - Gibt es Mitarbeiter, bei denen Sie nicht sofort erkennen, was sie gerade tun?
- *Produktionsfehler*
  - Gibt es Ausschuss und Nacharbeit?
- *Bestände*
  - Gibt es ein Lager für Kauf- und Eigenfertigungsteile?

Noch ein Hinweis: Wenn Ihr Kapitalumschlag kleiner als zwölf ist, dann haben Sie mit großer Sicherheit alle Verschwendungsarten.

Die klassische Wertstromanalyse funktioniert mit Papier, Bleistift und Radiergummi. Sie erfolgt ganz pragmatisch vor Ort. Zeiten werden direkt gemessen, Bestände gezählt – und es fällt sofort auf, was alles nicht klappt! Vergessen Sie Ihr MRP/ERP-System mit Vorgabezeiten und Buchbeständen. Und hüten Sie sich vor den

Wertstromanalyse vor Ort

smarten jungen Menschen mit Notebook und komplexer Software, die Ihnen aus den »Daten« eine Analyse machen, aber keine Ahnung von der Praxis haben. Nur die wirkliche Welt zählt.

Potenzial bestimmen In der Wertstromanalyse wird mit einfachen Symbolen und Kennzahlen die Durchlaufzeit ermittelt und das vorhandene Potenzial bestimmt. Falls der gesamte Ablauf unglaublich komplex erscheinen sollte – was oftmals der Fall ist –, haben Sie mit der Einschätzung Recht. Aber Sie haben auch das Glück auf Ihrer Seite, sitzen Sie doch auf einer Goldmine voller Potenzial.

Ziel festlegen Haben Sie die Durchlaufzeit ermittelt, geht es nun darum, ein Ziel festzulegen, zum Beispiel »Durchlaufzeit in drei Tagen«. Darauf folgen die Abläufe im Wertstrom-Design. Hier sollte man sich von Profis helfen lassen, die nicht nur das Design, sondern auch die Umsetzung beherrschen. Und Sie werden sehen: Plötzlich sind die Abläufe einfach, verständlich, logisch und vor allem genau so in der Fabrik wieder zu finden. Interne Kunden und Lieferanten sind deutlich, und die Beziehungen werden gelebt.

Schließlich lässt sich ein Maßnahmenplan ableiten, der Sie durch den Veränderungsprozess führt. Aber keine Angst vor 99 Methoden, theoretischen Schulungen, komplexen Theorien: Es geht ganz pragmatisch und zielorientiert los, meist in der Montage. Im Vordergrund steht die Verschwendung.

Gedankliche Leitlinien Zusätzlich helfen ein paar gedankliche Leitlinien wie:
- das bisher Erreichte ständig in Frage stellen
- Mut und Geduld haben; keine Angst vor Problemen
- konsequent vorgehen
- das Management muss Vorbild sein
- Konzentration auf die Wertschöpfung
- besser 80 Prozent in drei Tagen als 100 Prozent in drei Jahren

Das neue Produktionssystem

Zwei Bereiche, sechs Elemente Wenn Sie diesen Weg gehen wollen, reicht für den Anfang ein »einfaches« Produktionssystem. Zusätzliche Bausteine kommen wie von selbst. In Ihrem Produktionssystem stehen zu Beginn zwei Bereiche mit zusammen sechs Elementen:

- *Bereich 1: Just-in-time* Just-in-time
  Dass es im Bereich Just-in-time darum geht, Teile zum richtigen Zeitpunkt in der richtigen Menge bereitzustellen, ist wirklich nichts Neues. Sie müssen nur Folgendes umsetzen:
  - Eine Pullsteuerung. Meist wird hier Kanban eingesetzt.
  - Verfügbarkeit der Anlagen steigern, das heißt Total Productive Maintenance (TPM)
  - Fehlerfreie Produktion umsetzen, beispielsweise durch Reißleinen
- *Bereich 2: One-piece-flow* One-piece-flow
  Im Bereich One-piece-flow geht es darum, idealerweise in der Losgröße 1 ohne Puffer und Bestände zu produzieren, genau dem Kundenbedarf folgend. Da sind diese Bausteine wichtig:
  - Montagegestaltung, meist im U-Layout
  - Rüstzeitreduzierung, meist durch Single Minute Exchange of Die (SMED)
  - Flexibilität beim Einsatz der Mitarbeiter

Der Start findet in der Regel beim letzten Produktionsschritt zum Kunden, das heißt in der Montage statt. Hier ist der Anspruch, schnell die Varianten und Mengen zu liefern. Letztlich bestimmt der Kunde, was der Hersteller zu leisten hat – extern wie intern.

Kanban: Steuerung nach Maß
Ein Kanban-System ist vollkommen einfach. Die Entnahme der Teile sorgt für einen Auffüllauftrag, wenn der zugeordnete Behälter leer ist. Kanban bedeutet große Einsparungen in Logistik, Disposition und Steuerung sowie im EDV-System. Kurze Durchlaufzeiten und niedrige Bestände sowie eine gesicherte Versorgung sind wesentliche Erfolge aus einem Kanban-Projekt. Und bitte keine Angst: Auch die Abbildung von Saisonkurven ist möglich, um einen kurzfristigen Mehrbedarf abzudecken. Große Einsparungen durch Kanban

Im Vergleich zur klassischen MRP-Steuerung bietet Ihnen die Pull-Steuerung wesentliche Vorteile. Durchlaufzeit und Reaktionsgeschwindigkeit sind besser bei weniger Fertigwarenbestand. Die vorhandene Auftragslast ist für Ihre Mitarbeiter tatsächlich ersichtlich. Ein Auftrag entsteht nicht mehr irgendwie im EDV-System, sondern wird durch tatsächliche Bedarfe erzeugt. Und in Viele Vorteile durch Pull-Steuerung der Fabrik sind die Kunden-Lieferanten-Beziehungen für alle sichtbar.

Weniger Hektik, stabilere Versorgung
Hektik und Eingriffe durch Terminjäger mit kurzfristigen Änderungen und Umrüstaktionen gehen massiv zurück (»Jagen Sie noch oder liefern Sie schon?«). Die Eigenverantwortung der Fertigungsbereiche wird größer, aber die Versorgung ist stabil. Fehlteile sind trotz geringerer Bestände kaum noch vorhanden.

Haben Sie heute Fehlteile, gibt es regelmäßige Meetings (Morgenrunde). Sie diskutieren dann, was produziert werden kann. Diese Treffen brauchen Sie künftig nicht mehr. Sie werden diese Meetings wirklich nicht vermissen.

U-Layout und One-piece-flow

Nachteile verketteter Einzelarbeitsplätze
Häufig ist die Montage aus verketteten Einzelarbeitsplätzen aufgebaut. Da ist es notwendig, dass an jedem Arbeitsplatz ein Mitarbeiter ist. Zum Ausgleich unterschiedlicher Taktzeiten werden Einzelvorgänge gern an andere Plätze verlagert oder sogar Taktausgleich gezahlt. Die Folge sind große Zwischenbestände, Pufferflächen und viele Transporte, also Verschwendung.

Bei der Suche nach Verschwendung werden daraus offene U-Inseln gebaut. Da ist jeder Handgriff auf das Montieren ausgerichtet, der Mensch hat keine unnötigen Greifwege und konzentriert sich voll auf seine Arbeit.

Marktbedarf gibt Zahl der Personen vor
Prinzipiell legt der Mitarbeiter die zu montierenden Teile in eine Vorrichtung ein, startet den Prozess und geht zum nächsten Arbeitsplatz. Dort findet er ein fertig gefügtes Bauteil vor, das ein Auswerfer aus der Vorrichtung herausgebracht hat. Damit wird die Wertschöpfung der Mitarbeiter erhöht und Wartezeiten reduziert. Der klassische Standard mit Zwei-Hand-Bedienung ist praktisch abgeschafft. Die Mitarbeiter befinden sich innerhalb der Insel, das Material kommt von außen. Mit einfachen Kommissionierwagen versorgt eine andere Person die Insel im Stundenrhythmus. Diese Inseln sind mit Steh-Geh-Arbeitsplätzen ausgerüstet, so dass beispielsweise zwei, drei oder vier Mitarbeiter montieren können. Der Bedarf des Marktes gibt die Anzahl der Personen in der Insel vor. Das ist dann echte Flexibilität.

Das wichtigste Prinzip ist One-piece-flow. Die Losgröße 1 führt zu einer deutlichen Reduzierung von Verschwendung. Das Material fließt erheblich schneller als bei einer klassischen Fertigung.

Rüstzeiten sind keine Naturkonstanten
Die traditionelle Denkweise orientiert sich an der »Bestands-optimierung«. Sie glaubt, dass Bestände eine reibungslose Pro-duktion, prompte Lieferungen, Überbrückung von Störungen, wirtschaftliche Losfertigung und eine gleichmäßige Produktions-auslastung ermöglichen. Richtig ist dagegen eine völlige Umkehr:

Annahmen des traditionellen Denkens

Bestände sind die Wurzel allen Übels, weil sie störanfällige Prozesse, unabgestimmte Kapazitäten, mangelnde Flexibilität, unzureichende Planung und Steuerung, Ausschuss und Lieferprobleme verdecken und notwendige Maßnahmen ver-hindern.

Auch wenn es oft anders behauptet wird, sind Rüstzeiten den-noch keine Naturkonstanten, sondern oft um 80 Prozent 90 Pro-zent reduzierbar. Die Vorgehensweise ist ziemlich einfach, die Lösungen sind meist mit geringem Aufwand durch genaues Hinsehen machbar. Die Kunst liegt letztlich in den preiswerten Verbesserungen. Wichtig ist, die neuen Rüstzeiten zur Reduzierung der Losgrößen zu nutzen. Die Wirkung auf die Stückkosten ist im Vergleich gering. Ein schönes Beispiel ist der Reifenwechsel in der Formel 1, der inklusive Volltanken weniger als zehn Sekunden dauert. Ich schaffe das bei meinem Wagen nicht! Sie?

Rüstzeiten sind radikal reduzierbar

Tatsächlich führen kurze Rüstzeiten zu einer hohen Flexibilität und sogar zu geringeren Kosten. Die Fähigkeit zu reagieren, ver-bessert sich massiv. Lagerflächen, Logistik für Einlagern, Kom-missionieren, Buchen usw. werden eingespart. Ein nicht gebautes Lagerhaus ist ein unglaublicher Gewinn.

Viele Vorteile

Flexible Mitarbeiter und dennoch Standards

Der Traum einer menschenleeren Fabrik ohne Störungen, Fehler und ohne den »Kostenfaktor« Mensch ist längst geplatzt. Der Mensch ist nicht das Problem und auch nicht die Fehlerursache, sondern die Lösung. Sein Wechsel- und Rüstpotenzial, seine An-

Der Mensch ist nicht das Problem, sondern die Lösung

passungsfähigkeiten führen uns wieder zurück zu einer Produktion mit passendem Automatisierungsgrad. Low-Cost-Automatisierung mit beherrschbarer Technik und kurzen Rüstzeiten spielen in der Zukunft eine große Rolle.

Verantwortung festlegen, Leistung messen Das bedeutet aber auch, die Leistungen abzugrenzen und zu messen, um Verschwendungen zu finden und abzustellen. Die in der Vergangenheit überstrapazierte Idee der funktionsübergreifenden Gruppenarbeit ist wieder zu verlassen. Es sind Teams mit klar festgelegten Aufgaben zu bilden. So kann Verantwortung übertragen und Leistung gemessen werden. Oder haben Sie schon mal einen Bundesliga-Torwart gesehen, der die Ecken schießt und die Einwürfe macht?

Produktion der Zukunft In der Produktion mit Zukunft gibt es also wieder Produktionsteams, die festgelegte Aufgaben mit rotierenden Arbeitsfolgen und wechselnden Inhalten durchführen – auf der Basis festgelegter Standards. Die Materialversorgung erfolgt gesondert durch »Insel-Logistiker«, um die ständige Materialverfügbarkeit sicherzustellen. Die Teams haben »nur« die Aufgabe zu produzieren. Das können Sie in fast allen Fertigungsbereichen umsetzen.

Es ist vielleicht ein Trugbild, dass Mitarbeiter in der Produktion nach umfangreichen, wechselnden Arbeitsinhalten streben, selbstständig nach Verbesserungen suchen oder sogar Veränderungen durchführen wollen. Wissenschaftliche Realität ist, dass Menschen Kontinuität wünschen. Und zudem wollen viele Mitarbeiter ihre vordefinierte Arbeit tun, hierfür gutes Geld verdienen, um damit den Alltag und ihre Freizeit zu finanzieren. Arbeit ist für viele kein Selbstzweck, sondern man arbeitet ausschließlich, um einen anderen Teil des Lebens angenehm gestalten zu können.

Letztlich geht es für jede Fabrik darum, im Wettbewerb zu gewinnen, und das erfordert messbare Standards. Wenn Sie sich einen Ablauf oder Prozess in der Fabrik anschauen: Wissen und sehen Sie auf Anhieb, ob es läuft wie gewünscht? Werden Vorgaben und Standards eingehalten? Wenn nein, erlauben Sie mir bitte die Frage: Wenn Sie zertifiziert sind, dann wozu?

Kein Korsett Am Ende geht es nicht darum, die Mitarbeiter in ein Korsett zu zwingen, sondern festgelegte Abläufe jedesmal wieder einzuhalten, um Qualität zu erzeugen – das ist alles. Einige Hinweise zum Sinn und Zweck von Standards gibt die nachfolgende Liste:

- Die Arbeit kann sofort vom Nachfolger übernommen werden.
- Die Qualifikation der Mitarbeiter wird vereinheitlicht.
- Die Ausbildung wird erleichtert.
- Die Missstände werden sofort sichtbar.
- Jede Verbesserung wirkt sich sofort auf die Herstellkosten aus.
- Ein gleichmäßiger Arbeitsrhythmus wirkt sich positiv auf Qualität und Gesundheit der Mitarbeiter aus.
- Das regelmäßige Beobachten der Abläufe ist nötig und möglich.

Wahrscheinlich brauchen Sie ein spezialisiertes Team, das für Veränderungen sorgt und die Führungsmannschaft auf dem Weg zur Produktion mit Zukunft unterstützt. Zudem müssen Veränderungen von der Führung gewollt sein und gegebenenfalls auch gegen Widerstände durchgesetzt werden. Wenn Sie im Rahmen eines Veränderungsprozesses keine Widerstände bemerken, dann können Sie ruhig noch mehr Gas geben.

Mit Widerständen rechnen

Zur Durchführung von Veränderungen spielt für uns ein Spruch eine wichtige Rolle: »Miss es oder vergiss es!« Messen Sie Ihre Situation, setzen Sie neue anspruchsvolle Ziele und kontrollieren Sie die Veränderungen durch harte Zahlen. So verlieren Sie ein Ziel nicht aus den Augen. Ziele und Kennzahlen müssen Sie vor Ort aushängen, dann gewinnen sie an Wert. Es sind die vielen kleinen Maßnahmen, die einer Fabrik die Zukunft sichern.

Miss es oder vergiss es!

Die Auswirkung

Die Wirkung eines Produktionssystems wollen wir an einer kleinen fiktiven Gewinn- und Verlustrechnung aufzeigen, da das Nachrechnen von Einzelmaßnahmen meist in die falsche Richtung führt. Fordern sie bloß keine Amortisationsrechnung für den One-piece-flow oder vorbeugende Wartung. Dann lassen Sie den Veränderungsprozess lieber sein. Denn erstens tötet es die Kreativität und die Motivation und zweitens kommen die Ergebnisse an Stellen zur Wirkung, die man vorab kaum bestimmen kann.

Keine Einzelmaßnahmen nachrechnen

	Ausgangslage	Nach der Umstellung
Umsatz	200,0 Mio. Euro	202,2 Mio. Euro
./. Materialeinsatz	90,0 Mio. Euro (45 %)	88,9 Mio. Euro (44 %)
Rohertrag	110,0 Mio. Euro (55 %)	113,1 Mio. Euro (56 %)
./. Personalaufwand	52,0 Mio. Euro	50,0 Mio. Euro
./. sonst. betr. Aufwand	44,0 Mio. Euro	43,0 Mio. Euro
./. Abschreibungen	8,0 Mio. Euro	6,0 Mio. Euro
./. Zinsen	2,0 Mio. Euro	1,1 Mio. Euro
Ergebnis vor Steuern	4,0 Mio. Euro	13,0 Mio. Euro
ROS	2,0 %	6,4 %

Wirkung auf die Gesamtleistung

Basis ist ein Umsatz von 200 Millionen Euro mit einem Ergebnis vor Steuern von 4 Millionen Euro, also 2 Prozent Umsatzrendite. Durch die umgesetzten Maßnahmen zeigt sich folgende Wirkung auf die Gesamtleistung:

- Allein durch die bessere Lieferfähigkeit konnte 1 Prozent mehr Umsatz erzielt werden.
- Durch Rahmenverträge mit Lieferanten, Konsiabwicklung, weniger Ausschuss und Nacharbeit, reduzierte Verschrottungen und Garantiefälle konnte der Materialeinsatz um 1 Prozent gesenkt werden.
- Durch weniger Verschwendung stieg die Produktivität. Der direkte Personalaufwand konnte um 5 Prozent gesenkt werden.
- Durch Vermeidung von Teillieferungen sowie reduzierter Verschwendung in Logistik, Steuerung, AV, EDV usw. sind die sonstigen betrieblichen Aufwendungen gesunken.
- Durch geringere Investitionen, weniger Transport-, Handlings- und Regaleinrichtungen, einfache Lagertechnik, geringere und saubere Bestände sowie weniger Verschrottungskosten gingen die Abschreibungen herunter.
- Das Ergebnis steigt auf einen Wert von 13 Millionen Euro, was einer Rendite von 6,4 Prozent entspricht.

Allein durch Fabrik und Logistik

Zusätzliche Effekte auf Cashflow, Eigenkapitalquote oder Bonität kommen noch dazu. Und das alles nur durch Maßnahmen in Fabrik und Logistik! Ihr Werkleiter sitzt auf einem Goldesel und muss ihn eben noch zum »spucken« bringen. Welche Marketing- und Vertriebsaktivitäten wären nötig gewesen, um die Rendite in diese Größenordnung zu bringen?

Diejenigen Unternehmen, die in ihrer Produktion und Logistik kein »lästiges Übel«, sondern eine strategische Waffe im direkten Verdrängungswettbewerb sehen, sind die insgesamt gesünderen und fitteren Unternehmen!

Hier bieten sich – wie die Japaner eindrucksvoll zeigen – Chancen, die viele in Deutschland noch nicht im Entferntesten erkannt haben: Deutliche Steigerungen der Eigenkapitalquote bei gleichzeitiger Verbesserung der Umsatzrendite sind der Lohn für die Mühe.

Der Lohn für die Mühe

Packen Sie es an: Manche krempeln die Ärmel hoch (wie unser Werkleiter), und andere reden nur davon.

Mathias Kammüller

Dr.-Ing. Mathias Kammüller studierte Maschinenbau und promovierte an der Universität Stuttgart. Danach arbeitete er fünf Jahre bei der Robert Bosch GmbH, davon drei Jahre als Managing Director Manufacturing in Japan. 1990 wechselte er zur TRUMPF GmbH + Co. KG in Ditzingen, wo er seit 1993 Geschäftsführer Produktion und seit 2000 Sprecher der Geschäftsführung der TRUMPF Werkzeugmaschinen GmbH + Co. KG ist. Mit einem Umsatz von rund 1,221 Milliarden Euro im Geschäftsjahr 2003/2004 und 5.800 Mitarbeitern zählt die TRUMPF-Gruppe zu den führenden Unternehmen des Werkzeug-maschinenbaus. Sie ist Weltmarktführer für industrielle Laser und Lasersysteme. Das Unternehmen ist geprägt von einer nachhaltigen Internationalisierung.

Auszeichnungen

- »Fabrik des Jahres 1997« als bester Auftragsfertiger
- »Fabrik des Jahres 2002« als Gesamtsieger

Referenzen

- Handte Umwelttechnik GmbH, Tuttlingen
- Bürkert Werke GmbH & Co. KG, Ingelfingen
- Boll & Kirch Filterbau GmbH, Kerpen

Beratungsschwerpunkte

- Neu- und Umgestaltung von Fabrikationsprozessen
- Neu- und Umgestaltung von Fabriklayouts
- Wertstromdesigns
- Verbesserung von Durchlaufzeiten, Produktivität und Qualität
- Reduzieren von Materialbeständen
- Erhöhung der Materialumschlagshäufigkeit
- Reduzierung von Verschwendung

TRUMPF GmbH + Co. KG
Johann-Maus-Straße 2
71254 Ditzingen
Telefon (0 71 56) 3 03-0
Fax (0 71 56) 3 03-5 90
www.trumpf.com
Mathias.Kammueller@de.trumpf.com

Mathias Kammüller
Optimale Prozesse mit SYNCHRO –
Der Erfolgsschlüssel in Produktion und Büro

Erfolgreich kann ein Unternehmen heute nur noch sein, wenn es sich in allen Bereichen sowie in kleinen und großen Schritten ständig verbessert. Das Unternehmen muss schnell auf die sich verändernden Anforderungen am Markt und dem gesamten Umfeld reagieren. Technische Präzision, Ingenieurstugenden und vernetztes Handeln helfen, den Herausforderungen zu begegnen. Kunden erwarten fertigungstechnische Perfektion und technologische Überlegenheit. Der Mitspieler am Weltmarkt muss den Anforderungen der Anwender in allen Regionen gerecht werden. Er muss beständig und wendig sein. Das Unternehmen muss groß genug sein, um Hochtechnologie entwickeln zu können, und gleichzeitig beweglich bleiben, um die Technologie in unterschiedliche Anwendungen umzusetzen. Es muss also gegensätzliche Bedingungen erfüllen.

Viele Bedingungen für den Erfolg

TRUMPF hat all dies offenbar verstanden. Durchschnittlich erzielt die Unternehmensgruppe seit 1950 ein Umsatzwachstum von 15 Prozent jährlich. Der Anstieg war zeitweise sogar viel stärker, aber auch TRUMPF ist Anfang der 1990er-Jahre von der Krise im deutschen Werkzeugmaschinenbau getroffen worden.

Ein deutlicher Umsatzrückgang, der nur durch Stellenabbau bewältigt werden konnte, hinterließ eine schmerzliche Erfahrung. Diese Erfahrung wurde zum Ausgangspunkt für einen tief greifenden Veränderungsprozess.

Krise als Ausgangspunkt für Veränderungen

Die Strategie der Veränderung lässt bei TRUMPF ein »Innovatives Gesamtkunstwerk« erkennen. Die großen Veränderungen bei TRUMPF lassen sich vier Bereichen zuordnen:

1. Maschinen,
2. Märkte,
3. Menschen und
4. Methoden.

Maschinen

Jedes Jahr wird in jedem Geschäftsbereich mindestens ein neues Produkt auf den Markt gebracht. Auch neue Technologiefelder werden entwickelt.

Märkte

Um der krisenanfälligen Beschränkung auf eine Marktnische zu entkommen, sind neue Märkte zu erschließen. Dies gilt für Anwendergruppen wie auch für regionale Absatzmärkte.

Menschen

Nur gemeinsam mit der Belegschaft lassen sich Veränderungsprozesse gestalten. Dazu gehören die ständige Weiterqualifizierung, eine offene Kommunikationspolitik und die Integration der Mitarbeiter in Veränderungsprozesse bei ihrer Arbeitsumgebung. Langfristigkeit, Durchhaltevermögen, Verpflichtungen, Maß halten – das sind wichtige Werte bei TRUMPF.

Methoden

Die Prozesse in der Fertigung müssen unsteten Märkten und dem steigenden Kostendruck Rechnung tragen. Kundenbedarf steuert die Tätigkeiten sowie den Materialfluss. Organisation und Prozesse müssen sich ständig anpassen und verändern. Das gilt für alle Unternehmensbereiche. Die dezentrale Organisationsstruktur basiert auf kleinen, sich selbst regelnden Produktionseinheiten und Verantwortung bei den Mitarbeitern. Flache Hierarchien geben Raum für Ideen und Kreativität des Einzelnen. Bereichsübergreifende Strukturen vernetzen sich zu ganzheitlichen Entwicklungs- und Fertigungsprojekten.

Das folgende Schaubild zeigt plakativ, welche großen Veränderungen seit 1990 bei TRUMPF stattgefunden haben.

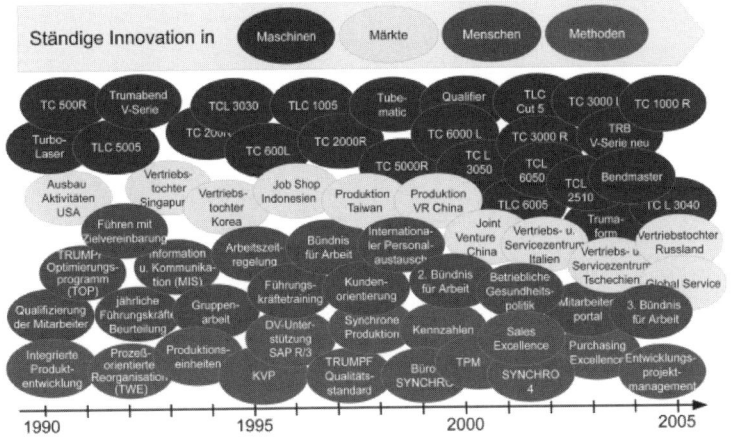

Beispiele für die Veränderungen

Beispiel Nr. 1: Einführung der integrierten Produktentwicklung
Qualität und Kosten der Produkte sind in den 1990er-Jahren verstärkt in den Fokus der Entwicklung gestellt worden. Dafür ist 1990 das Verfahren der integrierten Produktentwicklung eingeführt worden. Ein Entwicklungsteam – bestehend aus einem Verantwortlichen jedes Funktionsbereichs (Vertrieb, Entwicklung, Qualitätssicherung, Produktion, Controlling, Einkauf) – begleitet jede Neuentwicklung. Von der Spezifikation der Maschine bis zur endgültigen Freigabe der Serienmaschine werden alle Schritte im Team abgestimmt und durch die Verantwortlichen in ihre Bereiche getragen. Zuvor war es üblich gewesen, die Entwicklung neuer Produkte fast ausschließlich in die Verantwortung der Konstrukteure zu legen. Die Spezifikation der Maschine war nur mittelbar von den kundennahen Bereichen beeinflusst worden.

Nicht nur die Konstrukteure sind gefragt

Das Ergebnis der integrierten Entwicklung sind Verbesserungen in vielerlei Hinsicht gewesen:

Viele Verbesserungen

- Verkürzung der Entwicklungszeiten um 30 Prozent
- Reduzierung der Maschinenspezifikationen; statt früher 20 werden jetzt nur noch acht Maschinentypen angeboten.
- Reduzierung der Produktionskosten vergleichbarer Maschinen bis zu 30 Prozent
- Verringerung der Teilezahl für vergleichbare Maschinen um nahezu 60 Prozent

- Höhere Zufriedenheit der Mitarbeiter, die jetzt voll und ganz hinter den neuen Maschinen stehen
- Basis für eine Verjüngung des Produktspektrums; 60 Prozent der Produkte sind jünger als drei Jahre

Integrierte Produktentwicklung

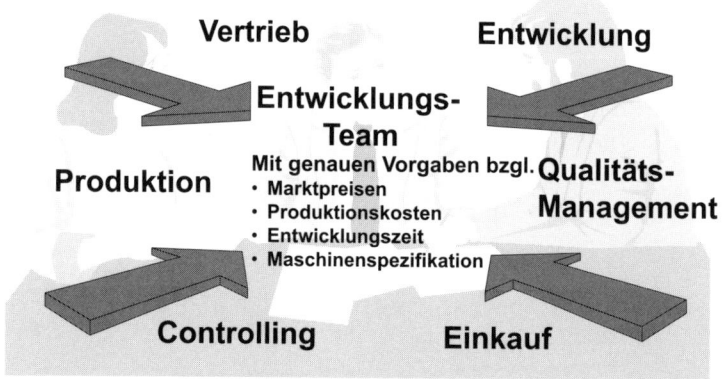

Beispiel Nr. 2: Bildung von Produktionseinheiten

Radikale Reorganisation

Ausgehend von klar abgrenzbaren Endprodukten beziehungsweise Baugruppen sind im Jahr 1994 Produktionseinheiten gebildet worden. Damit ist in der Produktion eine radikale Reorganisation vollzogen worden. Die »Fabriken in der Fabrik« sind kleine und überschaubare Produktionsbereiche mit 30 bis maximal 100 Mitarbeitern, die alle indirekten und direkten Funktionen der Produktion umfassen. Produktionseinheiten sind für die Produktion eines Endprodukts oder einer Baugruppe verantwortlich.

Segmentierung nach Erzeugnissen, nicht nach Technologien

Jetzt wird nach den Erzeugnissen segmentiert, anstatt die Fertigung nach Technologien in spezialisierte Werkstätten zu gliedern und darüber zentrale Planungs- und Dienstleistungsabteilungen zu setzen. Alle notwendigen Maschinen für die Produktion der Teile einer Baugruppe sind in den jeweiligen Produktionseinheiten vorhanden. Die Aufteilung in Dreh-, Fräs- und Schleifwerkstätten ist nicht mehr gegeben. Darüber hinaus gehört das Lager für die Teile und die Montage der Baugruppe in die Produktionseinheit. Eine zentrale Planungsabteilung außerhalb der Produktionseinheiten gibt es nicht mehr. Selbst die Beschaffung der Teile von Zulieferern und auch die Sicherstellung der Qualität werden von der Produktionseinheit durch die jetzt verantwortlichen Produktionsmitarbeiter selbst durchgeführt.

Die zentralen Vorteile sind: Die Vorteile
- Die Produktionseinheit kann sich selbst organisieren und optimieren.
- Die Wirkung des eigenen Handelns wird für jeden Mitarbeiter direkt erkennbar.
- Kompetenz und Verantwortung werden an den Ort des Geschehens verlagert.
- Es gibt weniger Schnittstellen zwischen den produzierenden Einheiten.
- Die Kommunikation wird einfacher und direkter.
- Die Arbeitsinhalte der Mitarbeiter werden angereichert.
- Der Verwaltungs- und Steuerungsaufwand reduziert sich.

Die Produktionseinheiten stehen in Kunden-Lieferanten-Beziehungen zueinander. Produktionseinheiten ermitteln ihren Bedarf selbst und disponieren ihre zu kaufenden Teile in eigenen, bestandsgeführten Warenhäusern. Das zentrale Lager ist aufgelöst worden. Der zentrale Einkauf hat eine strategische Funktion übernommen. Er bündelt die Einkaufsaktivitäten der Gruppe gegenüber den Lieferanten, übernimmt das Verhandeln von Konditionen und sorgt für die Lieferantenentwicklung. **Zentrales Lager wurde aufgelöst**

Auch das Verhalten der Mitarbeiter und besonders der Führungskräfte musste sich der neuen Situation und den neuen Anforderungen anpassen. Denn diese gravierende Veränderung konnte nicht durch eine Veränderung der Organisation allein erreicht werden. Neue Instrumente dafür sind Gruppenarbeit und ein »kontinuierlicher Verbesserungsprozess« (KVP). **Gruppenarbeit und KVP**

Produktionseinheiten: Werke im Werk

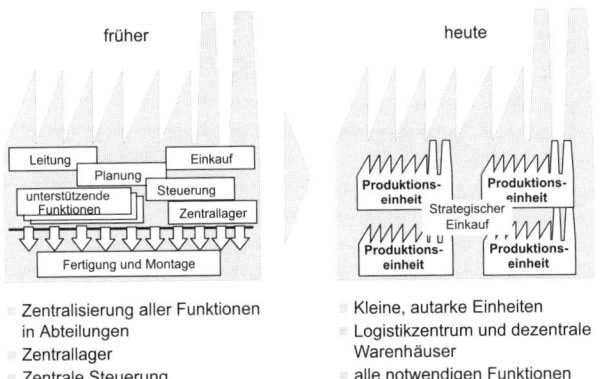

früher	heute
Leitung / Planung / Einkauf / unterstützende Funktionen / Steuerung / Zentrallager / Fertigung und Montage	Produktions-einheit / Produktions-einheit / Strategischer Einkauf / Produktions-einheit / Produktions-einheit
▪ Zentralisierung aller Funktionen in Abteilungen ▪ Zentrallager ▪ Zentrale Steuerung	▪ Kleine, autarke Einheiten ▪ Logistikzentrum und dezentrale Warenhäuser ▪ alle notwendigen Funktionen integriert

Beispiel Nr. 3: SYNCHRO

Das neue Produktionssystem SYNCHRO ist an allen 15 Fertigungsstandorten eingeführt worden; Startzeitpunkt war das Jahr 1998. Mit SYNCHRO verringert TRUMPF die Komplexität der Produktion und erhöhen gleichzeitig die Qualität. Das Veränderungsprojekt verfolgt das Ziel, die Produktivität zu verdoppeln, die Durchlaufzeiten zu halbieren und die Qualität zu verbessern. Die einzelnen Montageschritte folgen einem Takt. Jeder Takt ist gleich lang. Die Maschinen entstehen in Fließmontage. Material- und Informationsfluss verlaufen dabei nur in eine Richtung – in die der Maschine. Nicht mehr der Computer, sondern der Mensch steuert wieder die Produktion.

SYNCHRO ist die optimale Abstimmung (Synchronisation) von Mensch, Maschine, Markt und Material durch die Anwendung
- bestimmter Prinzipien:
  - Beseitigung von Verschwendung,
  - Produktion genau zur richtigen Zeit (Takt-, Fließ- und Ziehprinzip) und
- bestimmter Methoden:
  - standardisierte Arbeit,
  - einfache und praktische Logistik,
  - einfache, kostengünstige und intelligente Betriebsmittel.

Die Führungskräfte und SYNCHRO-Spezialisten legen die Bereichsziele fest und erarbeiten gemeinsam mit SYNCHRO-Umsetzern und Mitarbeitern in Workshops die umzusetzenden Maßnahmen. In sechs Jahren fanden über 2.500 SYNCHRO-Workshops statt.

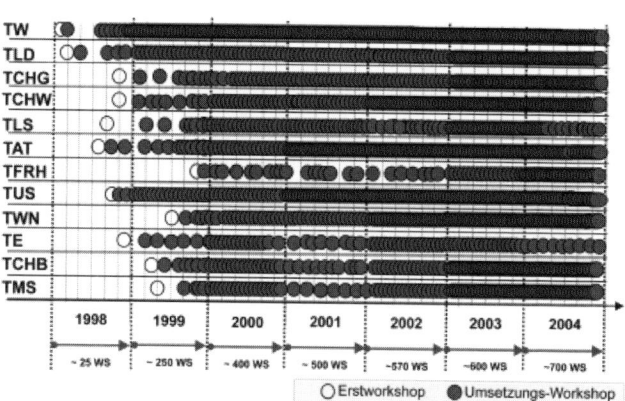

Die Umsetzungsbereiche können dabei auf Grundlagen zurückgreifen, die von den jeweiligen Grundlagenteams bei Bedarf erarbeitet werden. Der Einsatz standardisierter Betriebsmittel (Bemi) wird durch das Bemi-Team sichergestellt.

Eine entscheidende Grundlage für den Erfolg des Projektes bilden die Personalthemen, die sich insbesondere mit der Schulung der Mitarbeiter, der Qualifizierung der SYNCHRO-Spezialisten und einer konstruktiven Zusammenarbeit mit dem Betriebsrat befassen. Alle Projektaktivitäten werden durch das Kernteam geplant, um ein zielgerichtetes, gemeinsames Vorgehen zu gewährleisten. **Kernteam plant die Projekte**

Wenn alles klappt, geht es heute bei TRUMPF zu
- *wie beim Boxenstopp in der Formel 1:* **Formel 1**
  Der Schlüssel zu schneller, flexibler Fertigung sind extrem kurze Rüstzeiten; Liege- und Wartezeiten müssen weitestgehend eliminiert werden. Die Werkzeuge sind dem jeweiligen Arbeitsablauf angepasst. Es besteht gute Abstimmung im Team.
- *wie beim Arzt im OP:* **OP-Saal**
  Suchen, Warten, Holen sind Verschwendung – alles Notwendige muss griffbereit, zugänglich und unverwechselbar am Arbeitsplatz sein.
- *wie bei »McDonald's«:* **Fast-Food-Restaurant**
  Der kundengesteuerte (bedarfsorientiert »gezogene«) Einzelstück-/Einzelsatzfluss ist das Ziel. Der Kunde entnimmt und der Lieferant legt nach, was entnommen wurde – mit guter zeitlicher Abstimmung (Synchronisation).
- *wie im Flugzeugcockpit:* **Flugzeugcockpit**
  Ein ergonomisch gestalteter Arbeitsplatz ist Voraussetzung für ermüdungsfreies, effizientes und sicheres Arbeiten. Für sämtliche Tätigkeiten werden standardisierte Vorbereitungen getroffen.

SYNCHRO ist kein abgeschlossenes System und wird bei Bedarf um andere Produktionsmethoden und Prinzipien ergänzt. Die Anwendung der SYNCHRO-Prinzipien und -Methoden in den indirekten Bereichen und bei Zulieferern von TRUMPF erweitert das Handlungsfeld.

Beispiel Nr. 4: SYNCHRO und Fließfertigung

Traditionelles Vorgehen

Traditionell werden Werkzeugmaschinen an einem festen Standplatz montiert. Auf den ersten Blick klingen die Gründe gegen den Einsatz der Fließmontage plausibel:

- geringe Stückzahlen,
- hohe Auftragsschwankungen,
- komplexe Montagevorgänge,
- große und schwere Maschinen.

Viele Probleme bei wachsenden Stückzahlen

Bei wachsenden Stückzahlen führt die Standplatzmontage jedoch schnell zu Problemen in der Materialbereitstellung. Da unterschiedliche Standplätze auf gleiche Lagerorte zugreifen, werden Fehlteile häufig zu spät erkannt. Ein System von Aushilfen durch »Angstbestände« oder »schwarze Bestände« ist die Folge. Hinzu kommt der unübersichtliche Material- und Informationsfluss, der zu schwer planbaren Durchlaufzeiten und einem hohen Platzbedarf führt.

Standplatzmontage

Material

Maschinen

Informationen

Fließmontage bietet viele Vorteile

Für die Fließmontage müssen einige grundlegende Aufgaben gelöst werden, beispielsweise der Maschinentransport zwischen den Stationen, das Aufteilen von Arbeitsinhalten und das Bestimmen eines angemessenen Takts. Dann bietet die Fließmontage auch für Werkzeugmaschinen große Vorteile:

- Jedes Teil und jede Baugruppe hat einen festen Bereitstellungsplatz an der zugehörigen Station.
- Werkzeuge und Betriebsmittel müssen nicht mehrfach für zeitgleiche Nutzung an unterschiedlichen Standplätzen bereit stehen, sondern nur einmal an der zugehörigen Station.
- Material- und Informationsfluss sind übersichtlich.
- Standardisierte Montageabläufe an jeder Station ermöglichen eine hohe Prozesssicherheit und gleich bleibende Qualität.

- Probleme in der Linie müssen sofort und ursächlich gelöst werden, da sie sonst im Extremfall zu einem Stillstand der Produktion führen können.
- Der Montagefortschritt jeder Maschine ist einfach nachzuvollziehen und richtet sich nach dem Takt der Linie. Dadurch bleiben Durchlaufzeiten stabil und Lieferzeiten werden exakt planbar.

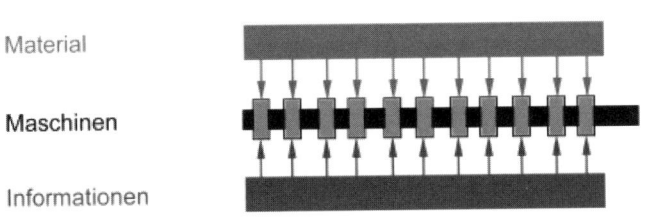

Fließmontage

Das Potenzial der Fließmontage wird am Beispiel der Trumatic 6000 L – einer Maschine zur kombinierten Blechbearbeitung mit Stanzkopf und Laserschneidkopf – deutlich. Die Umstellung auf Fließmontage verkürzte die Durchlaufzeit um 63 Prozent. Der Wert der »Ware in Arbeit« ist um 50 Prozent gesenkt worden, und die Flächenproduktivität ist um 40 Prozent gesteigert worden.

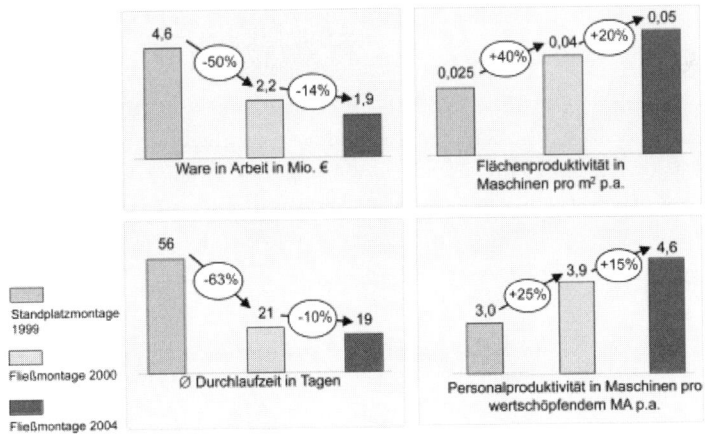

Erfolge der Umstellung auf Fließmontage am Beispiel der Trumatic 6000 L

Durch SYNCHRO wurde ein Verbesserungsprozess in Gang gesetzt, der zunächst die direkt wertschöpfenden Bereiche der Produktion erfasst hat. Tätigkeiten außerhalb der Herstellung gewinnen jedoch im Werkzeugmaschinenbau immer stärker an Bedeutung.

Von der Produktion ins Büro

Mit SYNCHRO gibt es bei TRUMPF ein geschlossenes Vorgehen zum Beseitigen von Verschwendung, Verkürzen von Durchlaufzeiten und zum Vermeiden von Fehlern. Büro-SYNCHRO überträgt die Prinzipien des Produktionssystems auf die indirekten Bereiche.

Im Rahmen von Büro-SYNCHRO durchläuft ein Bereich vier Stufen:

Das 4-Stufen-Modell von SYNCHRO im Büro

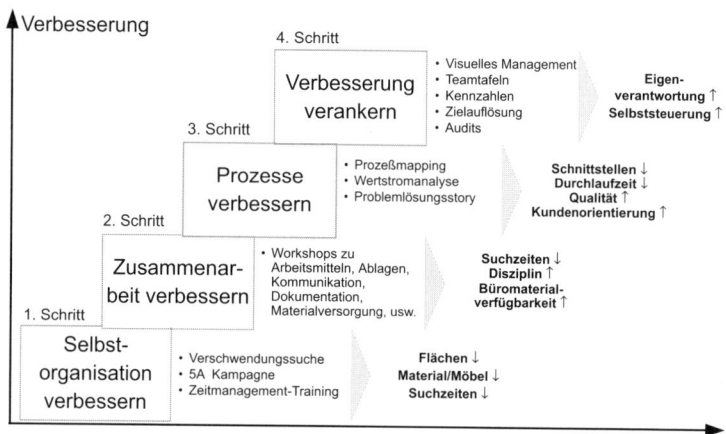

Erste Stufe

1. In der ersten Stufe liegt der Schwerpunkt auf der Organisation des Arbeitsplatzes jedes Mitarbeiters. Durch die 5-A-Kampagne wird überflüssiges Büromaterial freigesetzt, Büromöbel werden ausgemustert und Organisationsstandards werden festgelegt. Die fünf A lauten:
   – Aussortieren,
   – Arbeitsplatz säubern und nur die benötigten Dinge einräumen,
   – Arbeitsmittel ergonomisch anordnen,
   – Alle Punkte einhalten und ständig verbessern,
   – Anordnungen zur Regel machen.

Zweite Stufe

2. In der zweiten Stufe wird die Zusammenarbeit der Mitarbeiter verbessert, indem Arbeitsmittel standardisiert sowie Dokumentations- und Kommunikationsstandards gemeinsam erarbeitet werden.

Dritte Stufe

3. Die dritte Stufe zielt auf die Prozesse ab, die in einem Bereich ablaufen oder zu denen ein Bereich beiträgt. Es

geht darum, diese Prozesse abzubilden, Probleme zu finden, Ursachen zu analysieren und Lösungsvorschläge zu erarbeiten.

4. In der vierten Stufe werden Kennzahlen gebildet und auf Teamtafeln visualisiert, um den Verbesserungsprozess auch im Büro zu verselbstständigen. Hinzu kommen Audits, die den Status der Verbesserung erfassen und gezielte Maßnahmen ermöglichen.

Vierte Stufe

Prinzipien und Erfolgsfaktoren der Veränderungsprojekte

In jeder TRUMPF-Maschine steckt das wichtigste Gut des Unternehmens: Wissen. Die Entwicklung von Automatisierungstechnik ist im sächsischen Neukirch, die der Biegemaschinen in Österreich und die für Lasermarkierer sowie Elektrowerkzeuge in der Schweiz konzentriert.

Für TRUMPF geht es um die Kunst, das jeweils Beste aus den verschiedenen Regionen zu vereinen. Kreativität gedeiht auch, wenn man sie weitab der Zentrale und ungestört von Zuständigkeiten und Routine wachsen lässt.

Kein Zentralismus

Im Nachhinein lassen sich aber einige Gemeinsamkeiten der vielen Veränderungsprojekte darstellen, die auch als Grundsätze für Veränderungen im Unternehmen gelten können.

Die gemeinsamen *Prinzipien* der Veränderungsprojekte sind:
- Das Potenzial der Mitarbeiter durch Einbindung, Selbstverantwortung und Mitgestaltung nützen.
- Das Handeln auf einheitliche Ziele ausrichten.
- Gut und eng zusammenarbeiten.
- Überschaubare Bereiche mit minimalen externen Schnittstellen und maximaler Verantwortung bilden.

Gemeinsame Prinzipien

Folgende *Erfolgsfaktoren* haben sich als entscheidend für die Veränderungsprojekte bei TRUMPF herausgestellt:

Entscheidende Erfolgsfaktoren

1. *Aktives Vorantreiben durch die Geschäftsführung*
   Die Geschäftsführung muss die Führungsebenen über Zielvereinbarungen in die Pflicht nehmen.

2. *Überzeugte und engagierte Führungskräfte*
Offensichtlich nicht zu überzeugende Führungskräfte gefährden den Erfolg des gesamten Projekts und müssen ausgewechselt werden.

3. *Überzeugende Pilotprojekte*
Nichts motiviert mehr als ein atemberaubender, schneller Erfolg. Dies ist am besten in einem Pilotbereich zu zeigen. Wichtig ist die entschlossene und konsequente Durchführung eines Veränderungsprojekts unter Einbindung der Mitarbeiter.

4. *Eindeutige und konsequente Projektorganisation*
Ziele, Meilensteine, Verantwortlichkeiten müssen klar definiert sein.

5. *Transparentes und umfassendes Projekt-Controlling*
Kommunikation muss auch die Darstellung von Erfolgen und Ergebnissen beinhalten. Misserfolge müssen offen kommuniziert werden – Fehler sind eine Quelle der Erkenntnis und damit eine Lernmöglichkeit.

6. *Kompetente und verantwortliche Arbeitskreisleiter*
Das Know-how zur Umsetzung von Veränderungen im Unternehmen muss geschaffen werden.

7. *Beteiligung möglichst vieler Betroffener*
Die besten Ideen kommen oft von den betroffenen Mitarbeitern – diese kennen ihren Bereich am besten. Außerdem wird die Akzeptanz des Projekts erhöht, wenn Betroffene wirklich ernst genommen werden.

8. *Den Betroffenen Sicherheit geben*
Sicherheit geben durch eine »Arbeitsplatzgarantie«: Niemand verliert durch Verbesserungsmaßnahmen seine Arbeitsstelle. Ohne diese Garantie macht niemand dauerhaft mit.

9. *Aktives Informationsmanagement im gesamten Unternehmen*
Veränderungen sind bekannt zu machen und Ergebnisse zu kommunizieren, etwa durch kurze Abschlussberichte,

die jedem interessierten Mitarbeiter zur Verfügung stehen. Diese Berichte geben Anregungen.

10. *Schnelle Umsetzung*
Veränderung funktioniert besonders gut, wenn die Vorschläge betroffener Mitarbeiter ernst genommen werden. Dazu ist es aber zwingend erforderlich, dass diese Vorschläge schnellstmöglich geprüft und umgesetzt werden. Bei TRUMPF muss innerhalb einer Woche eine Entscheidung über einen Vorschlag getroffen werden, und die Umsetzung muss beginnen. Generell gilt für Veränderungsprojekte: Je schneller die Schritte folgen, desto mehr Schwung und Begeisterung vermittelt das Projekt.

Geschwindigkeit bringt Begeisterung

11. *Überzeugte und engagierte Mitarbeiter*
Das Thema »Überzeugte und engagierte Mitarbeiter« ist einer der schwierigsten Punkte. Durch Sicherheit (Punkt 8) werden viele Widerstände abgebaut. Oft verbessert sich aber auch die Arbeitssituation der Mitarbeiter (durch abwechslungsreichere Tätigkeiten, mehr Eigenverantwortung etc.), was zu erhöhter Zufriedenheit führt. Wichtig ist auch die überzeugte Führungskraft, die den Mitarbeitern vermitteln kann, warum die Veränderung notwendig ist.

Mehr Zufriedenheit

Jürgen Kurz

Jürgen Kurz (Jahrgang 1965) studierte Betriebswirtschaft in Nürtingen und absolvierte seinen Master of Business Administration (MBA) in Deutschland, der Schweiz und den USA. Seit 10 Jahren ist er in der Geschäftsleitung tätig. Jürgen Kurz hat erfolgreiche Prinzipien aus der Produktion auf das Büro übertragen. Dieses Know-how gibt er mittlerweile in Seminaren, Vorträgen und bei Umsetzungsberatungen weiter.

Publikationen

- Handbuch Büro-Kaizen (erhältlich bei www.tempus-consulting.de)
- Handbuch Zielvereinbarung (erhältlich bei www.tempus-consulting.de)

Auszeichnungen

2002: Sieger Ludwig-Erhard-Preis-Wettbewerb
2002: Dr. Günter von Alberti Preis
2004: Auszeichnung International Best Factory Award
2005: Manufacturing Excellence Award
2006: Finalist Internationaler Deutscher Trainingspreis

Referenzen

- Linde AG, Horgau
- Creaton AG, Wertingen
- Universität St. Gallen

Beratungsschwerpunkte und Seminarthemen

- Effizienzsteigerung in der Verwaltung um 20 Prozent (Büro-Kaizen)
- Umsetzungsberatung vor Ort zu Büro-Kaizen und Controlling/ Kennzahlensysteme

tempus GmbH
Haehnlestraße 24
89537 Giengen
Telefon (0 73 22) 9 50-1 22
Fax (0 73 22) 9 50-1 47
www.tempus.de
JKurz@tempus.de

Jürgen Kurz
Dauerhaft aufgeräumt –
Zwanzig Prozent mehr Effizienz im Büro

»Keiner hat die Zeit zum Aufräumen – aber jeder hat die Zeit zum Suchen.« Das ist die Praxis in vielen Büros der Republik. Während in der Fertigung der Gedanke der ständigen Verbesserung längst Normalität geworden ist, wurde die Verwaltung in vielen Unternehmen hinsichtlich Prozessoptimierung lange Zeit vernachlässigt. Die Konsequenzen sind Verschwendung und Ineffizienz.

Verschwendung in der Verwaltung

In allen Branchen nimmt der Wettbewerbsdruck zu. Vermeidung von Verschwendung ist somit keine Option, sondern eine Voraussetzung, um das Überleben des Unternehmens zu sichern.

Wenn ich in Firmen komme, höre ich immer wieder den Spruch: »Das Genie beherrscht das Chaos.« Dieser Spruch stimmt zweifellos. Im Fokus stehen aber nicht nur einzelne Schreibtische. In Zeiten der ständig zunehmenden Komplexität und Dynamik geht es darum, die Prozesse im Unternehmen schneller, besser und kostengünstig ablaufen zu lassen. Aus diesem Grund müssen sich Mitarbeiter nicht nur an ihrem eigenen Schreibtisch, sondern auch in den Prozessen der Kollegen auskennen.

Nicht nur den eigenen Schreibtisch im Blick

Bei einem meiner Kunden, bei dem ich Optimierungsprozesse im Büro moderiere, hat mir eine Sekretärin berichtet, dass sie seit Jahren nicht mehr in den Urlaub gehen kann, da nur sie das Ablagesystem ihres Chefs kennt. Nachdem es aber nicht nur um Vertretung im Urlaubsfall, sondern auch um Krankheit, Besprechungs-

Teure Such- und Wartezeiten

zeiten der Sekretärin etc. geht, wird klar, dass durch die mangelnde Transparenz in diesem Fall Such- und Wartezeiten des Vorgesetzten entstehen. Wenn man bedenkt, dass bei diesem kleinen Beispiel nur ein Chef und seine Sekretärin betroffen sind, kann man erahnen, welche Potenziale komplexe, abteilungsübergreifende Prozesse in sich bergen.

Kaizen als Grundlage

Die nachfolgend vorgestellten Gedanken sind nicht neu, sondern entstanden aus der Übertragung von Verbesserungspotenzialen aus der Fertigung in die Bürowelt. Ihnen liegen die Ideen des »Kaizen« zugrunde. Bekannt geworden ist das japanische Wort für »ständige Verbesserung« Anfang der 1990er-Jahre, als eine weltweite Studie mit dem Vergleich von Automobilherstellern angefertigt wurde. Zu diesem Zeitpunkt wurden Autos in Japan 20 Prozent schneller, 20 Prozent billiger und 20 Prozent besser hergestellt als sonst irgendwo auf der Welt. Die Übertragung nach Deutschland, aber auch in die USA brachte ähnliche Ergebnisse.

Leichter statt mehr arbeiten

Kaizen ist ein kontinuierlicher Verbesserungsprozess, bei dem die Erfahrung, Kreativität und Fähigkeiten der Mitarbeiter genutzt werden sollen, um dauerhaft Verbesserungen zu erreichen. Ziel ist dabei, dass die Mitarbeiter *leichter* anstatt *mehr* arbeiten (work smarter, not harder).

Der Vorher-nachher-Vergleich

Systematisch und nachhaltig aufräumen

Die nachfolgenden Beispiele aus der Praxis zeigen, welche Verbesserungen innerhalb kurzer Zeit möglich sind. Der entscheidende Unterschied zu einer »normalen« Aufräumaktion besteht dabei darin, dass nur *einmal* aufgeräumt wird. Wie dieses systematische, nachhaltige Aufräumen erfolgen muss, wird im nächsten Abschnitt erläutert.

Viele Aufträge blieben liegen

Das Beispiel zeigt einen Schreibtisch in der Auftragsbearbeitung. Problem war nicht nur der unaufgeräumte Schreibtisch mit den daraus folgenden Suchzeiten. Problem in diesem Fall war, dass viele unerledigte Kundenaufträge auf dem Schreibtisch lagen, die für andere Mitarbeiter der Abteilung kaum einzusehen waren. Da es auf den anderen Schreibtischen der Abteilung genauso aussah, wurden Angebote häufig doppelt und teilweise sogar dreifach erstellt.

Schreibtische in der
Auftragsbearbeitung:
vorher-nachher

Das nächste Beispiel zeigt Schränke aus der Entwicklungsabteilung einer meiner Kunden. Nahezu alle Mitarbeiter verwendeten technische Dokumentationen und Fachbücher. Bei der Bestandsaufnahme fiel auf, dass die Literatur zum Teil veraltet, teilweise doppelt und dreifach vorhanden war. Beim gemeinsamen Aufräumen wurde deshalb beschlossen, einen zentralen Schrank mit Fachliteratur anzulegen und diesen dann auch noch alphabetisch zu sortieren. Durch das Vorhandensein eines kompletten Satzes an Literatur konnten die Zugriffszeiten verkürzt werden. Außerdem wurde die Fehleranfälligkeit durch die Verwendung aktueller Informationen reduziert.

Schrank für
Fachbücher:
vorher-nachher

Die vier Stufen des Büro-Kaizen

Büro-Kaizen bedeutet die schrittweise, aber fortlaufende Verbesserung. Diese wird in vier aufeinander aufbauenden Stufen erreicht:

1. Stufe: Ordnung und Sauberkeit
2. Stufe: Standardisierung der Büroorganisation
3. Stufe: Arbeitsabläufe durch Kaizen vereinfachen
4. Stufe: Selbststeuerung durch Eigenverantwortung

**Stufe 1
»Ordnung und
Sauberkeit«**

Büro-Kaizen beginnt mit der Stufe »*Ordnung und Sauberkeit*«. In der Produktion gilt der Grundsatz: »Nur wer diszipliniert Ordnung und Sauberkeit hält, kann Qualität produzieren.« Dieses Motto gilt im gleichen Maße im Büro. Erreicht wird die Ordnung durch die ebenfalls aus der Produktion bekannten »5A-Methode«: Die 5 »As« stehen für:

1. Aussortieren unnötiger Dinge
2. Aufräumen nach Plan
3. Arbeitsplatz sauber halten
4. Anordnungen zur Regel machen
5. Alle Punkte einhalten und ständig verbessern

**Stufe 2
»Standardisierung«**

Die zweite Stufe heißt »*Standardisierung der Büroorganisation*«. Diese Stufe ist von entscheidender Bedeutung für jede Verbesserung, denn nur wenn vereinbarte Abläufe und Spielregeln dauerhaft eingehalten werden, können Verbesserungen beibehalten werden. Die Standardisierung bezieht sich auf die Organisation des Ablagesystems sowie auf die Standardisierung von Arbeitspapieren, Arbeitsinhalten und Formularen.

**Stufe 3
»Arbeitsabläufe
vereinfachen«**

Wenn die beiden ersten Stufen durchlaufen sind, hat man ein – bezogen auf den Startpunkt – höheres Niveau erreicht. Dieses gilt es jetzt durch weitere Verbesserungen noch anzuheben. Die beiden Maßnahmen der 3. Stufe »*Arbeitsabläufe durch Kaizen vereinfachen*« beziehen sich sowohl auf die Verbesserung der einzelnen Arbeitsplätze als auch auf die Verbesserung der Prozesse im Unternehmen.

**Stufe 4
»Selbststeuerung«**

Den vierten Schritt der Verbesserung stellt die Qualifizierung und Ermächtigung der Mitarbeiter dar. Mitarbeiter zu Mit-Unternehmern zu machen, ist das Ziel dieser Stufe. Ergebnis ist die »*Selbststeuerung durch Eigenverantwortung*«.

Stufe 1: Ordnung und Sauberkeit

In der Praxis beginnt Büro-Kaizen wie jedes andere Projekt auch mit der Dokumentation der Ist-Situation. Hierzu müssen die bestehenden Zustände mit Fotos dokumentiert werden. Diese dienen später zum Vorher-nachher-Vergleich. Zu Beginn einer Büro-Kaizen-Aktion sind diese Fotos aber auch wichtig für die Sensibilisierung der Mitarbeiter, indem man die Bilder zeigt und mit dem Hinweis versieht: »So sehen uns Kunden, Kollegen, Lieferanten, ...«

Ist-Zustand dokumentieren

Zur weiteren Sensibilisierung eignet sich das so genannte Kofferspiel. Zwei Personen erhalten dieselbe kleine kaufmännische Büroaufgabe. Ein Teilnehmer erhält einen organisierten, übersichtlich aufgeräumten, der andere Teilnehmer einen eher chaotischen Koffer. Die Zuschauer werden gebeten zu beobachten, wie viel schneller und besser mit dem »guten« Koffer gearbeitet wird. Die Ergebnisse des Spiels sind immer dieselben: Mit dem guten Koffer kann zwischen 50 und 100 Prozent *schneller und besser* gearbeitet werden. Ein weiterer Aspekt des Tests ist die Feststellung, dass der Teilnehmer mit dem guten Koffer seine Aufgabe für alle sichtbar *deutlich entspannter* erledigt.

Das Kofferspiel

Weil Büro-Kaizen sowohl den Mitarbeitern als auch dem Unternehmen nutzt, funktioniert es in der Praxis so gut wie immer.

1. Der Aussortier-Prozess
Nach der Sensibilisierung der Mitarbeiter kann mit dem Aussortieren unnötiger Dinge begonnen werden. Die Spielregel lautet: »Entfernen Sie alles, was nicht gebraucht wird.« Es gibt jede Menge Dinge in Schubladen, Schränken und Regalen, die einem ans Herz gewachsen sind, aber seit Jahren nicht mehr gebraucht werden oder noch nie gebraucht wurden. Alles, was nicht notwendig ist, kann entsorgt werden. Das Ergebnis sind beachtliche Flächen- und Raumgewinne sowie reduzierte Suchzeiten.

Unnötige Dinge aussortieren

Sofern Sie beim ersten Termin nicht fertig werden, empfiehlt es sich, noch aufzuräumende Bereiche mit gelben »Post-it«-Klebezetteln zu markieren. Somit sieht man, was noch erledigt werden muss. Auf einer To do-Liste werden diese offenen Punkte dann mit Zuständigkeit und Termin gesammelt.

Aufzuräumende Bereiche markieren

Zum Thema »wegwerfen« muss man wissen, dass wir von Natur aus Jäger und Sammler sind. Deshalb bereitet uns der Gedanke, Dinge wegzuwerfen, Unbehagen. Ein Zwischenschritt ist deshalb, Kartons mit Dingen zu füllen, die man zwar nicht mehr am Arbeitsplatz braucht, die man aber noch nicht wegwerfen möchte. Diese Kisten können dann im Keller, Archiv oder Lager aufbewahrt werden. Um zu verhindern, dass die Kartons dort ewig stehen bleiben, sollten sie wie folgt beschriftet werden: »Dieser Karton gehört ……… (Namen einsetzen). Wenn er nicht bis ……… (Datum einsetzen) geöffnet wird, kann er ohne Betrachtung des Inhalts entsorgt werden.«

2. Aufräumen nach Plan

Utensilien aufräumen Wenn die nicht benötigten Dinge weggeworfen sind, ergibt sich zwangsläufig die nächste Aufgabe: Die übrig gebliebenen Büroutensilien müssen so aufgeräumt werden, dass sie schnell und problemlos gefunden werden.

Ansatzpunkte für Hilfsmittel zum systematischen, nachhaltigen Aufräumen liefert das *»Handbuch Büro-Kaizen«* (erhältlich unter www.tempus-consulting.de) mit der Büro-Kaizen Werkzeugkiste, die unter anderem zum Inhalt hat:
- 8 Schritte zum leeren Schreibtisch
- 10 Schritte zur dauerhaften Erhöhung der Arbeitseffizienz
- 8 Tipps für den effizienten Einsatz von Bürogeräten etc.

3. Arbeitsplatz sauber halten

Ordnung und Sauberkeit überprüfen In regelmäßigen Abständen muss überprüft werden, ob die vereinbarte Ordnung und Sauberkeit beibehalten wird. Hierfür verwenden wir in unseren Beratungen die Checkliste »Ordnung und Sauberkeit«. Mit ihrer Hilfe wird gemeinsam mit den Mitarbeitern eine Bestandsaufnahme durchgeführt. Die Checkliste können Sie per E-Mail kostenlos bei tempus-Consulting anfordern (info@ tempus-consulting.de).

4. Anordnungen zur Regel machen

In Japan gibt es den Spruch: »Ein Standard ist die einfachste, leichteste und sicherste Art und Weise, etwas zu tun.« Er dient dazu, den Stand einer erreichten Verbesserung abzusichern, aber auch als Grundlage zur Information, Schulung und Beurteilung von Mitarbeitern. Standards müssen dabei objektiv, nachvollziehbar, eindeutig und einfach sein. Nur so verhindern Sie, dass Fehler wiederholt auftreten.

Die nachfolgende Darstellung illustriert die Bedeutung von Standards. Ohne den Keil würde die Kugel nicht nur zum Ausgangspunkt links unten, sondern sogar noch weiter zurückrollen. Das Niveau wäre somit sogar noch schlechter als zu Beginn der Verbesserungsaktivitäten. In der Realität übernehmen Standards die Funktion des Keiles.

Ein Standard ist wie ein Keil

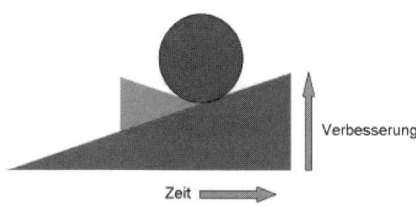

Auf die Praxis übersetzt heißt das, sich Gedanken zu machen, wo der ideale Platz für Ablageschalen, Locher, Tacker, Eingangspost, temporäre Projekte etc. ist. Feste Plätze reduzieren nicht nur Suchzeiten. Aufräumzeiten werden ebenfalls kürzer, da Büroutensilien schnell und zielsicher zurück gestellt werden können.

Feste Plätze definieren

Allgemeine Faustformeln für die Anordnung von Hilfsmitteln lauten dabei:

Faustformeln

- Alle Hilfsmittel, die immer (täglich) gebraucht werden, müssen direkt am Arbeitsplatz angeordnet werden.
- Was seltener (wöchentlich) gebraucht wird, sollte nicht direkt am Arbeitsplatz liegen, aber schnell greifbar sein.
- Was kaum gebraucht wird (monatlich oder noch seltener) sollte ausgelagert und im Bedarfsfall geholt werden.
- Es gilt der aus der Produktion bekannte Grundsatz »Alles hat *seinen* Platz, alles hat *einen* Platz«.

5. Alle Punkte einhalten und ständig verbessern
Standards müssen unbedingt eingehalten und ständig verbessert werden. Dabei ist Selbstdisziplin das oberste Gebot. Auf Basis der Standards werden Verbesserungen erarbeitet, die dann wieder als neue Standards Verbesserungen sicherstellen. So entsteht ein Regelkreis, der auf kontinuierliche Verbesserung zielt.

Standards einhalten und verbessern

In den Bereich der ständigen Verbesserung und Einhaltung von Standards fallen auch Systeme des »Poka Yoke«. Diese japanische Bezeichnung bedeutet frei übersetzt, dass Fehler vermieden werden müssen, bevor sie überhaupt entstehen. Ein Beispiel sind schräg angeordnete Schreibflächen, die sich nicht als Ablage eignen. Somit wird verhindert, dass diese Flächen zur ungeplanten Ablage zweckentfremdet werden.

Stufe 2: Standardisierung der Büroorganisation

Auf der Stufe 2 geht es um die Organisation des Ablagesystems und die Standardisierung von Arbeitspapieren, Arbeitsinhalten und Formularen.

Organisation eines Ablagesystems
Ziel eines jeden Ablagesystems ist es, die gewünschte Information schnellstmöglich zu finden. Als Richtwert haben wir beim Büro-Kaizen den Zeitraum von einer Minute vorgegeben. Der Effekt liegt auf der Hand: Reduzierung von Suchzeiten.

Bei der Definition des perfekten Ablagesystems gibt es leider kein generelles Optimum – obwohl meine Seminarteilnehmer genau dieses optimale System immer wieder von mir haben wollen.

Hilfreiche Fragen Das perfekte Ablagesystem ist von Unternehmen zu Unternehmen verschieden und kann nur in Zusammenarbeit mit den Mitarbeitern festgelegt werden. Dabei helfen »W-Fragen« wie zum Beispiel:
- *Warum* soll etwas abgelegt werden?
- *Wo* soll etwas abgelegt werden?
- *Wie* soll etwas abgelegt werden?
- *Wer* soll etwas ablegen?
- *Wie* lange soll etwas abgelegt werden?
- *Wo* können allgemeine Dinge zentral abgelegt werden?

Ablage elektronischer Dokumente In das Themenfeld »Ablage« gehört auch die Ablage elektronischer Dokumente. Hier hat es sich bewährt, auf internem (und externem) Schriftverkehr Dateiname und Pfad anzugeben. So können Suchzeiten in der EDV signifikant gesenkt werden. Hilfreich ist in diesem Zusammenhang auch eine mit Unterverzeichnissen sauber strukturierte Festplatte. Diese Ordnungsmöglichkeit hat aber

Grenzen, da zum Beispiel ein Brief an einen Mitarbeiter zum Thema »Weiterbildung« in unterschiedlichsten Verzeichnissen gespeichert werden kann (beispielsweise in den Verzeichnissen »Mitarbeiter«, »Briefe der Geschäftsleitung«, »Weiterbildung« etc.). Hier ist die Pfadangabe sicher die effizientere Vorgehensweise.

Standardisierung von Arbeitspapieren, Arbeitsinhalten und Formularen
Viele Tätigkeiten im Büro können schematisch beschrieben und durchgeführt werden. Das spart Zeit und erleichtert die Delegation. Mittels Checklisten können Tätigkeiten strukturiert und überprüft werden. Außerdem ermöglichen Checklisten eine vollständige Aufgabenerfüllung.

Checklisten bieten vielfältigen Nutzen

Checklisten eignen sich insbesondere bei:
- Aufgaben, die delegiert werden sollen
- Aufgaben, bei denen die vollständige Erledigung wichtig ist
- Aufgaben, die regelmäßig wiederkehren
- Routinetätigkeiten

Im Sinne einer kontinuierlichen Verbesserung ist es wichtig, nach dem Einsatz von Checklisten generell zu hinterfragen, ob etwas unklar war, vergessen wurde etc. Letzter Punkt auf der Checkliste ist daher immer die Aufgabe, die Checkliste zu aktualisieren, um beim nächsten Einsatz ein optimales Ergebnis zu ermöglichen.

Checklisten ständig verbessern

Eine Übersicht verschiedener Checklisten und Formulare finden Sie unter www.tempus-consulting.de/downloadcenter.jsp. Weitere Tipps bekommen Sie in der Werkzeugkiste im Handbuch Büro-Kaizen in den Bereichen »10 Maßnahmen zur Erleichterung der Ablage« und »11 praxiserprobte Wege zur Ablaufvereinfachung«.

TIPP

Stufe 3: Arbeitsabläufe durch Kaizen vereinfachen

Die Verbesserung der Arbeitsabläufe bzw. Prozesse bezieht sich sowohl auf die Verbesserung der einzelnen Arbeitsplätze als auch auf die Optimierung von Prozessen. Wie bei der Optimierung des Ablagesystems helfen bei der Optimierung von Einzelarbeitsplätzen »W-Fragen«. Sinnvoll sind Fragestellungen wie:
- Werden tatsächlich alle auf dem Schreibtisch befindlichen Unterlagen dort benötigt?

Arbeitsplätze und Prozesse optimieren

- Wie oft muss ich zu bestimmten Schränken, Arbeitsplätzen etc. gehen, um bestimmte Informationen zu erhalten?
- Wie können durch Beschriftung von Schubladen und Schränken Suchzeiten reduziert werden?

Schnittstellen und Verschwendung in den Blick nehmen

Laut einer Studie des Fraunhofer Instituts sind lange Auftragsdurchlaufzeiten zu 70 Prozent das Ergebnis interner Schnittstellenprobleme. Die Definition und Standardisierung von Schnittstellen ist deshalb zentrale Herausforderung beim Prozessmanagement. Daneben ist die Untersuchung der Prozesse mit Blick auf Verschwendungsarten eine weitere Hauptaufgabe. Folgende Fragen können helfen, Verschwendung zu identifizieren:

- Wie können Allgemeinschränke sinnvoll genutzt werden?
- Wie können Büromaterialschränke sinnvoll beschriftet und wie in einem Supermarkt (automatisierte Nachfüllung) übersichtlich organisiert werden?
- Wie soll die innerbetriebliche Kommunikation mit E-Mails, Körbchen für alle Mitarbeiter bzw. regelmäßigen Meetings organisiert und optimiert werden?
- Wie können durch alphabetische Sortierung Zeitschriften, Bücher und Magazine schneller gefunden und damit Suchzeiten reduziert werden?
- Sind Vertretungsregelungen getroffen und jederzeit zentral einsehbar?
- Liegt von jedem Mitarbeiter (oder auch jeder Gruppe von Mitarbeitern, die gleichartige Tätigkeiten durchführen) eine Auflistung der Tätigkeiten vor, die im Vertretungsfall erledigt werden müssen (täglich, wöchentlich, monatlich, quartalsweise, halbjährlich, sporadisch etc.)?

Prozesse sind dann optimal, wenn nichts mehr weggelassen werden kann, ohne das Prozessergebnis zu verschlechtern.

Chefs sehen die Potenziale oft nicht

Oft werde ich von Sekretärinnen ins Unternehmen geholt, deren Chefs sich weigern, Verbesserungsprozesse anzugehen. Häufig erkennen die Chefs aufgrund ihrer Entfernung von der täglichen Arbeit einfach nicht die Potenziale, die die Verbesserung der Prozesse bietet.

Einer meiner größten Kunden ist solch ein Beispiel. Der Chef war als Produktionsleiter hochsensibel für die Verbesserungspotenziale in der Fertigung. Dass im Büro die gleichen Potenziale schlummern, wurde ihm erst im Laufe von Kaizen-Projekten im Büro klar. Mittlerweile ist das Unternehmen dabei, auch im Büro Abteilung für Abteilung zu untersuchen, um die Verbesserungspotenziale aufzuspüren und zu nutzen.

Stufe 4: Selbststeuerung durch Eigenverantwortung

Zentrale Aufgabenstellung der vierten Stufe ist, durch Ermächtigung und Befähigung der Mitarbeiter deren volles Potenzial auszuschöpfen. Ziel ist, aus Mitarbeitern Mit-Unternehmer zu machen. Hier gilt der Grundsatz: »Geben Sie Ihren Mitarbeitern alle erforderlichen Informationen, und Sie werden nicht verhindern können, dass sie Verantwortung übernehmen.«

Das Potenzial der Mitarbeiter ausschöpfen

Beispiele für den Nutzen eigenverantwortlich denkender und handelnder Mitarbeiter zeigt das Verbesserungsvorschlagswesen. Der Durchschnitt in Deutschland liegt bei etwa 0,5 Verbesserungsvorschlägen pro Mitarbeiter pro Jahr. Firmen wie Porsche bringen es in Spitzenzeiten auf über zehn Vorschläge!

Eine weitere Möglichkeit der Selbststeuerung der Mitarbeiter sind »Kanban-Systeme«. Kanban ist japanisch und heißt frei übersetzt »Signal«. Bei solchen Systemen geht es darum, dass sich selbst steuernde Systeme installiert werden, die Abläufe vereinfachen und den Organisationsaufwand reduzieren. Durch bestimmte Signale werden bei Unterschreitung einer bestimmten Menge Nachlieferungen ausgelöst.

»Kanban«-Systeme installieren

Eine Voraussetzung für das Ausüben unterschiedlicher Tätigkeiten durch die Mitarbeiter ist die Mehrfachqualifizierung. Eine gute Möglichkeit der Darstellung ist eine Qualifizierungsmatrix. Dort werden alle Mitarbeiter und alle Tätigkeiten aufgeführt. Je nach Beherrschungsgrad einer Tätigkeit erhält jeder Mitarbeiter Punkte. Es ergibt sich eine Übersicht, welche Tätigkeiten von mehreren Mitarbeitern beherrscht werden und wo es Expertenwissen in Form von Tätigkeiten gibt, die nur wenige Mitarbeiter beherrschen. Die unterschiedlichen Punktzahlen zeigen die Kompetenzen der Mitarbeiter. Die Punkte können für Qualifizierungspläne genauso herangezogen werden wie für die Entlohnung.

Qualifikationsmatrix erstellen

Zum Abschluss noch ein Beispiel aus der Praxis

Komplexe Ablage

Die Ausgangssituation im Bereich der Kundenablage war bei diesem Kunden dadurch gekennzeichnet, dass neben den klassischen Auftragspapieren wie Bestellung, Auftragsbestätigung und Rechnung noch viele technische Dokumentationen über das verwendete Material abgelegt werden mussten. Hintergrund waren Garantie- und Gewährleistungsansprüche der Kunden. Es musste oft noch Monate später nachgewiesen werden, welchen Qualitätsprüfungen das verwendete Material unterzogen wurde.

Vorher: Viele Ordner

Die Ablage vor dem Projekt erfolgte ausschließlich in Ordnern, die mit »A-Z«-Registern ausgestattet waren. Wegen der vielen abzulegenden Dokumente reichte ein Ordner durchschnittlich für zwei bis drei Tage und beinhaltete drei bis fünf Kundenaufträge. Die Ordner belegten ganze Schrankwände im Büro sowie das komplette Archiv. Die Unterlagen im Archiv mussten zwar aus steuerlichen Gründen noch aufbewahrt werden. Da die laufenden Aufträge aber im Büro untergebracht waren, wurde hierauf faktisch nie zugegriffen.

Lösung: Schlanke Auftragsmappen

Die Lösung in diesem konkreten Fall war die Verwendung von Auftragsmappen, die bei der erstmaligen Anlage des Auftrags mit einer fortlaufenden Auftragsnummer in Form eines Aufklebers versehen wurden. Die Ablage der Auftragsmappen erfolgte wie unten abgebildet in Kartons, die mit Datum (von–bis) und Auftragsnummer (von–bis) beschriftet wurden.

Viele Vorteile

Die Vorteile dieser Lösung liegen nahezu auf der Hand:
- Die Kartons und Mappen sind vom Anschaffungspreis günstiger als die Ordner mit Registern.

- Die Unterlagen in den Mappen brauchen nicht mehr gelocht und abgelegt werden, was eine spürbare Zeitersparnis bedeutet.
- Die Kartons sind kompakter als die Ordner. Deshalb können auf einer kleineren Fläche mehr Unterlagen abgelegt werden.

Weniger Fläche, mehr Unterlagen

- Dadurch, dass Auftragsnummer und Datum auf dem Karton stehen, ist die Zugriffszeit kürzer. Bisher war das einzige Suchkriterium das Datum. Manche Kunden haben aber – aus welchen Gründen auch immer – nur die Auftragsnummer zur Verfügung.
- Im Archiv konnten zahlreiche Regale geräumt werden.
- Das Büromaterial konnte von ausgelagerten Schränken in das Hauptbüro integriert werden. Damit verbunden war eine automatische Beaufsichtigung der Entnahme, was in diesem Bereich gewisse Einsparungen zur Folge hatte.
- Im Zusammenhang mit der Ablage wurden auch Bereiche für die Zwischenablage laufender Vorgänge geschaffen. Diese erhöhten die Übersichtlichkeit. Ergebnis war eine signifikante Reduzierung von Suchzeiten.

Zusammenfassend lässt sich sagen: Die Potenziale, die Sie durch Büro-Kaizen erschließen können, sind in der Regel überraschend groß. Hier die Ersparnis gemäß Kundenaussage:

Große Potenziale

- 25 Prozent Effizienzsteigerung
- 20 Prozent Flächenersparnis
- 30 Prozent Erhöhung der Mitarbeiterzufriedenheit
- 40 Prozent Reduzierung der Suchzeiten
- 25 Prozent Verringerung der Durchlaufzeiten
- zusätzlich: bessere Ordnung und Sauberkeit und weniger Verschwendung

Nicht selten sagen Mitarbeiter, dass sie – sofern sie wieder an einem Arbeitsplatz arbeiten müssten, der wie vor der Einführung von Büro-Kaizen organisiert ist – eher kündigen würden!

Lieber kündigen als zurück ins Chaos

Rainer Weichbrodt

Rainer Weichbrodt arbeitete nach dem Studium der Informatik und der Wirtschaftswissenschaften zunächst als Wirtschaftsberater und Controller in der Industrie. Seit 1994 ist er Geschäftsführer der H. Brühne Baustoff und Transport GmbH & Co. KG sowie geschäftsführender Gesellschafter der think!t@nk Gesellschaft für Zukunftsgestaltung mbH in Dortmund. Er entwickelte das kybernetische, wissens- und lernorientierte Management-Expertensystem PAMELA®. Zu den Schwerpunkten seiner Arbeit gehören Qualitätsmanagement nach dem EFQM-Modell, Wissensmanagement und Controlling.

Auszeichnungen

- 2004: Qualitätspreis NRW
- 2003: Wissensmanager des Jahres
- 2004/05: NewDeals Personalmanagement-Prädikat

Produkte

- phpnuke-Intranet®
- Management Expertensystem PAMELA®

Beratungsschwerpunkte

- Lern- und Wissensmanagement
- Integrierte Managementsysteme
- Qualitätsmanagement nach EFQM
- Controlling Excellence

think!t@nk Gesellschaft für Zukunftsgestaltung mbH
sowie H. Brühne Umwelttechnik GmbH & Co. KG
Gernotstraße 6-8
44319 Dortmund
Telefon (02 31) 2 18 00-0
Fax (02 31) 2 18 00-11
www.thinktank-praxis.de
www.bruehne.de
weichbrodt@bruehne.de

Rainer Weichbrodt
Fit für die Herausforderungen von morgen? Mit Wissensmanagement in die Zukunft

Mit der zunehmenden Komplexität und Dynamik im Umfeld von Unternehmen verändern sich auch die Chancen und Risiken, mit denen Führungskräfte künftig umgehen müssen. So spielen die Themen Wissen und Lernen eine immer größere Rolle. In diesem Beitrag möchte ich Ihnen darstellen, welche Lösungen wir gefunden haben, um auf die Herausforderungen zu reagieren und die Zukunft aktiv zu gestalten.

Wissen und Lernen werden wichtiger

Damit Sie die Beispiele aus unserer Praxis besser nachvollziehen können, gebe ich Ihnen zunächst einige Informationen zu unserem Unternehmen. Danach skizziere ich Aspekte der Wissensgesellschaft, insofern sie für unser Thema von Bedeutung sind. Schließlich zeige ich auf, welche Tools und Methoden wir entwickelt haben und in unserem Arbeitsalltag erfolgreich einsetzen.

Zur brühne gruppe

Die brühne gruppe wurde 1899 gegründet. Das Unternehmen ist mit 75 Mitarbeitern an vier Standorten in den Bereichen Baustoffe und Entsorgungsdienstleistungen tätig.

Unternehmen mit Tradition

Ich kam 1990 zu dem Unternehmen, in dem ich heute als Geschäftsführer tätig bin. Ab 1991 wurde ein umfassender TQM-Ansatz eingeführt und sukzessive umgesetzt. Mittlerweile orientieren sich das Management und die Mitarbeiter an dem Excellence Modell der European Foundation for Quality Management. Wir haben dies seit 1999 um ein umfassendes Lern- und Wissensmanagementkonzept erweitert. Unter dem Motto »Das Richtige erfolgreich tun« hat die brühne gruppe den Weg zur lernenden Organisation mit nachweisbaren kulturellen und monetären Erfolgen beschritten.

Spin-off bietet Lern- und Wissensmanagement

Mit dem Spin-off-Unternehmen *think!t@nk Gesellschaft für Zukunftsgestaltung mbH* in Dortmund werden selbstentwickelte Software-Produkte und Dienstleistungen rund um die Themen Lern- und Wissensmanagement und Systemische Managementsysteme angeboten.

Auf dem Weg in die Wissensgesellschaft

Chancen des Strukturwandels nutzen

Die Veränderung von der Industrie- zur Dienstleistungs- und Wissensgesellschaft bedeutet einen starken Strukturwandel. Jedes Unternehmen muss für sich die Potenziale des Strukturwandels im eigenen Hause durchdenken, Stärken entwickeln und Chancen nutzen, die Innovationen für sie bringen können.

Dabei müssen wir uns im Klaren sein, dass Produkte immer häufiger in mindestens gleicher Qualität und in der Regel kostengünstiger im Ausland erstellt werden können. Des Weiteren wird es immer weniger möglich sein, sich tatsächlich durch die Produkte oder Dienstleistungen vom Wettbewerb abzugrenzen.

Nicht nur an neue Produkte denken

Dies galt und gilt auch für die brühne gruppe. Unsere Produkte und Dienstleistungen beinhalten kein Alleinstellungsmerkmal. Die Kundenbefragungen hatten gezeigt, dass die recht hohe Kundenzufriedenheit und Kundenbindung nicht darin begründet sind, dass das, was Brühne anbietet, sich so signifikant vom Wettbewerb unterscheiden würde. Vielmehr bestätigen die Kunden, dass das »wie«, also die Art und Weise, mit der die Produkte und Dienstleistungen in den Markt gebracht und die Beziehungen zum Kunden gepflegt werden, honoriert wird. Damit wird deutlich, dass Innovationen sich nicht alleine auf das »was« beschränken können, nämlich auf das Finden neuer Dienstleistungen und Produkte.

Professor Bullinger, Präsident der Fraunhofer Gesellschaft, verwies auf drei weitere Fenster der Innovation, die bereits heute eine große Rolle spielen. Dies sind Innovationen in den Bereichen:

Drei Fenster der Innovation

- Geschäftsprozesse
- Unternehmensstrukturen
- Unternehmenskultur

Lern- und Wissensmanagement stellt in erster Linie die kulturelle und organisatorische Herausforderung dar, fruchtbare Innovationspotenziale in den Bereichen Kultur, Strukturen und Geschäftsprozesse zu erarbeiten und auszuschöpfen. Dabei können natürlich auch neue Produkte und Dienstleistungen entstehen, wie es bei Brühne der Fall war.

Die Maximen lauten:

Maximen

- Lernen fördern statt regulieren
- Lernen einer Selbstregulierung
- Entwicklung zur lernenden Organisation

Durch den richtigen Umgang mit Wissen – dazu gehört auch die Kommunikation von implizitem Wissen – kann die Entwicklung zur lernenden Organisation dazu beitragen, die Innovationsfähigkeit zu erhöhen.

Das Betrachten monetärer Kennzahlen reicht nicht aus
Eine Studie von Arthur Andersen besagt, dass der Handelsbilanz weniger als 15 Prozent (2001) Aussagekraft für die Bestimmung des Marktwertes eines Unternehmens beigemessen wird. 1998 waren es noch 28 Prozent und 1978 sogar 95 Prozent.

Handelsbilanz verliert an Wert

Damit liegen heute also mehr als 85 Prozent der werttreibenden Erfolgsfaktoren außerhalb des klassischen Reportingsystems, das sich meist nur mit der Messung der monetären Erfolgskriterien auseinandersetzt. Diese tradierten Methoden sind kaum mehr aussagefähig, wenn es um die Früherkennung von Chancen und Risiken geht.

Die Grafik auf der nächsten Seite zeigt auf, dass die verbleibende Reaktionszeit aufgrund von Signalen aus dem tradierten Controlling oftmals nicht ausreichen wird, um die Organisation bei einer Krise wieder auf Kurs zu bringen. Daraus ergibt sich neben der

Signale kommen zu spät

Forderung nach erhöhter Lerngeschwindigkeit die Betrachtung von Faktoren, die den monetären Managementperspektiven vorgelagert sind. So können beispielsweise Prozess- und Strategiekennzahlen eher etwas über die Zukunftsfähigkeit von Organisationen aussagen. Darüber hinaus erhöhen sich die Chancen einer nachhaltigen Unternehmenspolitik, weil die Zahl der Handlungsoptionen in der Regel deutlich größer ist. In der Not schwinden diese Handlungsoptionen, und es kehrt oftmals destruktiver Aktionismus ein, bei dem man sich mit der Problemlösung nicht selten ein weiteres Problem schafft.

Mögliche Lernzeit wird immer kürzer

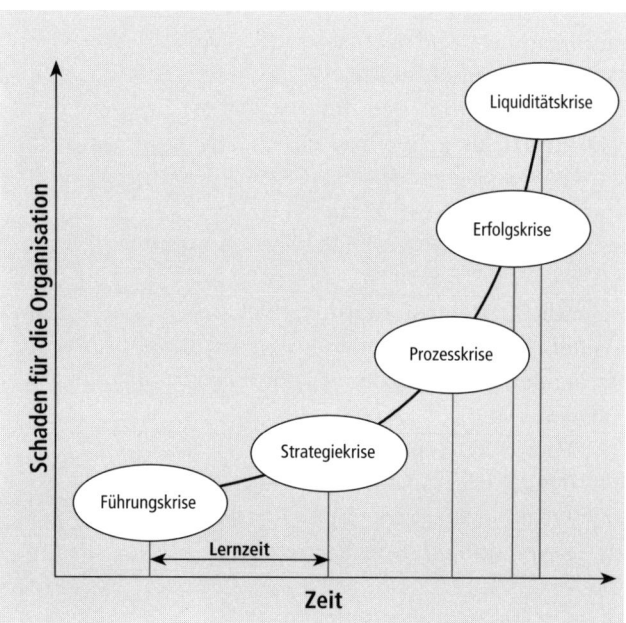

Wissensmanagement: Lernen im Prozess der Arbeit

Nicht nur an IT denken Es scheint so, dass der Begriff Wissensmanagement heute schon fast so »verbrannt« ist wie viele andere Managementbegriffe der letzten Jahre auch. Dennoch glaube ich nicht, dass man in Deutschland die Chancen von Wissensmanagement tatsächlich begriffen hätte. Weithin wurde das Schlagwort vor allem IT-lastig interpretiert. Das Thema Informationslogistik ist jedoch nur ein Teilbereich, mit dem sich Wissensmanagement auseinandersetzen muss. Die Herausforderung liegt vielmehr darin, *neues* Wissen zu schaffen. Im Klartext heißt das: Lernen.

Bei Wissensmanagement geht es also eher um das »Lernmanagement«. Wissen ist in Köpfen von Menschen, nicht in Computern. Daher ist Wissensmanagement auch Führungsarbeit bzw. wissensorientierte Unternehmensführung. Lernmanagement und Innovationsmanagement sind zwei der Schlüsselprozesse zur Erhaltung oder Erweiterung des intellektuellen Kapitals, das die Zukunft nicht nur in Deutschland sichern soll.

Lernmanagement

Die Informationstechnologie kann das Wissensmanagement im Unternehmen unterstützen. So können wir heute aus Erfahrung sagen, dass wir durch Einsatz der virtuellen Plattform unsere Kommunikations- und Kooperationsprozesse verbessert haben. Des Weiteren konnten wir feststellen, dass sich die Qualifikation der Mitarbeiter durch den Einsatz dieser Technologie verbessert hat. Trotzdem gehen wir davon aus, dass der Erfolg von Lern- und Wissensmanagement zu 50 Prozent vom Geschick der Mitarbeiter beeinflusst wird, zu 30 Prozent von der Organisation als Gesamtheit und nur zu 20 Prozent von der Technologie.

Die eigentliche Herausforderung liegt in der Entwicklung der Mitarbeiter selbst bzw. in der Entwicklung des Unternehmens zur »lernenden Organisation«. Die drei Perspektiven des Wissensmanagements sind:

Drei Perspektiven des Wissensmanagements

1. Mitarbeiter (Ziel: das Lernen lernen)
2. Organisation (Ziel: neue Formen der Zusammenarbeit)
3. Technologie (Ziel: Nutzung neuer Informations- und Kommunikationstechnologien)

Lernen und Arbeiten in einer vernetzten Welt
Die große Herausforderung unserer Zeit ist das Thema Vernetzen. Der Zukunftsforscher Dr. Bernhard von Mutius spricht in diesem Zusammenhang von »Grenzgängertum«. Wir müssten lernen, Zäune einzureißen und Beziehungen zu kultivieren. Daher gilt es, den Themen

Die Aufgabe heißt: Vernetzen

  – vernetztes Denken
  – vernetztes Lernen
  – vernetztes Arbeiten
  – vernetzte Kommunikation
  – vernetzte Technologien
besondere Bedeutung beizumessen.

»Die Kunst vernetzt zu denken« heißt der Bericht an den Club of Rome von Frederic Vester aus dem Jahre 1999. Der Club of Rome stellte diese Zukunftsherausforderung sogar bereits in seinem Lernbericht für die Achziger Jahre 1979 auf. Dieser Bericht hat unser Wissensmanagementkonzept stark geprägt.

Wissenstools für die Gestaltung der Zukunft

Eigene Ansätze entwickelt

Wenn auch die Perspektiven Mitarbeiter und Organisation die wichtigsten sind, so kann man sich Wissensmanagement ohne Informationstechnologie schwer vorstellen. Welche IT-Lösung kann Lern- und Wissensmanagement unterstützen? Wir haben eigene Ansätze entwickelt, die wir nicht nur selber nutzen, sondern auch anderen Unternehmen zur Verfügung stellen. Diese Lösungen möchte ich nun skizzieren.

Die Wissens-Community phpnuke-Intranet®

Ein Portal reicht nicht aus

Beim ersten Intranet-Ansatz haben wir die Erfahrung gemacht, dass das eingeführte »Wissensportal« nicht den gewünschten Effekt lieferte. Einige Mitarbeiter nutzten es, andere nicht, wenige gaben Informationen ein. Das Problem war die fehlende Interaktion. Es wurde deutlich, dass es kein *Wissen*portal, sondern nur ein *Information*portal geben kann. Um Informationen in Wissen umzuwandeln, bedarf es der Wahrnehmung, des Verstehens und der Akzeptanz. Dies gelingt nur, wenn eine Vernetzung von Informationen vorliegt. Portallösungen, die lediglich Daten und Informationen den Mitarbeitern zugänglich machen, reichen zur Vernetzung von Mitarbeitern nicht aus.

Die Lösung heißt: Community

Hinzu kommt die Frage nach dem impliziten Wissen, also dem Wissen, das die Mitarbeiter im Kopf haben und nicht in den Informationspool geben können oder wollen. Wie kommen wir an dieses Wissen? Wir gehen davon aus, dass die Kommunikation der entscheidende Erfolgsfaktor für die allgemeine Unternehmensqualität ist. Außerdem ist zu bedenken, dass Lern-, Prozess- und Projektzeit große Anteile an Kommunikationszeit beinhalten. Die neuen Technologien bieten mit Blick auf diese Aspekte enorme Chancen – auch für mittelständische Unternehmen. Allerdings sehen wir diese Chancen nicht in Portalen, sondern in Communities. Hier stehen die Kommunikation und die Effizienzsteigerung

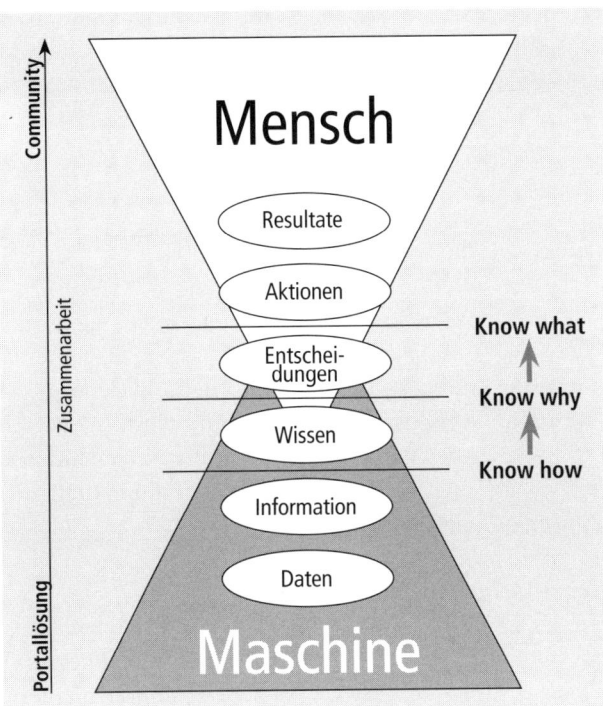

von Prozessen, Projekten und dem Lernen im Vordergrund. Wenn IT helfen kann, die Qualität und Schnelligkeit von Kommunikationsprozessen zu verbessern, trägt sie entscheidend zur Unternehmensqualität und zur Erhöhung der Arbeitseffizienz bei und hilft, die Wettbewerbsfähigkeit nachhaltig und positiv zu entwickeln.

Wir sind bei unserer Suche auf die Community-Lösung *phpnuke* gestoßen. Sie befriedigte unsere Forderungen am besten und war zudem am preiswertesten. Wir generieren mit dieser Kommunikations- und Kollaborationsplattform einen vierfachen Nutzen: **Vierfacher Nutzen**

1. Verbesserung der Kommunikation
2. Mobilisieren von Wissensressourcen
3. Bearbeiten von Reklamationen
4. Maßnahmencontrolling

Zu 1: Verbesserung der Kommunikation

Um Lernen und Wissen mit der Arbeit zu verknüpfen, sind einerseits unsere Prozesse und Projekte in die Community und andererseits das Lernen in die Prozess-und Projektzeit integriert worden.

Kommunikation und Feedback finden nun virtuell und standortübergreifend statt. Mit unserer Kommunikations- und Kollaborationsplattform konnten wir den Mitarbeitern die Möglichkeit geben, sich in Diskussionen und Entscheidungsprozesse zu involvieren – und dies standortübergreifend.

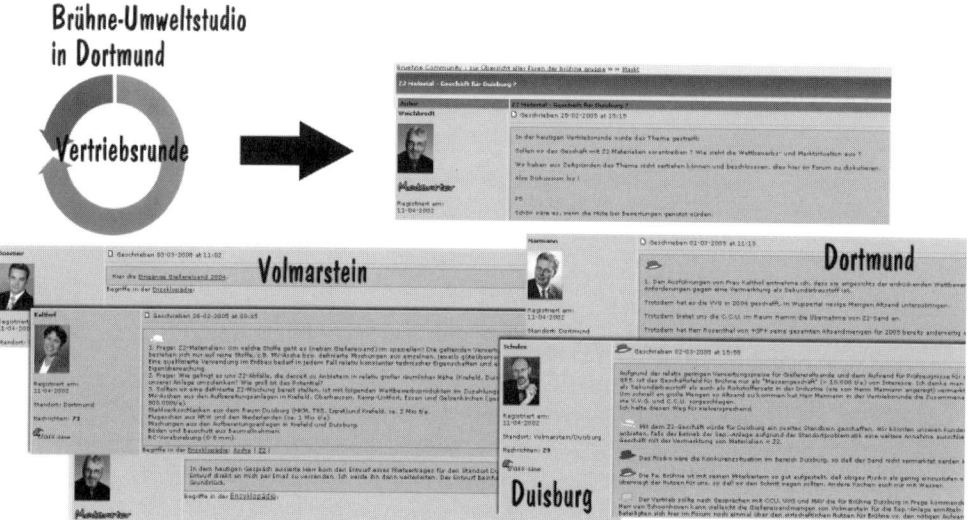

Unabhängig von zeitlichen und räumlichen Gegebenheiten können wichtige Neuigkeiten aus dem Unternehmen und der Branche ausgetauscht werden. In den Foren werden Diskussionen zu relevanten und aktuellen Fachthemen geführt. Dies ist äußerst hilfreich, um anstehende Entscheidungen zu beschleunigen oder die Dauer von geplanten Besprechungen durch die bereits im Vorfeld virtuell diskutierten Informationen zu verkürzen.

Weniger und kürzere Meetings

Auf diese Weise konnten wir Wissensverteilung und Kommunikationsprozesse aus Meetings herausziehen und über die virtuelle Plattform abwickeln. Die Folge war, dass wir die Anzahl und die Dauer von Meetings reduzieren konnten.

Weitere Vorteile sind:
- Selbst Nicht-Teilnehmer können sich an den Diskussionen virtuell beteiligen.
- Die Reisekosten für Meetings sanken drastisch.
- Die Bereitschaft, eigene Ideen einzubringen, stieg an.

Mit diesem Vorgehen wurden auch Projekte beschleunigt, denn die Notwendigkeit des Findens gemeinsam vorhandener freier Termine spielte keine so große Rolle mehr. Die Konsequenz war, dass wir die Veränderungsprojekte in ihrer Zahl sogar noch erhöhen konnten, ohne die Personalbudgets auszuweiten.

Mehr Projekte mit gleichem Personal

Auch ein SMS-Modul, mit dem aus der Community heraus SMS an zurzeit nicht erreichbare Mitarbeiter gesendet werden können, fördert den Kommunikationsprozess über die Wissens-Community.

Zu 2: Mobilisieren von Wissensressourcen
Mit der Lern- und Wissens-Community phpnuke-Intranet wurde eine virtuelle Kommunikations-und Wissensplattform geschaffen. Der Austausch von Informationen wurde hierdurch erheblich beschleunigt und ist in Echtzeit standortübergreifend möglich. Für die Unterstützung der Geschäftsprozesse und im Hinblick auf eine lernende Organisation erfolgt der konsequente Ausbau von Wissensressourcen.

Ausgestattet mit zahlreichen Hilfsmitteln wie FAQ (Frequently Asked Questions), Kalender, Weblinks, Downloads, Enzyklopädien, Buchvorschläge, Mediathek, Wörterbücher, Testberichte usw. stellt die Wissens-Community schnell alle wesentlichen Wissensressourcen zur Verfügung und bewirkt starke Lerneffekte während der Arbeit. Jeder Mitarbeiter kann Neuigkeiten zu verschiedenen betriebsrelevanten Themen veröffentlichen, über die man sich mithilfe von Kommentaren austauschen kann. Begriffe, welche in der Enzyklopädie hinterlegt sind, werden direkt bei den verschiedenen Wissensressourcen angezeigt, sobald der entsprechende Begriff im Text vorkommt. Das erspart zeitraubendes Suchen über externe Internetquellen und hilft den Mitarbeitern, viele fachliche Texte besser zu verstehen, schneller zu lernen und sich zu beteiligen. Jederzeit können die Mitarbeiter unbekannte Fachausdrücke in der Community anfragen oder selber auf eine Anfrage einen neuen Begriff mit Erläuterung in der Community-Enzyklopädie hinterlegen.

Zahlreiche Hilfsmittel

Seit der Einführung der Wissens-Community hat sich der Aufwand für die konventionelle Informationsverteilung stark verringert. Beispielsweise werden Protokolle direkt ins Intranet gestellt, das Kopieren und Verteilen gehört der Vergangenheit an. Dies gilt

Weniger Aufwand für Informationsverteilung

auch für die Verteilung der QM-Dokumentationen, die nun stets aktuell an allen Standorten online abgerufen werden können.

Strukturierte Archive und komfortable Suchmaschinen über alle Wissensressourcen unterstützen das Auffinden von Informationen. Es können Benutzergruppen angelegt werden (z.B. nach Standortzugehörigkeit), um die Personifizierung zu ermöglichen.

Steuerung des Qualitätsmanagements

Neben all diesen nützlichen Funktionen wird über die Wissens-Community auch noch das Qualitätsmanagementsystem gesteuert. Eigenprogrammierte Module erlauben die standortübergreifende Erfassung und Verfolgung von Reklamationen, verabschiedeten Maßnahmen oder die Lenkung zugelassener QM-Dokumente.

Zu 3: Bearbeiten von Reklamationen

Umgang mit Reklamationen

Das Reklamationsmanagement ist ein Schlüsselprozess für den Erfolg des Unternehmens. Es bietet einen Erkenntnisgewinn, um die Kundenzufriedenheit zu steigern und den Umgang mit Risiken zu verbessern. Für die Annahme und Verwaltung von Reklamationen wurde das Modul »Reklamationsmanagement« entwickelt. Alle internen und externen Reklamationen werden festgehalten, kommuniziert und als Lernereignisse betrachtet, aus denen Ideen zur Verbesserung generiert werden können. Die Erfassung von Informationen kann direkt durch jeden Mitarbeiter im Intranet erfolgen, auch wenn der Mitarbeiter selbst nicht der Bearbeiter der Reklamation ist. Bei der Erfassung wird ein Bearbeiter für die weitere Verfolgung der Reklamation bestimmt. Dieser wird automatisch benachrichtigt und bekommt die benötigten Rechte zur weiteren Bearbeitung zugeteilt. Sobald die Reklamation erledigt ist, wird dieses mit einer Beschreibung der Ursache und Hinweisen zur Lösung beziehungsweise zur Vorbeugung entsprechend gekennzeichnet.

Lernchancen nutzen per Reklamationsmanagement

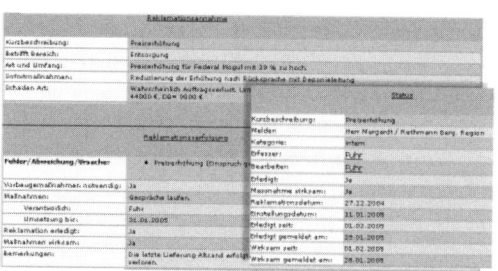

Die Lernereignisse im Reklamationsmanagement werden auch durch das Ideenmanagement unterstützt. Ideen und Verbesserungsvorschläge, die auf Grund der Reklamationen als Lösungen entwickelt wurden, werden in das Ideenmanagement aufgenommen. Eine Ideenmanagement-Plattform in der Wissens-Community bietet hervorragende Möglichkeiten für die Erfassung, Kommunikation, weitere Entwicklung und Umsetzung von Ideen.

Lernen wird unterstützt

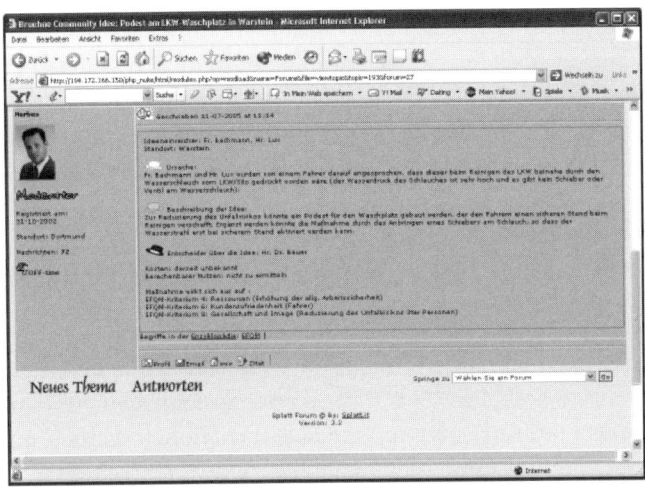

Plattform für Ideenmanagement

Zu 4: Maßnahmencontrolling

Mit dem Modul »Maßnahmencontrolling« werden die aus einer Reklamation abgeleiteten Maßnahmen verwaltet. Das Maßnahmencontrolling dient der konsequenten Erfassung und Verfolgung von verabschiedeten Aktionen, wie sie in jeder Sitzung, aber auch durch Qualitätsmanagement-Audits abgeleitet werden können.

Erfassung und Verfolgung von Aktionen

Jede eingetragene Maßnahme wird einer Sitzung zugeordnet und enthält weitere Informationen über den Verantwortlichen, die Priorität der Maßnahme sowie die der Maßnahme zugeordneten Termine (Vereinbarungsdatum, Zeitraum, Abschlussdatum). Alle Maßnahmen enthalten Kontrollleuchten, die auf den ersten Blick zeigen, welche Maßnahmen schon abgeschlossen sind, und ob Maßnahmen vom Qualitätsmanagement freigegeben werden müssen. Umfangreiche Sortier- und Filterfunktionen ermöglichen eine denkbar einfache Handhabung bei der Suche nach bestimmten Maßnahmen.

Einfache Handhabung

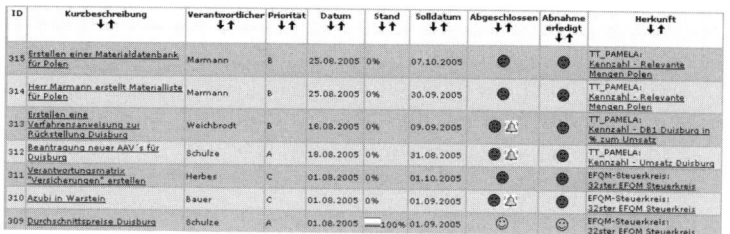

ID	Kurzbeschreibung ↓↑	Verantwortlicher ↓↑	Priorität ↓↑	Datum ↓↑	Stand ↓↑	Solldatum ↓↑	Abgeschlossen ↓↑	Abnahme erledigt ↓↑	Herkunft ↓↑
315	Erstellen einer Materialdatenbank für Polen	Marmann	B	25.08.2005	0%	07.10.2005	😊	😊	TT_PAMELA: Kennzahl - Relevante Mengen Polen
314	Herr Marmann erstellt Materiallista für Polen	Marmann	B	25.08.2005	0%	30.09.2005	😊	😊	TT_PAMELA: Kennzahl - Relevante Mengen Polen
313	Erstellen eine Verfahrenzanweisung zur Rückstellung Duisburg	Weichbrodt	B	16.08.2005	0%	09.09.2005	😊 △	😊	TT_PAMELA: Kennzahl - DB1 Duisburg in % zum Umsatz
312	Beantragung neuer AAV's für Duisburg	Schulze	A	18.08.2005	0%	31.08.2005	😊 △	😊	TT_PAMELA: Kennzahl - Umsatz Duisburg
311	Verantwortungsmatrix "Versicherungen" erstellen	Herbes	C	01.08.2005	0%	01.10.2005	😊	😊	EFQM-Steuerkreis: 32ster EFQM Steuerkreis
310	Azubi in Warstein	Bauer	C	01.08.2005	0%	01.09.2005	😊 △	😊	EFQM-Steuerkreis: 32ster EFQM Steuerkreis
309	Durchschnittspreise Duisburg	Schulze	A	01.08.2005	100%	01.09.2005	😊	😊	EFQM-Steuerkreis: 32ster EFQM Steuerkreis

Das Maßnahmencontrolling dient uns als Modul zur Steuerung von Lernprozessen und Erfahrungswissen. Mit der Einführung des Management-Expertensystems PAMELA® bekommt das Maßnahmencontrolling eine zusätzliche Bedeutung.

Das Management Expertensystem PAMELA®

Manager müssen viel bewältigen
Der Manager von heute hat viele Anforderungen zu bewältigen: Er kümmert sich unter anderem um Qualität, Umwelt, Gesundheit, Ideen der Mitarbeiter, Wissen und Innovationen. Er nutzt ein Qualitätsmanagementsystem, eine Balanced Scorecard oder neuerdings eine Wissensbilanz, um Informationen für seinen Führungsprozess zu bekommen. Und keine Frage, die nächste Management-Methode kommt bestimmt.

Die brühne gruppe aus Dortmund hatte sich zum Ziel gesetzt, eine Software zu entwickeln, die den Management- und Controllingprozess transparent, einfach und wirksam unterstützt, aber gleichzeitig die Zielsetzungen der vielfältigen Managementmethoden berücksichtigt. Das Ergebnis war das Management-Expertensystem PAMELA®.

Vier Aufgaben
PAMELA® nutzen wir für folgende vier Aufgaben:
1. Gestaltungskompetenz fördern
2. Vernetzung von Kennzahlen
3. Einbinden unserer Aktivitäten in den Rahmen des EFQM-Modells
4. Erarbeiten von Wirkungsanalysen

Zu 1: Gestaltungskompetenz fördern
Managen bedeutet selbstverantwortliches wirksames Gestalten in der Organisation und in deren Umfeld. Wie aber kann man diese Gestaltungskompetenz im Unternehmen fordern und fördern, sodass eine effiziente Führungskultur entsteht?

Erfolgreiches Managen hat natürliche Feinde. Zu diesen zählen unter anderem:

- fehlende bzw. nicht dokumentierte Zukunftsannahmen
- fehlende Klarheit über Ziele
- fehlende Vernetzung und mangelnde Ganzheitlichkeit des Zielsystems
- fehlendes Maßnahmen-Controlling
- fehlendes Feedback auf Annahmen, Ziele und Maßnahmen

In vielen Unternehmen laufen diese Prozesse intuitiv ab. Sie sind oftmals anekdotisch, nicht dokumentiert und auch nicht überprüfbar. Aber nur das, was man misst, kann man auch verändern und verbessern. Ein wirklicher »Wissens(orientierter) Manager« wird deshalb auch den Managementprozess in seiner Wirksamkeit messen wollen. Genau dies wird durch das Management-Expertensystem PAMELA® unterstützt.

Kern des Management-Expertensystems bildet der Lernzyklus. Dieser basiert auf dem PDCA-Zyklus (Plan/Do/Check/Act) von William Edwards Deming, wobei der PDCA-Zyklus um Aspekte des Lern- und Wissensmanagements erweitert wurde.

Der Name PAMELA steht für

- Plane (plan)
- Agiere (act)
- Messe (measure)
- Erkläre (explain)
- Lerne (learn)
- (treffe) Annahmen (assume)

Zu 2: Vernetzung von Kennzahlen
Unser System nutzt Erkenntnisse der Kybernetik, die die auf Information basierende Steuerung von Systemen betrachtet. Diese Erkenntnisse liefern den systemtheoretischen Hintergrund für das Expertensystem, das nicht nur sämtliche Kennzahlen im Unternehmen in einem einzigen Tool abbildet, sondern auch die Istzahlen gegenüber Planwerten, Trends und Benchmarks spiegelt.

Die Vernetzungsmöglichkeiten der Kennzahlen untereinander bezüglich ihrer Ursachen- und Wirkungszusammenhänge geben zusätzliche Erkenntnisse über Erfolgstreiber und Risiken und unterstützen so die Führungsaufgabe. Der Manager bekommt einen Rahmen und eine Workflow-Unterstützung für seine Führungsaufgaben und für die Kommunikation mit seinen Mitarbeitern.

Viele Auskünfte Das System gibt allseits Auskunft darüber,
- warum Erfolgsfaktoren priorisiert wurden,
- mit welchen Kennzahlen sie gemessen werden,
- welche Plan- und Istwerte sowie Benchmarks vorliegen,
- welche schriftlichen Kommentare zu diesen Kennzahlen vorliegen,
- welche Maßnahmen zur Verbesserung der Istwerte durchgeführt wurden,
- wie der Erledigungsstand und Wirkungsgrad dieser Maßnahmen sich darstellt,
- welche Lernprozesse daraus abgeleitet wurden,

Zu 3: Einbinden unserer Aktivitäten in den Rahmen des EFQM-Modells

Das EFQM-Modell Alle Aktivitäten vom Gesundheits- und Umwelt- bis zum Risikomanagement werden in den Kontext des EFQM-Modells gestellt. Das EFQM-Modell für Excellence der European Foundation for Quality Management dient der ganzheitlichen Betrachtung von Organisationen. Es ist ein umfassendes Managementmodell (TQM), das alle Managementbereiche abdeckt und zum Ziel hat, den Anwender zu exzellentem Management und letztendlich zu exzellenten Geschäftsergebnissen zu führen.

Struktur mit neun Kriterien Das EFQM-Modell für Excellence kann durch so genannte Selbstbewertungen zur Bewertung des Fortschritts einer Organisation in Richtung Excellence herangezogen werden, ohne dass konkrete Forderungen gestellt werden. Es besitzt eine aus neun Kriterien bestehende, offen gehaltene Grundstruktur und berücksichtigt die vielen Vorgehensweisen, mit denen nachhaltige Excellence in allen Leistungsaspekten erzielt werden kann. Es beruht auf folgender Prämisse: Exzellente Ergebnisse im Hinblick auf Leistung, Kunden, Mitarbeiter und Gesellschaft werden durch eine Führung erzielt, die Politik und Strategie mithilfe der Mitarbeiter, Partnerschaften, Ressourcen und Prozesse umsetzt.

Mit PAMELA® bekommt EFQM als Business–Excellence-Modell ein Controlling-Excellence-Instrument, mit dem das gesamte EFQM-Modell abgebildet wird.

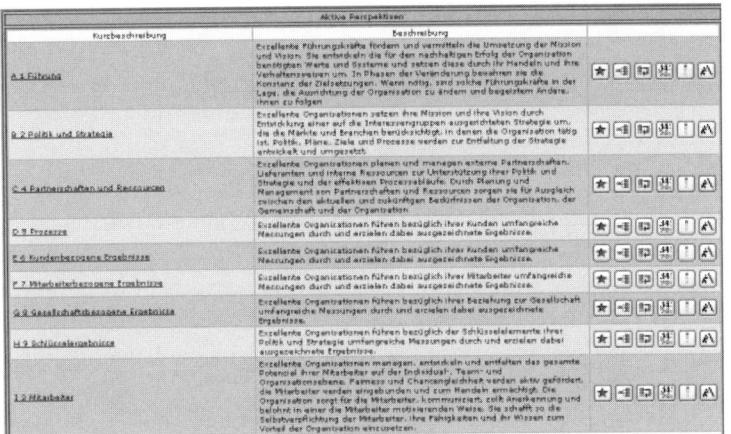

Aktive Perspektiven
und Erfolgskriterien
des EFQM-Modells in
PAMELA®

Auch sämtliche weitere Managementansätze wie Balanced Score-card, Wissensbilanz oder zum Beispiel ein Risikomanagement können quasi als »Nebenprodukt« ebenfalls abgebildet werden.

Die Kennzahlen im System PAMELA® werden dabei einheitlich dargestellt – egal, ob es sich um den Krankenstand, Prozesskennzahlen, Kunden- oder Finanzkennzahlen handelt. Der Schritt zum Excellence-Controlling erfolgt über die systematische Vernetzung der Kennzahlen untereinander sowie die Vernetzungen von Annahmen, Erfolgskriterien, Kennzahlen (Ziele) und Maßnahmen.

Vernetzung
der Kennzahlen

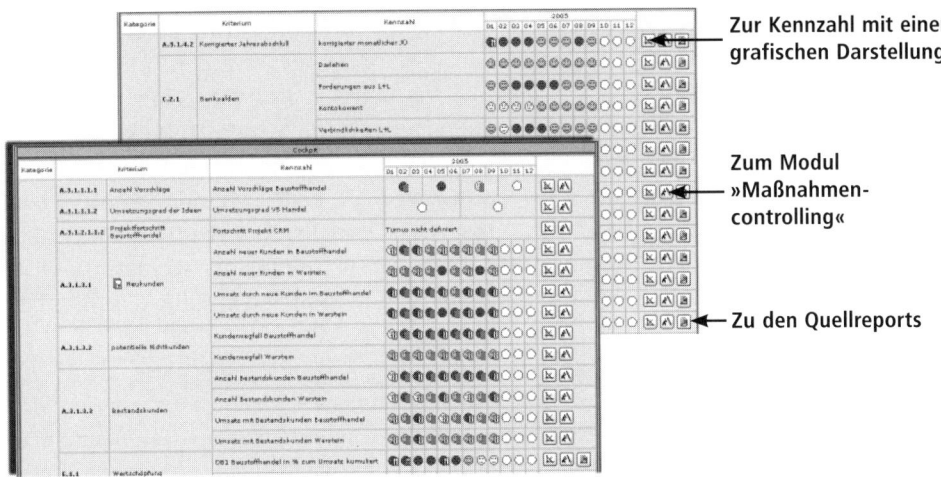

Zur Kennzahl mit einer
grafischen Darstellung

Zum Modul
»Maßnahmen-
controlling«

Zu den Quellreports

Maßnahmen-controlling Die zu den Erfolgskriterien und Kennzahlen verabschiedeten Maßnahmen werden im Modul »Maßnahmencontrolling« abgeleitet. Durch eine direkte Verlinkung aus PAMELA® heraus zum Modul »Maßnahmencontrolling« erfolgt die Vernetzung des Controlling-Mechanismus mit der Lern- und Wissensmanagementplattform.

Mit dieser Systematik werden alle Aktivitäten aus dem Unternehmen transparent und überprüfbar. Das Resultat: Durch die Einordnung der Aktivitäten zu Kennzahlen und EFQM-Aktivitäten werden sowohl Politik und Strategie sowie der Excellence Gedanke konsequent kommuniziert und umgesetzt.

Verschiedene Cockpits Durch Views können die relevanten Kennzahlen kontextbezogen selektiert und in eigenen Cockpits dargestellt werden. So erhält man Bereichs-Cockpits, ein Strategie-Cockpit (BSC), ein Cockpit für das intellektuelle Kapital (Wissensbilanz) oder temporäre Cockpits, die sogar als Agenda für Meetings verwendet werden.

Die folgende Grafik zeigt, dass ein View durch Auswahl der Kennzahlen aus dem EFQM-Rahmen heraus erfolgt. Diese können beliebigen neuen Ordnungskriterien zugeordnet werden wie beispielsweise den Perspektiven einer BSC oder einer Wissensbilanz (WB).

Auswahl einer Cockpit-Kategorie

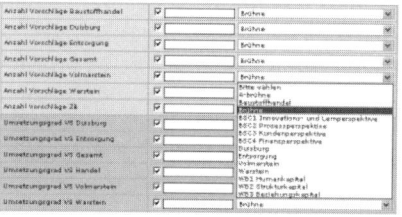

Zu 4: Erarbeiten von Wirkungsanalysen

Wirkungs-zusammenhänge verstehen Erfolgsfaktoren haben einen oder mehrere Einflussfaktoren und wirken gegebenenfalls auf einen oder mehrere andere Erfolgsfaktoren – und dies perspektivenübergreifend. Das Wissen über Wirkungszusammenhänge ist die entscheidende Grundlage für den systemischen Managementansatz.

Es gilt, Fragen zu beantworten wie beispielsweise:
– Wo gibt es so genannte positive Rückkopplungsschleifen (kumulierende Wirkung), die für die Organisation gut oder schlecht sein können?

- Wie ist die Wirkungsstärke: gering, mittel oder hoch?
- Welche Nebenwirkungen oder langfristige Wirkungen können geplante Maßnahmen haben?
- Über welche Kennzahlen kann ich die stärksten Effekte erzielen?
- Welche Maßnahmen wurden zur Beeinflussung welcher Kennzahlen verabschiedet?
- Wie ist ihr Umsetzungsgrad?
- Auf welchen Annahmen basieren welche Ziele?
- Wann gab es das letzte Review für diese Annahme?

Beim Beantworten dieser Fragen unterstützt uns PAMELA®. Daten der Views können in weitere Analysetools exportiert werden, in denen die Wirkungsnetze dargestellt und in Workshops interpretiert und weiterentwickelt werden. Die damit geschaffene Transparenz ermöglicht ein umfassendes Controlling von Wissen, Zielen und Maßnahmen und bietet eine wertvolle Unterstützung auf dem Weg zur lernenden Organisation.

Controlling von Wissen, Zielen und Maßnahmen

Zusammenfassung

Die Ressource Wissen scheint die größte Relevanz für die Zukunft zu haben. Dies gilt gleichermaßen für New und Old Economy, für Konzerne und Mittelständler sowie Non-Profit-Organisationen. Um die Ressource zu nutzen, bedarf es neuer Werte und Fähigkeiten, die es zu entwickeln gilt. Derjenige wird die Nase vorne haben, dem es gelingt, diese Entwicklungen aus eigenem Antrieb gemeinsam mit den Führungskräften und Mitarbeitern zu gestalten. Veränderungsprozesse werden dann sinnstiftend und intrinsisch motiviert gemeistert werden.

Höchste Relevanz für die Zukunft

Investitionen in das intellektuelle Kapital werden die mit den höchsten Renditen sein.

Haben Sie Mut zur Zukunft und lassen Sie sich deren Gestaltung nicht aus der Hand nehmen!

Stichwort- und Namenverzeichnis

Danke!

Viele Personen haben zum Entstehen dieses Buches beigetragen. Ihnen möchte ich ausdrücklich und von Herzen Dank sagen:

- *Den Autoren.* Sie waren trotz extrem hoher Arbeitsbelastung bereit, einen Beitrag für dieses Buch zu schreiben.
- *Frank-Michael Rommert.* Danke für das professionelle Redigieren. Sie haben das Manuskript mit Ihrem Redaktionsbüro engagiert in einen druckfähigen Zustand gebracht.
- *Joachim Trott.* Danke für die Organisation im Hintergrund. Sie haben das Projekt mit Ihren wertvollen Hilfestellungen begleitet und organisiert.
- *Andreas-Robert Braun.* Sein Unternehmen, die Firma VAICON, hat das Motto »Unternehmer beraten Unternehmen« wie keine andere Firma erfolgreich und konsequent umgesetzt. Der Slogan »Unternehmer beraten Unternehmen« wurde von Herrn Andreas Braun erschaffen und ist als Claim im VAICON-Logo eingetragen. Der Slogan »VAICON Unternehmer beraten Unternehmen« obliegt der VAICON VAILLANT Consulting GmbH.
- *Georg Wasserloos* von Macils, *Markus Garn* von TOP und *Karl-Otto Kaiser.* Danke für wertvolle Informationen aus dem Netzwerk der exzellenten Unternehmen.
- *Christine Albrecht* und *Traudel Knoblauch.* Danke für alle Sekretariats- und Korrekturarbeiten.
- Unser besonderer Dank gilt dem *GABAL Verlag,* der in Zeiten wirtschaftlicher Rezession trotzdem mutig zukunftsweisende Literatur bringt.

Prof. Dr. Jörg Knoblauch (knoblauch@tempus.de)

GABAL

Bücher für Management

Die M.O.T.O.R.-
Strategie
280 Seiten, gebunden
ISBN 3-89749-441-8

Das verborgene
Netzwerk der Macht
240 Seiten, gebunden
ISBN 3-89749-122-2

next practice - Erfolgreiches
Management von Instabilität
224 Seiten, gebunden
ISBN 3-89749-439-6

Instant Marketing
366 Seiten, gebunden
ISBN 3-89749-350-0

Rasierte Stachelbeeren
264 Seiten, gebunden
ISBN 3-89749-080-3

Positionierung –
das erfolgreichste Marke-
ting auf unserem Planeten
ca. 220 Seiten, gebunden
ISBN 3-89749-506-6

Infonautik
240 Seiten, gebunden
ISBN 3-89749-564-3

www.ziele.de
180 Seiten, gebunden
ISBN 3-89749-563-5

Claims
180 Seiten, gebunden
ISBN 3-89749-562-7

NAME-POWER
ca. 220 Seiten, gebunden
ISBN 3-89749-508-2

Kopf oder Zettel?
250 Seiten, gebunden
ISBN 3-89749-561-9

Co-Aktives Coaching
ca. 300 Seiten, gebunden
ISBN 3-89749-507-4

5-099

Informationen über weitere Titel unseres Verlagsprogrammes erhalten Sie
in Ihrer Buchhandlung, unter info@gabal-verlag.de oder im GABAL Shop.

www.gabal-shop.de

GABAL · Stephen R. Covey

Die Besteller von Stephen R. Covey

ISBN 3-89749-573-2

ISBN 3-89749-574-0

Seit der Erstveröffentlichung 1989 gelten *Die 7 Wege* zur Effektivität als revolutionärer Managementklassiker und gehören mit über 15 Millionen verkauften Exemplaren auch heute noch zu den wichtigsten Business-Bestsellern. Die vorliegende Fassung beruht auf der amerikanischen Neuausgabe der 7 Habits von 2004. Sie wurde sprachlich überarbeitet, enthält ein neues Vor- und Nachwort und zahlreiche anschauliche Beispiele, die bisher in den deutschen Ausgaben der *7 Wege* nicht zu finden waren.

Das Buch liefert ein ganzheitliches Konzept für eine harmonische Balance zwischen Beruf- und Privatleben auf der Basis gesteigerter Effektivität. Die zentrale Botschaft von Covey ist, dass nicht angelernte Erfolgstechniken, sondern Charakter, Kompetenz und Vertrauen zu einem erfüllten und erfolgreichen Leben führen.

In *Der 8. Weg* geht es nicht darum, den 7 Wegen zur Effektivität einen weiteren Weg hinzuzufügen, quasi so, als hätte man einen vergessen. Es geht vielmehr darum, die *7 Wege* um eine neue Dimension zu bereichern, die die zentralen Herausforderungen des Wissenszeitalters aufgreift.

Wenn Sie für sich die Tätigkeit finden, die Ihre Talente nutzt und Ihre Leidenschaft weckt, die der Umwelt dient und die Sie mit Ihrem Gewissen vereinbaren können, dann folgen Sie Ihrer inneren Stimme, dem Ruf Ihrer Seele. Die Absicht des 8. Weges ist es, Ihnen eine Landkarte an die Hand zu geben, die Sie zu wahrer Erfüllung und Bedeutsamkeit führt – nicht nur in Ihrem Arbeitsumfeld oder Ihrer Organisation, sondern in Ihrem gesamten Leben.

6-009